新编21世纪高等职业教育精品教材　电子与信息类

电路设计与制作（含活页式实训工单）

主　编　何　涛　袁凯烽
副主编　高佳琴　王　玥

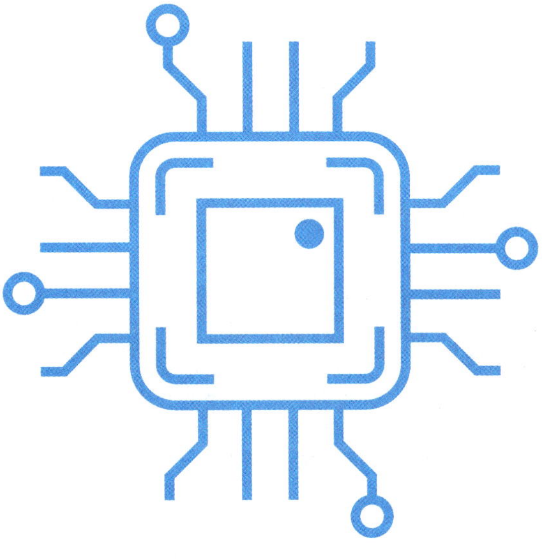

中国人民大学出版社
· 北京 ·

图书在版编目（CIP）数据

电路设计与制作：含活页式实训工单 / 何涛，袁凯烽主编. -- 北京 : 中国人民大学出版社，2023.9
新编 21 世纪高等职业教育精品教材. 电子与信息类
ISBN 978-7-300-32086-1

Ⅰ.①电… Ⅱ.①何… ②袁… Ⅲ.①电路设计－高等职业教育－教材 Ⅳ.①TM02

中国国家版本馆 CIP 数据核字（2023）第 150090 号

新编 21 世纪高等职业教育精品教材 · 电子与信息类
电路设计与制作（含活页式实训工单）
主　编　何　涛　袁凯烽
副主编　高佳琴　王　玥
Dianlu Sheji yu Zhizuo（Han Huoyeshi Shixun Gongdan）

出版发行　中国人民大学出版社
社　　址　北京中关村大街 31 号　　**邮政编码**　100080
电　　话　010－62511242（总编室）　　010－62511770（质管部）
　　　　　010－82501766（邮购部）　　010－62514148（门市部）
　　　　　010－62515195（发行公司）　　010－62515275（盗版举报）
网　　址　http://www.crup.com.cn
经　　销　新华书店
印　　刷　中煤（北京）印务有限公司
开　　本　787 mm×1092 mm　1/16　　**版　　次**　2023 年 9 月第 1 版
印　　张　17　　**印　　次**　2023 年 9 月第 1 次印刷
字　　数　363 000　　**定　　价**　46.00 元

前 言 ▸ PREFACE

本书是一本旨在帮助学生掌握电路设计与制作技能的教材，也是一本体现校企合作、双元制教学理念的教材。我们的目标是通过本书，让学生在实践中掌握知识，了解行业需求，提高综合素质。本书的编写由学校与企业共同完成，充分结合了企业实际需求和学校教学特点，使得内容更加贴近实际应用场景。本书在内容组织上融合了理论与实践相结合的双元制教学方式，让学生在实践中学习理论，巩固实践技能，培养创新精神和实践能力。本书以电路设计与制作为主题，注重培养学生的实际操作技能，让学生真正掌握电路设计与制作的过程和方法。同时，本书秉承党的二十大精神，着重强调学生的综合素质和社会责任感，旨在培养一批具有创新能力、实践能力和社会责任感的高素质人才。

本书包括 8 个项目：电路基础元件的使用、供电电路设计、隔离输入输出电路设计、控制电路设计、电路 PCB 设计、电子元件的采购、电路板的焊接加工、电路板的功能检测评估。通过项目实施，本书可引导学生完成隔离控制器电路的设计，并完成隔离控制器的焊接加工和测试。我们相信，通过学习本书，学生不仅可以掌握电路设计与制作的技能，而且能够了解企业的实际需求和行业趋势，从而在毕业后更好地融入社会。

本书由何涛、袁凯烽任主编，高佳琴、王玥任副主编，编写人员分工为：项目 1 由何涛编写，项目 2 由何涛、袁凯烽编写，项目 3 由何涛、王玥编写，项目 4 由何涛、高佳琴编写，项目 5 由王玥编写，项目 6 由袁凯烽、王玥编写，项目 7 由何涛编写，项目 8 由何涛、高佳琴编写，全书由何涛统稿。

最后，我们要感谢参与本书编写的企业专家和学校老师，他们的支持和帮助使得本书更加贴近实际需求和教学实践。同时，我们也欢迎读者对本书提出宝贵意见和建议，让我们共同努力，打造一本更加优秀、实用的电路设计与制作教材。

编 者

目　录 ▸ CONTENTS

项目1 电路基础元件的使用

项目引入

电路设计与制作是从对电路中基础元件的认知开始的。本书以隔离控制器的设计与制作为例帮助读者掌握基础的电路设计能力，该电路包含最多的是电容、电阻、二极管等基础元件。本项目旨在帮助读者认识和掌握部分最常用的基础元件的使用方法，以此为起点开始隔离控制器电路的设计。

学习目标

知识目标

掌握电路基础元件的种类、特点和使用方法；

了解电路中各种元件之间的相互作用关系。

技能目标

能够根据电路设计要求，选择合适的电阻、电容、二极管、晶体管元件，并计算其参数，完成简单电路分析；

能够根据电路设计要求，选择合适的集成电路，并进行电路设计和分析。

素养目标

培养对电路基础元件和电路原理的认识和理解，提高科学思维和工程实践能力；

培养对电子产品和电路应用的兴趣和热情，增强创新精神和团队合作意识；

提高使用和维护电子产品的技能水平，提高信息化素养和社会适应能力。

任务1 元件准备与工具认知

任务描述

隔离数字量模块是常用的一种物联网设备，用于数字量信号的输入和输出。本书帮助读者学习认识该设备的工作电路，并通过实践操作，加工制作出实物设备。

隔离数字量模块电路较为简单，所使用的元件均为电路设计中常用的部件，对该设备电路的学习要从对这些常用电路元件的认知开始。掌握基础元件的工作原理和使用方法需要一定的实践操作，这些操作需要相关工具器材的配合。本任务引导读者学习掌握相关器材的使用方法。

知识储备

电路设计调试中会用到很多设备，这里只介绍一些较为基础的实验设备，帮助读者完成一些基础元件的认知学习。

这些必要的实验设备有：

（1）面包板；（2）供电板；（3）数字万用表。

一、面包板的使用

基础电路的搭建和测试需要在相关平台上完成。这里使用面包板作为测试平台，在其上可以完成基础电路的搭建。

市场上常见的面包板如图 1－1 所示。

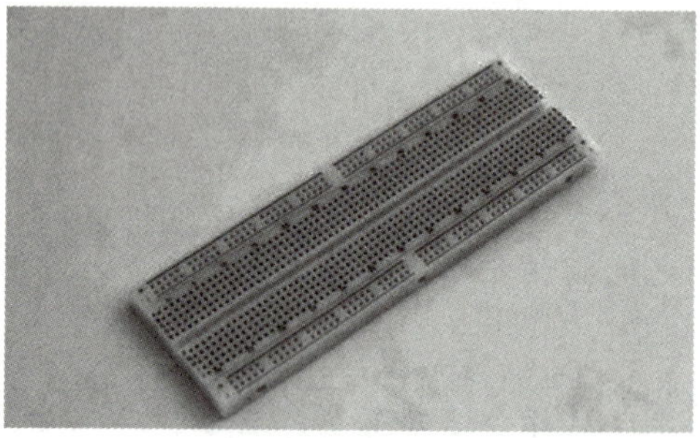

图 1－1　面包板

面包板的外观结构主要分为上、中、下三个部分。上部分和下部分一般为一行或两行插孔组成的窄条，中间部分由一条隔离凹槽和凹槽上下各 5 行的插孔宽条所组成。

如图 1－2 所示，上、下部分的窄条每列都是内部连通的，且每五列为一组，但窄条在行间并不互通，一般用于供电，使用时可将正负极分别连接图中“＋”“－”标号所对的信号孔。

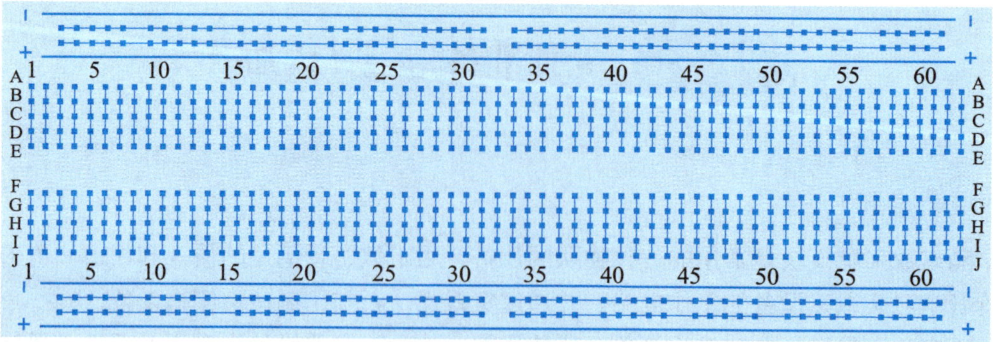

图 1－2　面包板结构

图 1-2 中间部分，隔离凹槽上（ABCDE）、下（FGHIJ）五行的插孔在内部是纵向连通的，每列窄条之间不连通，并由凹槽隔离上、下部分。

使用面包板连接电路时，将上、下部分窄条的第一行与地连接，第二行连接电源正极。中间部分主要用于连接电路，而由于凹槽不连通的特性，集成块可跨接在凹槽上。

知识补充

Fritzing 是一款开源的电子设计自动化软件，利用该软件可以模拟面包板电路搭建，方便规划实验电路连接。

二、供电板的使用

面包板在使用时，可以使用 3.3V 或 5V 的直流电接入，为了实验方便，这里采用成熟的供电板供电，如图 1-3 所示。

图 1-3　供电板

供电板各部分功能如图 1-4 所示。

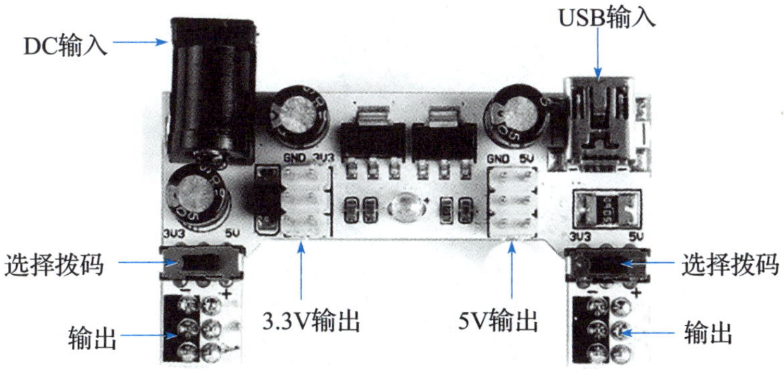

图 1-4　供电板结构

如图 1-5 所示，在使用供电板给面包板供电时，将两边的插针分别插入面包板的上、下部分窄条即可供电，控制开关可选择两路供电电压为 3.3V 或 5V。供电板提供了三位供电插针，使用杜邦线便可与之相连。为了防止外接电源与正负极接反导致短路，供电板带有防接反的二极管和保险丝。当电流过大时，保险丝将熔断，进而起到保护电路的作用。

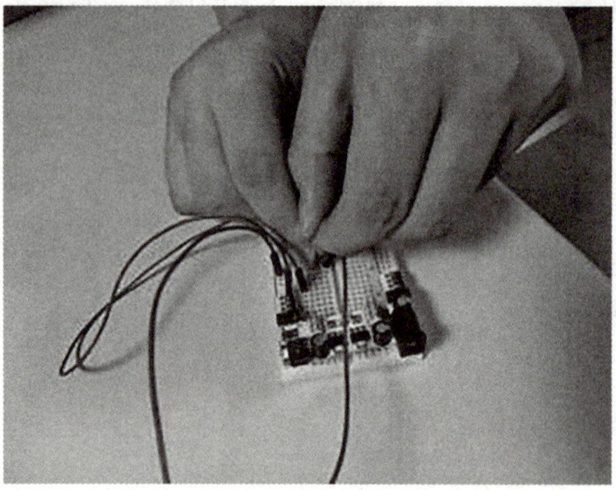

图 1-5 供电板的使用

三、数字万用表的使用

数字万用表是电路设计调试中最常用的工具。万用表也称为万用计、多用计、多用电表或三用电表。一般万用表均包含安培计、电压表、欧姆计等功能，常用于测量电阻、直流与交流电压、直流与交流电流、二极管和三极管。

数字万用表在市场上有很多规格，如 UT89X 就是一款价格适中的数字万用表，其性能稳定，可靠性高。该万用表测量范围广泛，可测量电压（可达 1 000V）、电流（最大可达 20A）、电阻、电容、二极管、三极管、LED、温度以及电路通断。其外观如图 1-6 所示。

图 1-6 数字万用表 UT89X

1. 电阻的测量

测量步骤：

（1）红表笔插入 V/Ω 孔，黑表笔插入 COM 孔；

（2）选择量程，将旋钮打到“Ω”量程的适当位置；

（3）将红、黑表笔分别接触电阻两端的金属部分；

（4）读取显示屏上的数据。

注意事项：

（1）电路连通问题。确保电路已连接好，若仪表显示为“1”，则表明存在开路问题。

（2）测量准确性。测量阻抗时，为尽可能保证准确性，须先检查电路中是否有电源和储能元件。若有，则移除所有电源，且电容放电。

（3）量程的选择和转换。当显示屏的数值为“1”时，说明量程选小了，此时应选择较大的量程；与此相反，当显示屏的数值接近“0”时，说明量程选大了，此时应将旋钮打至较小的量程。

（4）关于读数。所测量的读数为显示屏上的数字加挡位选择的单位。旋钮可以选择量程（600Ω/6kΩ/60kΩ/600kΩ/6MΩ/60MΩ）。

使用数字万用表测量电阻如图 1－7 所示。

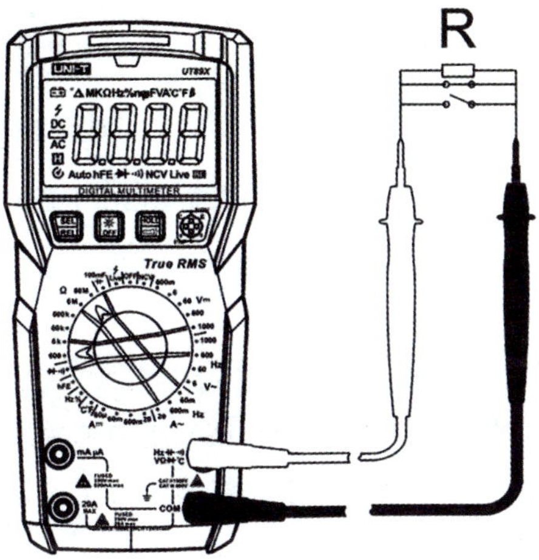

图 1－7　使用数字万用表测量电阻示意图

2. 电压的测量

测量步骤：

（1）红表笔插入 V/Ω 孔，黑表笔插入 COM 孔；

（2）根据所测量电压的类型，选择合适的量程，将旋钮打到 V－或 V～的适当位置；

（3）读出显示屏上显示的数据。

注意事项：

（1）量程选择。将旋钮打至估计值的量程挡（直流挡 V－，交流挡 V～），表笔接触电源或电池两端，保持稳定。若测量时读数为“1”，则表明量程太小，需要换用较大的量程。

（2）读数显示。测量直流电压时，若显示屏数值前有负号，则说明极性与实际电源极性相反，即红表笔接的是负极。交流电压无正负极之分。

（3）测量时注意人身安全，不可随意用手触摸表笔的金属部分。

如图 1－8（a）测量直流电输出，图 1－8（b）则是测量交流电的场景。

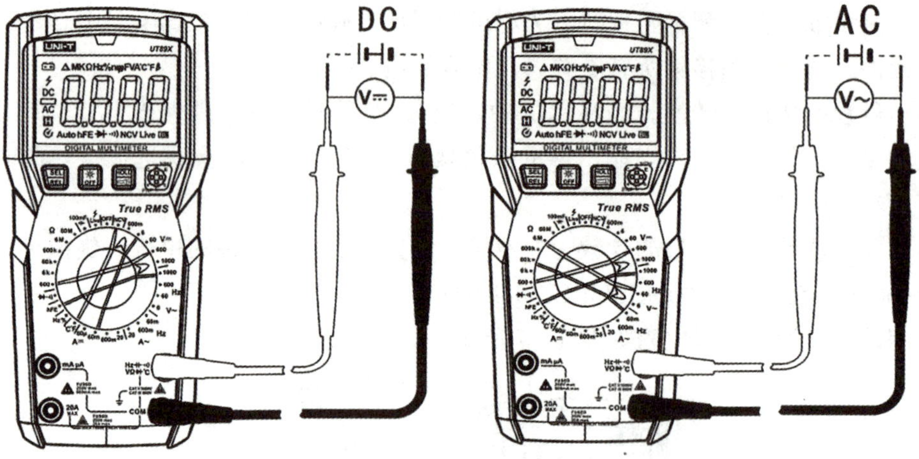

（a）直流电压的测量　　（b）交流电压的测量

图 1－8　使用数字万用表测量电压示意图

3. 电流的测量

测量步骤：

（1）断开电路；

（2）黑表笔插入 COM 端口，红表笔插入 mA 或 20A 端口；

（3）根据所测电流类型，估计电流大小，将旋钮打至合适位置（直流电流 A－，交流电流 A～），选择适当量程；

（4）断开被测电路，将数字万用表串联至被测线路中，电流将从一端流入红表笔，再流出黑表笔，最后流入被测线路中；

（5）接通电路；

（6）读出显示屏上显示的数据。

注意事项：

（1）测量电流时，应保持接触稳定。如果显示屏数值一直为“1”，则需要换用大量程。

（2）测量直流电流时，需要对电流的大小进行估计。若估计电流大于 600mA，红表笔应插入“10A”，反之则插入“600mA”，并将旋钮打至合适量程。若测量交流电流时，无法预估电流大小，则应先选择最大量程，并逐步减小。

(3) 测量交流电流完毕后，应该将红表笔插回 V/Ω 孔，以免直接测量电压时，损坏数字万用表和电源。

(4) 测量交流电流时，“600mA”量程有保险丝保护，因此出现电流过大烧坏保险丝的情况时，更换即可；而“20A”量程无保险丝保护，因此若选择该量程，则测量时间不得超过 15 秒。

使用数字万用表 UT89X 测量电流如图 1－9 所示。

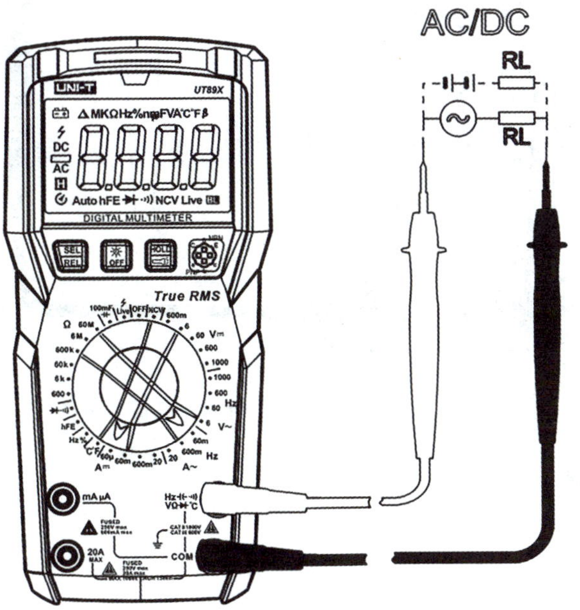

图 1－9　使用数字万用表测量电流示意图

4. 电容的测量

测量步骤：

(1) 为保证数字万用表的安全，应短接电容两端，对电容放电；

(2) 将旋钮打至电容“F”测量挡，选择合适量程；

(3) 将电容插入万用表 CX 插孔；

(4) 读取显示屏上的数据。

注意事项：

(1) 为防止数字万用表被损坏并保证安全，用户测量前与测量后都需要对电容放电。

(2) 由于仪器的电容挡存在保护措施，因此测试过程中不需要考虑极性和电容充放电等情况。

(3) 测量时，电容应插入专用的电容测试座中。

(4) 测量大电容时，需要等一段时间以稳定读数。

（5）电容的单位换算：$1\mu F=10^6 pF$，$1\mu F=10^3 nF$。

电容测量操作如图 1 - 10 所示。注意：如果使用的数字万用表是 UT89X，则可通过观察指示灯颜色变化判断电容充放电进程。

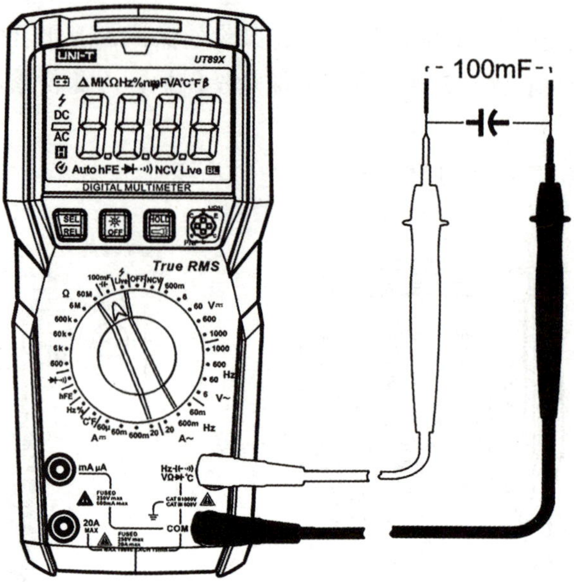

图 1 - 10　使用数字万用表测量电容示意图

5. 二极管的测量

测量步骤：

（1）红表笔插入 V/Ω 孔，黑表笔插入 COM 孔；

（2）将旋钮打至二极管挡；

（3）对于二极管的正负极，红表笔接正极，黑表笔接负极；

（4）读取显示屏上的数据；

（5）两只表笔换位，若显示屏读数为“1”，则表明该二极管工作正常，否则此管已被击穿。

注意事项：

（1）若二极管已损坏，两只表笔颠倒后读数则相同，该数值表示二极管的正向压降：硅材料为 0.6V 左右，锗材料为 0.2V 左右。

（2）若二极管正常，两只表笔接引脚时，读数显示为“1”，则黑表笔一端为正极，反之为负极。

测量二极管的操作如图 1 - 11 所示，图 1 - 11（a）、（b）为正常二极管的测量，图 1 - 11（c）、（d）为故障二极管的测量。

6. 三极管的测量

测量步骤：

（1）红表笔插入 V/Ω 孔，黑表笔插入 COM 孔；

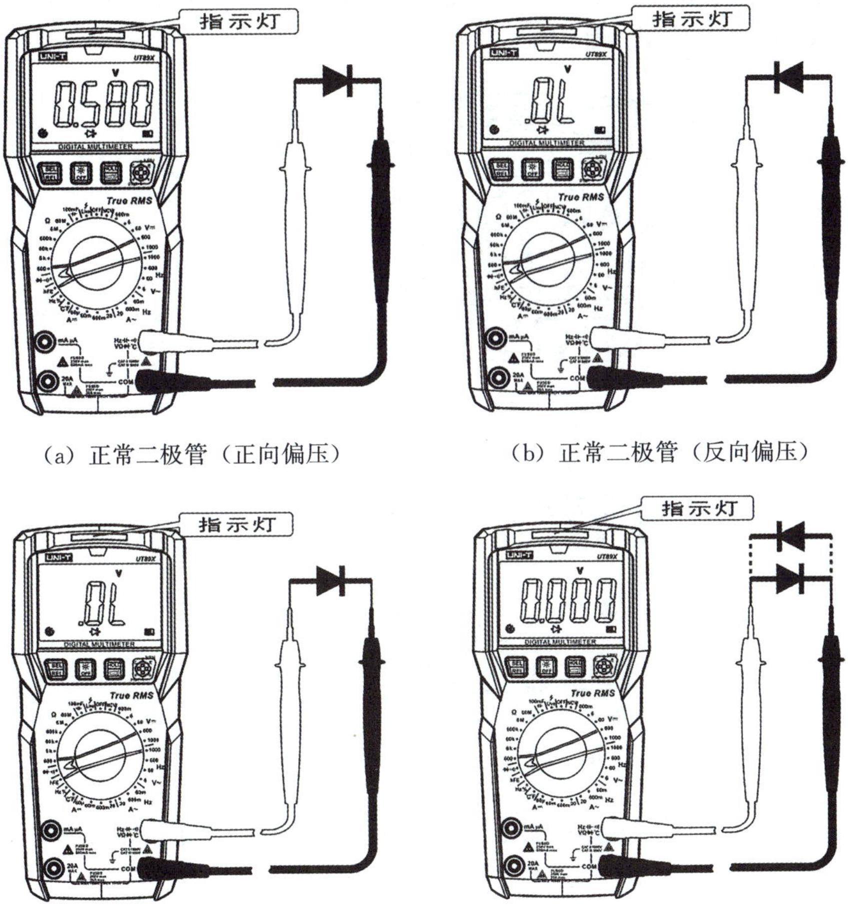

（a）正常二极管（正向偏压）　（b）正常二极管（反向偏压）

（c）故障二极管（开路）　（d）故障二极管（短路）

图 1－11　数字万用表测量二极管示意图

（2）将旋钮打至二极管挡；

（3）判断三极管的基极 b，确定管型，即 PNP 或 NPN 类型；

（4）将旋钮打至 hFE 挡，并确保表笔没有接触任何电路；

（5）根据管型将三极管插入 PNP 或 NPN 进行测量，读取显示屏上的数据。

万用表测量三极管

注意事项：

（1）三个管脚的确定：红表笔插入 V/Ω 孔，黑表笔插入 COM 孔，黑表笔接触三极管的某一未知管脚，红表笔分别接触其他两个管脚，若两次读数均为 0.7V 左右，且使用红表笔接触同一未知管脚，黑表笔接触其他管脚时，数值显示为“1”，则该未知管脚为基极，且该三极管为 PNP 类型。

（2）集电极与发射极的判断：将旋钮打至 hFE 挡，该挡位旁有一排插孔，假定已知管型，将基极插入对应管型的 b 孔，其余分别插入 c、e 孔，读取数值；再次固定基极，对调两脚，读取读数。对两次读数进行比较，读数较大的管脚位置与 c、e 相对应。

在完成三极管基极判断后，可以将该三极管插入万用表三极管检测口读取其放大倍数。UT89X 的三极管测量挡如图 1-12 所示。

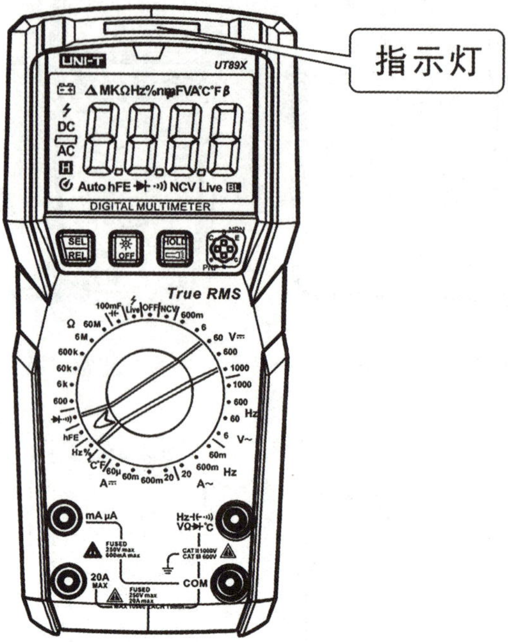

图 1-12　UT89X 的三极管测量挡

数字万用表在市场上产品类型很多，读者可自行选择。对于数字万用表 UT89X 的基础使用方法可参考上文所述内容，该数字万用表的更多功能和更详细的使用方法可参看其官方使用说明书。

课堂思考

万用表是否可以进行频率/占空比测量？如何测量？

知识补充

万用表主要用来测量电路电压、判断元器件好坏，一般只能测量实时信号的大小。而示波器可以采集和存储一个时间段内电路中电压信号的变化，这样就可以方便地进行电路信号的分析，频率、占空比等物理量通过示波器都可以直观地观察到，有助于我们分析电路的工作状态。

示波器的使用

任务2 认识电阻和电容

任务描述

认识电阻和电容是学习电路基础知识的重要一步。电阻是指电路中对电流产生阻碍作用的元件，电容是指电路中储存电荷的元件。在电路中，电阻和电容分别扮演着不同的角色，了解它们的工作原理和特性对于理解电路的功能至关重要。同时，在实际应用中，我们也需要根据具体场景选择不同类型和参数的电阻和电容以满足设计需求。电阻和电容在隔离控制器电路的设计中大量使用，认识并掌握其作用是设计隔离控制器电路的前提。

知识储备

一、电阻简介

电阻是一种拥有两个引脚的限流元件，在电路中有分压、分流的作用，常用字母 R 表示，单位为欧姆（Ω）。接入电路中的电阻可以限制通过该支路的电流大小，其阻值一般固定。电路中针对电阻阻值范围不同，可以有不同的单位标号，如千欧和兆欧（kΩ、MΩ），其换算如下：

$$1\,000\Omega=1\text{k}\Omega \qquad 1\,000\text{k}\Omega=1\text{M}\Omega$$

电阻两端的电压与电流有一定的函数关系。理想状态下，通过电阻的电流与瞬间电压成正比，即电阻是线性的。但在实际应用中，阻值一般与温度、材料、长度、横截面积有关。电阻温度系数则是用于度量阻值受温度影响的物理量，主要定义为温度每升高 1℃所增加的阻值与原阻值的比率，单位为 ppm/℃。电阻可以将电能转为其他形式的能量，最主要的是热能。在现实生活中，灯泡、电热丝等都为电阻元件。

实际电路中常用的电阻可分为两类：固定电阻与可变电阻。前者阻值不能改变，后者则可以变化。电路中最常见的固定电阻包括碳膜电阻、金属膜电阻、线绕电阻、水泥电阻、贴片电阻等，功率从确定的规格数到几十瓦不等，甚至更大。

图 1-13 为电路中的电阻图形符号，其拥有两个引脚，无正负极。使用字母 R 加数字代表该电阻在电路中的编号，使用数字加单位表示阻值。图 1-13（a）为电阻 R_1，其阻值为 10Ω；图 1-13（b）为电阻 R_2，其阻值为 1kΩ。

可变电阻的电路图符号如图 1-14 所示。图中 2 号引脚为分压端，实际物理器件上往往对应可调旋钮的触点，调节旋钮可实现 1、2 和 2、3 之间电压的调整。

注意：电阻元件的电路符号并非唯一形式，美国标准中电阻往往采用折线的形式，可变电阻更是有多种画法。

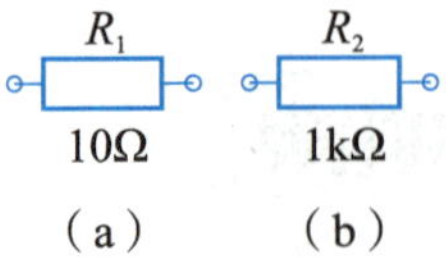

图 1－13　普通固定电阻符号

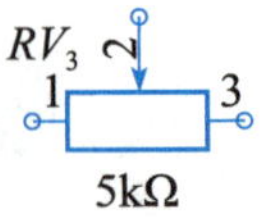

图 1－14　可变电阻符号

二、电阻的识别

实际电路中，电阻有多种样式，对于普通固定电阻，最常用的有直插的色环电阻和贴片电阻。电路中所用电阻功率不同，其封装外形也有差别。色环电阻往往用彩色的标记线给出实际的阻值，贴片电阻往往用丝印标记出阻值。

由于成本和技术的限制，在电阻的制造过程中，电阻上所标示的阻值与实际阻值会存在一定的误差，电阻的精度决定了误差。精度高的电阻，其制造难度、成本、售价等方面都会高于精度较低的电阻。在应用中，我们需要根据实际需求选择合适的电阻，有的电路受电阻允许误差的影响较小，而有的电路则要求电阻精度较高。电阻的精度也会反映在色环电阻的标记线以及贴片电阻的丝印上。

无论哪种电阻，都有其特有的识别方法。

1. 色环电阻的识别

小功率电阻体上都标有色环，这些色环代表不同的阻值和误差。常见的有两种表示方法：(1) 四色环，(2) 五色环。

四色环电阻如图 1－15 所示。

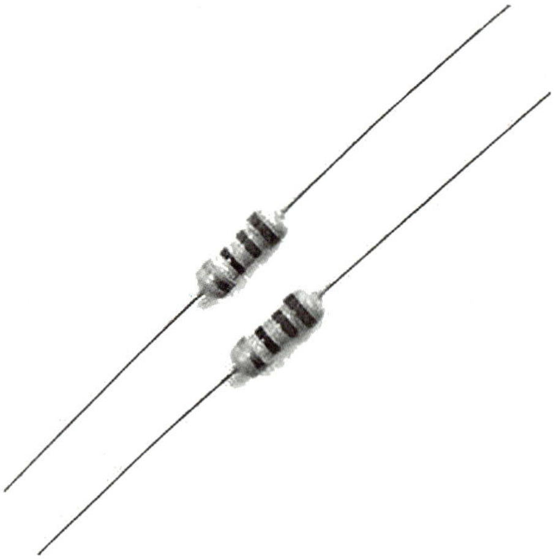

扫码看彩图

图 1－15　四色环电阻

表 1－1 为四色环的具体含义，前两道色环代表有效位，第三道色环是阻值倍率，用 10 的 N 次方表示，第四道色环表示误差。例如，某一电阻的色环为“红、红、棕、金”，红代表 2，棕代表 10^1，金代表±5%，则其阻值为 $22\times10^1\Omega=220\Omega$，误差范围为±5%。

表 1-1　四色环电阻的表示方法

色环颜色	第一道色环	第二道色环	第三道色环	第四道色环
黑	0	0	10^0	—
棕	1	1	10^1	—
红	2	2	10^2	—
橙	3	3	10^3	—
黄	4	4	10^4	—
绿	5	5	10^5	—
蓝	6	6	10^6	—
紫	7	7	10^7	—
灰	8	8	10^8	—
白	9	9	10^9	—
金	—	—	—	±5%
银	—	—	—	±10%

五色环电阻与四色环电阻的主要区别在于有效位数不同，因此五色环电阻精度更高。五色环电阻如图 1-16 所示。

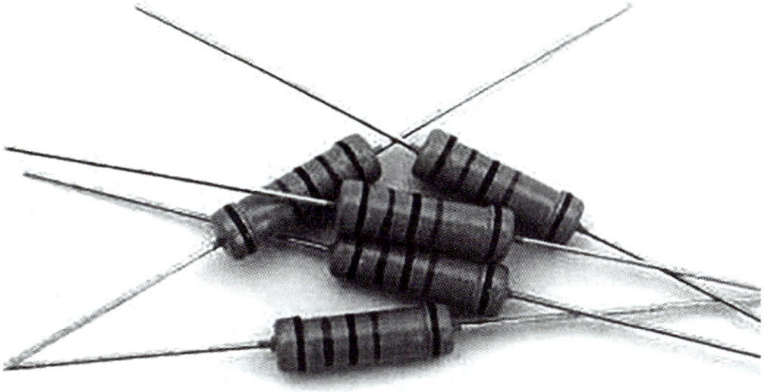

扫码看彩图

图 1-16　五色环电阻

五色环电阻有 3 位有效位电阻，见表 1-2。例如，某一电阻的色环为“棕、绿、黑、橙、棕”，第一个棕代表 1、绿代表 5、黑代表 0、橙代表 10^3、最后一个棕代表±1%，则其阻值为 $150\times10^3\Omega=150\text{k}\Omega=150\ 000\Omega$，误差范围为±1%。

表 1-2　五色环电阻的表示方法

色环颜色	第一道色环	第二道色环	第三道色环	第四道色环	第五道色环
黑	0	0	0	10^0	—
棕	1	1	1	10^1	±1%
红	2	2	2	10^2	±2%

续表

色环颜色	第一道色环	第二道色环	第三道色环	第四道色环	第五道色环
橙	3	3	3	10^3	—
黄	4	4	4	10^4	—
绿	5	5	5	10^5	±0.5%
蓝	6	6	6	10^6	±0.25%
紫	7	7	7	10^7	±0.1%
灰	8	8	8	10^8	—
白	9	9	9	10^9	—
金	—	—	—	10^{-1}	—
银	—	—	—	10^{-2}	—

电阻虽然没有极性之分，但其阻值是唯一的，因此电阻色环的读数方向也是唯一的。厂商在设计时，尽量考虑了色环顺序的唯一性，以免读数出现歧义。例如在四色环电阻中，金色与银色仅代表误差范围，其位置必然在结尾。除此以外，也往往用色环间距的不同来明确读数方向。但是对于小功率、小体积电阻来说，色环排布密集，且颜色色差有时不明显，读数十分困难。因此建议在焊接色环电阻时使用数字万用表测量，以免因阻值读数错误而影响电路。

2. 贴片电阻的识别

贴片电阻具有体积小、重量轻、抗震性强等优点。贴片电阻有多种形态，如矩形两脚的片状电阻和圆柱两脚的色环电阻，有多个引脚的矩形贴片排阻也较为常见。贴片电阻的阻值往往会在电阻体上标明，其有三种标称法：数字索位标称法、色环标称法和数字代码与字母混合标称法。

数字索位标称法常见于矩形片状电阻，如图 1－17 所示，其用多位数字来标明阻值。例如以三位数字标注的电阻，第一位和第二位为有效数字，第三位代表加“0”的个数，如“161”表示 160Ω，“122”表示 1 200Ω。若阻值不是整数，则使用“R”代表小数点，并占用一个有效位，如“3R6”表示 3.6Ω，“R36”则表示 0.36Ω。如果电阻体上是四位数字，则前三位代表有效位，第四位表示倍率，如“1502”表示 15 000Ω=15kΩ。

图 1－17　片状贴片电阻

3. 可变电阻的识别

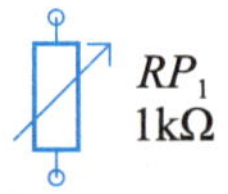

图 1－18　可变电阻器符号

可变电阻器又称为可调电阻器，即阻值可调整，在一些有特殊需求的电路中经常会使用到，常用大写字母 *RP* 或 *RV* 表示，其电路图形如图 1－18 所示。

可变电阻种类、款式众多。图 1－19 为卧式可变电阻，使用螺丝刀插入顶部十字型槽便可调整阻值。这类可变电阻有 3 个引脚，左右两端引脚内部连接的是定片，进而两端的阻值是固定的，但是中间引脚在内部连接的为动片，使用螺丝刀转动十字型槽时，内部的动片滑动，中间引脚与左右两边引脚之间的电阻阻值就会相应变化，实现阻值和电压的分配。

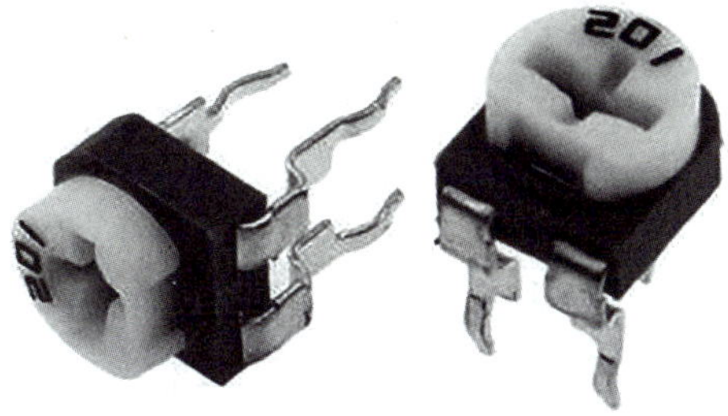

图 1－19　卧式可变电阻

可变电阻的标称值一般会直接标示在阻体上，使用三位数标示，前两位标示有效位，第三位标示倍率，即乘以 10 的 N 次方，单位为 Ω。例如，可变电阻实物上标为“103”，表示 10kΩ，又如标为“203”，则代表 20 000Ω，即 20kΩ。

一般来说，使用可变电阻器改变阻值，可以让电路按要求进行功能调整，而有些电路在调整达到需求后，就不会再频繁进行调整。与其功能相似的还有电位器，电位器结构更加坚固，调整频率也更高，常见的音响音量、音调的调整等，就是使用电位器实现的。一种常见的变阻器应用场合是在 DC－DC 供电电路中，往往使用电位器来调整模块的输出电压值，以方便用户应用；而有些电路板则通过计算直接用固定电阻代替可变电阻，以实现确定的电压供电输出。

知识补充

电阻功率是指电阻器能够承受的最大功率，通常以瓦特（W）为单位来表示。

当电阻器通过电流时，会产生热量。如果这个热量超过了电阻器所能承受的极限，电阻器就会变热、烧毁甚至损坏。因此，一般情况下，我们要选择功率比实际需求稍大的电阻器，以保证其在长时间使用中不会因为温度升高而导致出现故障。常用的电阻功率有 1/8W、1/4W、1/2W、1W、2W 等，具体选择应根据电路实际需求来决定。

三、电容简介

电容是电路中一类重要的原件，常用字母 C 表示，单位为法拉（F）。其主要功能为存储电荷，即存储能量。“通交流、隔直流”是其重要特性，它能根据交流信号频率的不同而改变容抗。电容的主要用途有以下三种：

1. 储能用途

当瞬间切断电源或集成电路（Integrated Circuit，IC）芯片所耗电流过快导致负载电流变化较大时，易造成 IC 故障。为了防止这种情况的发生，在 IC 供电引脚接入电容储能，便可暂时保持电源线电压的稳定，以免出现故障，如图 1－20 所示。

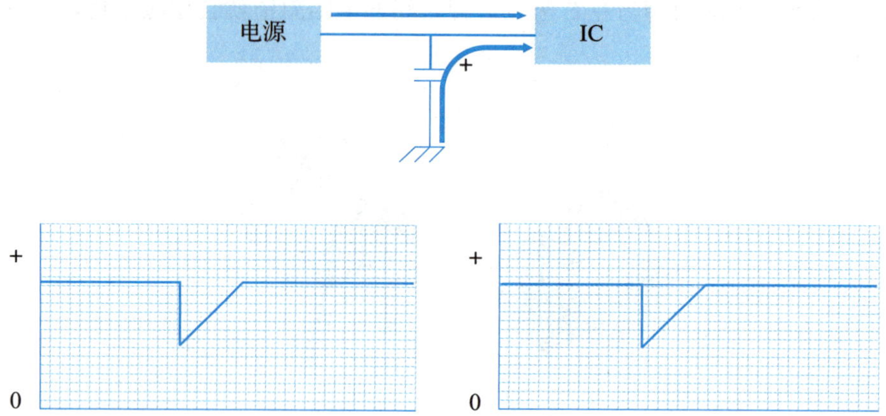

图 1－20　电容储能

2. 去耦用途

电源电路中，为提供稳定的直流电压，除了使用稍大的电容来进行滤波，还可以利用交流电流的特点，使用较小的电容，利用其充放电速度快的特点去除电源线外部的感应性噪声和高速驱动电路引发的高频噪声，如图 1－21 所示。

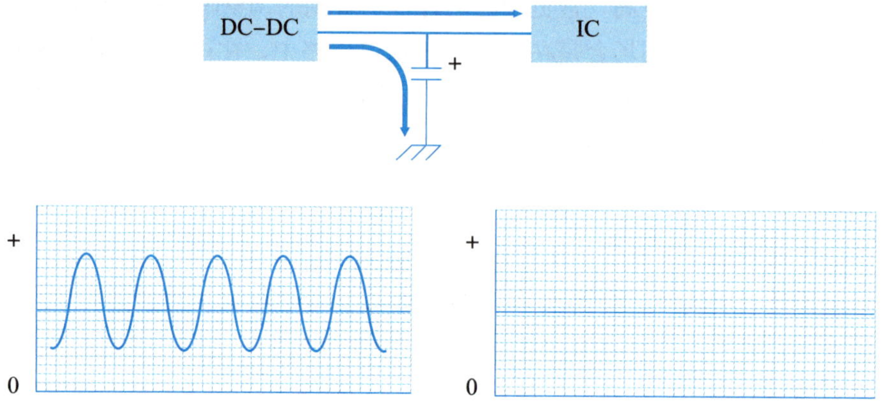

图 1－21　电容去耦

3. 耦合用途

利用电容串联时“通交流、隔直流”的特性，可以去除前端电路的直流偏置电压，向后端电路仅传送交流信号电压，常用于音频电路，如图 1－22 所示。

电路中针对电容容值范围不同，可以有不同的单位标号，如微法、纳法、皮法等（μF、nF、pF），其换算如下：

$$1\text{F}=1\,000\,000\mu\text{F}\qquad 1\mu\text{F}=1\,000\text{nF}\qquad 1\text{nF}=1\,000\text{pF}$$

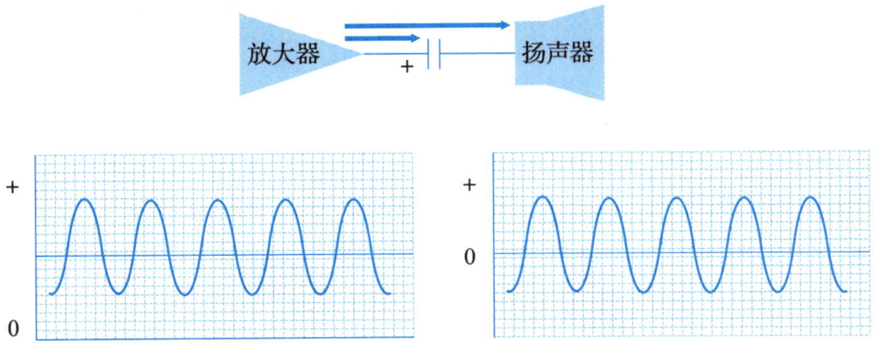

图 1－22　电容耦合

四、电容的识别

电容器的种类众多，规格不一。常用的直插型电容有瓷片电容、电解电容、独石电容等，贴片形态的电容有片式陶瓷电容、钽电容等。电容还分为无极性电容和极性电容。理想的电容本来是没有极性的，但是在实际应用中，为了获得大容量，就使用了某些特殊的材料和结构，这就导致了实际的电容有些是有极性的。有极性的电容实际上是一个只能按一个电压方向使用的电容。而无极性的电容，则两个电压方向都能使用。实际上，使用无极性的电容代替有极性的电容是完全可以的，只要容量、工作电压、体积等能满足要求即可。

这里分别就无极性电容和极性电容列举一些常见电容元件，说明其形态和参数标注。

1. 无极性电容

无极性电容往往不能做得很大。实际应用中，低于 1μF 的低值电容大多数是无极性的，但是有 1μF 或更大电容值的电容大多数是有正负极的。无极性电容在电路中的符号如图 1－23 所示。

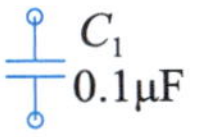

图 1－23　无极性电容符号

瓷片电容是一种常见的直插型无极性电容，又称为瓷介电容，其将高介电常数的陶瓷材料挤压成圆片作为介质，通过烧渗方式将银镀于陶瓷片上并将其作为电极，两个引脚连接电极，且不区分极性，如图 1－24 所示。瓷片电容具有性能稳定、体积小等优点，适用于高稳定的振荡电路，但其容量小，偏差较大。

图 1－24　瓷片电容

瓷片电容的容量多采用三位数字来表示，与可变电阻类似，前两位代表有效数字，第三位代表倍率，即乘以 10 的 N 次方，单位为 pF，常简写为 p。但对于容量在 100pF 以下的瓷片电容，一般仅用两位数字表示。例如，瓷片电容印有“104”，则代表电容容量有 100 000pF，即 0.1μF；若印有“21”，则表示电容容量为 21pF。

注意：瓷片电容必须在低于额定电压的情况下工作，且应留有余量。普通瓷片电容一般不会在元件上标示耐压值，但在外包装袋上会附有说明耐压值的标签，多为50V，一些高耐压的瓷片电容才会直接在元件上标示耐压值。除此以外，可用于高频电路的瓷片电容常在顶部刷有黑漆。

无极性电容中，贴片电容也较为常用。常见的无极性贴片电容如图1－25所示。

图1－25　无极性贴片电容

无极性贴片电容往往不会在表面印刷电容值，但在其所在的半导体贴片载盘上会标注电容值、封装、耐压值等参数，如图1－26所示。

图1－26　整盘贴片电容

图1－26中，1206是指电容的封装尺寸，68nF是其电容值，250V是其耐压值。

2. 极性电容

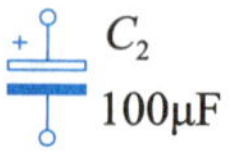

图1－27　极性电容符号

由于材料所限，较大的电容往往只能是极性电容，其在电路中的符号如图1－27所示，符号上标有“＋”，表明该端为正极，另一端为负极。

图1－28　直插电解电容

铝电解电容是较为常见的极性电容，应用广泛。直插封装的电解电容外形为圆柱形，有两个引脚，一长一短，如图1－28所示。电解电容需要区分极性，长引脚为正极，短引脚为负极。除此以外，在外壳上标有“－”，代表该引脚为负极。

还有贴片铝壳电解电容，也是常用的电解电容，在使用时采用贴片焊接工艺，电容无缝贴合在电路板上，电路板背面没有任何焊点。贴片铝壳电解电容如图 1 - 29 所示，带黑色标记的为电容负极。

图 1 - 29 贴片铝壳电解电容

除了直插和贴片的电解电容外，体积较小的贴片钽电容也是较为常用的极性电容，常用在一些高密度组装且内部空间狭小的产品中。钽电容的外形是一个长方体，如图 1 - 30 所示，带有条纹的一极为正极，另一极为负极。

图 1 - 30 钽电容

钽电容在其表面印有电容值等参数，具体参数含义如图 1 - 31 所示。

年份代码	年份
M	2000
N	2001
P	2002
R	2003
S	2004
T	2005
U	2006
Y	2007

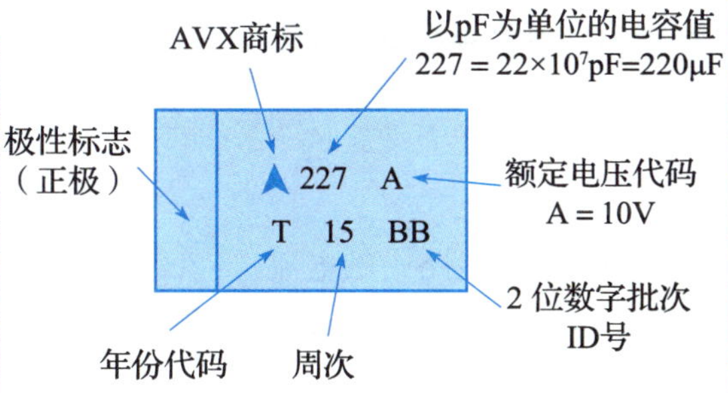

电压代码	额定电压
F	2.5
G	4
L	6.3
A	10
C	16
D	20
E	25
V	35
T	50

图 1 - 31 钽电容标识

图 1－31 的左边条纹表示电容正极，丝印中上面一行中的 227 就是电容值，表示 22×10^7pF，A 表示其耐压值为 10V，这是钽电容最重要的参数。此外，钽电容也往往用 A、B、C、D、E、Y、V、J、P 等来表示其封装尺寸，具体可参考厂商资料。

五、理论计算

我们设计电路，以满足一些功能需求。这些功能往往是电荷能量的输送和分配，或者是信号的传输和处理，这些都要通过电压、电流和电功率来表征和实现。在电路分析中，人们关心电流、电压和电功率等物理量，这些物理量之间的关系从微观来看较为复杂。这里，我们只从应用的角度简单说明这些物理量之间的关系，不涉及一些基础定理的物理和数学的分析、推导。

1. 欧姆定律的使用

我们以发光二极管的使用为例来说明欧姆定律。发光二极管简称 LED，是一种常用的发光器件，在元件两端施加 2V 电压即可释放能量。

如图 1－32 所示，一节干电池的电压为 1.5V，电压不足导致 LED 无法发光；若串联两节干电池，电压达到 3V，经过 LED 的电流过大，会损坏 LED；若在电路中串联电阻，使得 LED 两端达到最佳工作电压，LED 将正常发光，顺利工作。可以看出，选择合适的电阻阻值能使电路正常工作，而要多大的电阻，则需要运用欧姆定律来计算。

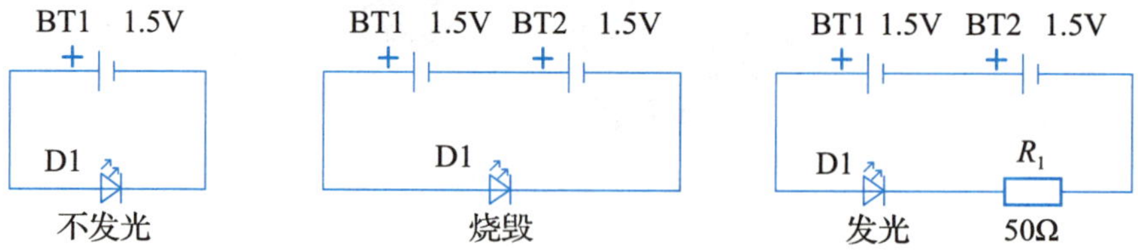

图 1－32 发光二极管的驱动

欧姆定律是指在同一电路中，经过导体的电流与电压成正比，与电阻成反比，三者的关系式为：

$$U=I\times R \tag{1-1}$$

式中，U 为电压，R 为阻值，I 为电路中的电流。

这里假设通过 LED 的电流为 20mA，求解电阻阻值的过程如下：

（1）电池电压为 3V，LED 两端电压为 2V，则电阻两端电压为 $U_R=U-U_{LED}=3V-2V=1V$。

（2）电流单位换算：20mA=0.02A。

（3）电阻阻值 $R=U/I=1V/0.02A=50\Omega$。

欧姆定律是电路分析中最常用的基本定理之一，其揭示了电路中一些最基础的现象，电路中很多复杂计算都以此为基础。

2. 消耗功率和额定功率

电路设计中，对能量的计算要求非常高，电路的能耗、元件的选择、功能的实现都需要对电路能量有较为准确的计算。能量守恒定律是自然界普遍的基本定律，能量不会凭空出现，也不会凭空消失，但是不同能量之间可以相互转移。同样地，LED、电阻等器件工作时，需要消耗电能。消耗功率就是度量元器件单位时间内消耗了多少能量，常用大写字母 P 表示，单位为瓦特（W）。在电路中，功率和电压、电流的关系式为：

$$P=I\times U \tag{1-2}$$

例如，有一个 10Ω 的电阻，电源电压为 20V，该电路中无其他元器件，关于电阻消耗功率的求解步骤如下：

（1）根据欧姆定律，经过该电阻的电流为 $I=U/R=20/10=2(\text{A})$。

（2）根据公式计算可得电阻消耗功率 $P=2\times20=40(\text{W})$。

我们可以根据欧姆定律推导得到一些常用的计算式，如：

$$P=I\times U=I^2\times R=U^2/R \tag{1-3}$$

当已知电阻两端电压、电阻、电流中任意两个参数时，我们便可求出电阻的消耗功率。

一般情况下，电阻会将电能全部转化为热能。当消耗功率过高时，电阻可能会被熔断。因此，电阻的额定功率就是其在正常工作时的功率。为了安全考虑，其他元器件甚至电器都会标注明确的额定功率。设计电路时，只有选择的所有器件都不超过其标注的额定功率，电路才能正常工作，否则元器件有可能被烧毁。

3. 电阻的串联和并联

为了满足设计需求，电路中元器件的连接方式主要分为两种：串联和并联。图 1－33 为电阻的串联和并联，串联是将元器件首尾相连，而并联则是首首相连、尾尾相连。当多个电阻器连接时，串联和并联的合并阻值会发生变化，合并阻值 R 的关系式如下：

串联：$R=R_1+R_2+\cdots+R_n$

并联：$1/R=1/R_1+1/R_2+\cdots+1/R_n$

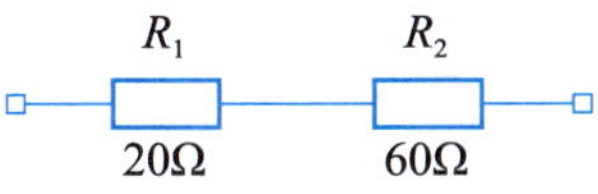

（a）串联连接

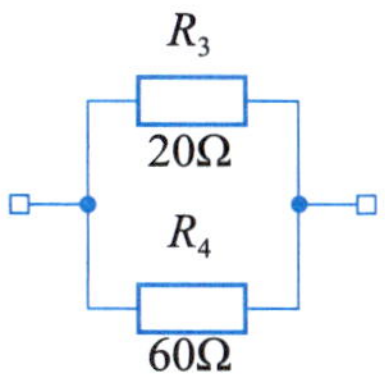

（b）并联连接

图 1－33　电阻的串联和并联

根据以上公式，可计算上图中的合并电阻值：

串联：$R_{总}=R_1+R_2=20+60=80(\Omega)$。

并联：$1/R_{总}=1/R_3+1/R_4=1/20+1/60=1/15$。所以 $R_{总}=15\Omega$。

通过该例可知，串联电阻越多，合并电阻值越大；并联电阻越多，合并电阻值反而越小。

4. 电容的串联和并联

在电路中，基本都会使用电容，其作用也多种多样，如滤波、充放电等。电容串联或并联时，效果也各不相同，多个电容组合使用时，其合并电容值如下：

串联时：$1/C=1/C_1+1/C_2+\cdots+1/C_n$

并联时：$C=C_1+C_2+\cdots+C_n$

与电阻不同，多个电容串联时，总容量为所有电容量的倒数和的倒数，而耐压值为所有电容的耐压和。如图 1-34（a）所示，C_1 的电容值为 10μF，耐压 50V，C_2 的电容值为 40μF，耐压 25V，则串联后的电容值为 8μF，耐压 75V。多个电容并联时，容量是所有电容量之和，而耐压是所有电容中的最低耐压。如图 1-34（b）所示，C_3 的电容值为 10μF，耐压 50V，C_4 的电容值为 20μF，耐压 25V，则并联后的电容值为 30μF，耐压 25V。可以看出，多个电容串联会减少电容值，提高耐压值，而并联会增加电容值，降低耐压值。

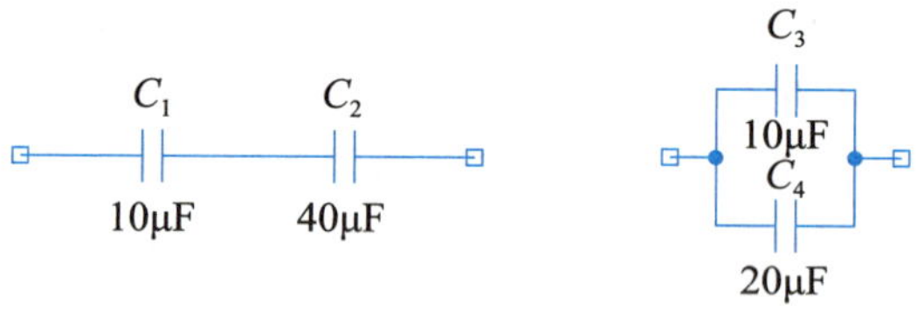

（a）串联连接　　（b）并联连接

图 1-34　电容的串联和并联

而在实际应用中，串联电容的使用情况较少，更常用并联电容以起到滤波的作用。为了能够获得较好的效果，一般滤波所用的电容的大小会相差很多。例如，可以将 4.7μF、0.1μF、0.001μF 三个电容并联，4.7μF 可以滤除低频干扰，0.1μF 可以滤除 1～50MHz 干扰，0.001μF 对滤除 50MHz 以上的干扰有较好的效果，如图 1-35 所示。

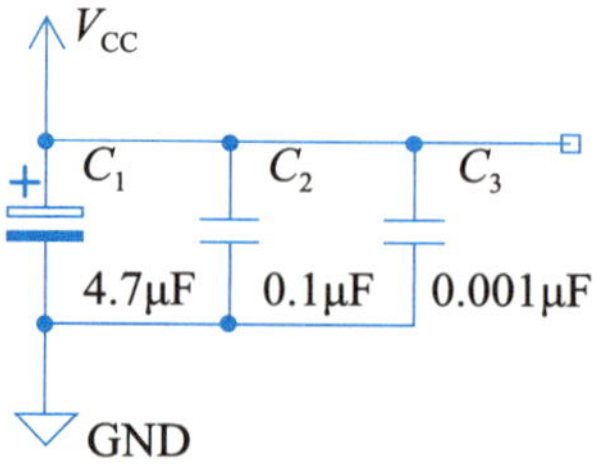

图 1-35　大、小电容并联使用

5. 阻容充放电电路

在电路中常会见到 *RC* 充放电电路，这是电阻和电容结合应用的一种基础电路，如图 1-36 所示。

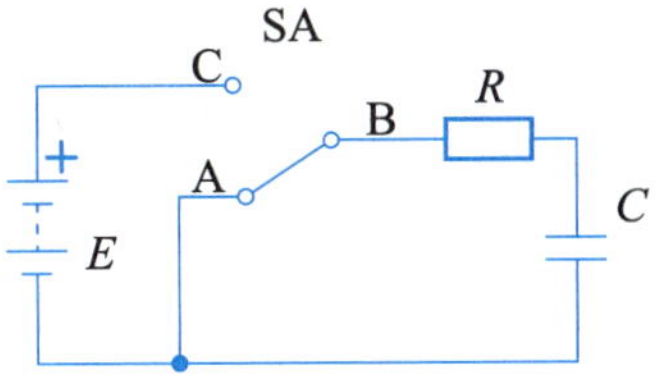

图 1－36 *RC* 充放电电路

图 1－36 中，当开关 SA 打至 A 点时，电容 C 中没有电荷量，其两端电压为 0V，若将开关从 A 打至 C，电源 E 会通过 R 向电容充电，由于在接通的瞬间，电容的电压为 0V，因此此时电流为 E/R。但是随着充电的过程，电容 C 两端的电压逐渐增大，此时 R 处的电压为 $E-V_C$，电流则变为 $(E-V_C)/R$。随着电容所存储的电荷越来越多，两端电压逐渐增大，R 两端的电压逐渐变小，电流也会越来越小，V_C 上升的速度也越来越慢，当 $V_C=E$ 时，充电结束。

上图电路充电过程中，电容两端的电压和电流的计算公式如下：

$$V_C=E(1-e^{-\frac{t}{\tau}}) \tag{1-4}$$

$$I=\left(\frac{E}{R}\right)^{-\frac{t}{\tau}} \tag{1-5}$$

由此可以看出，电压与电流在充电过程中按指数变化，具体的快慢取决于时间常数 τ，其中，R 的单位为欧姆（Ω），C 的单位为法拉（F），τ 的单位为秒（s）。同样地，如果将开关 SA 从 C 打到 A，即充电结束后放电，其变化也遵循指数规律。

例如，见表 1－3，τ 越大，充电速度越慢。当充电时间 $t=3\tau$ 时，$V_C=0.95E$；当 $t=5\tau$ 时，$V_C=0.993E$。通常认为，当 $t=(3\sim5)\tau$ 时，电容充电完成。利用 *RC* 的充放电特性，可以组成多种应用电路，如积分电路、微分电路、解耦电路和定时电路。

表 1－3 *RC* 充放电表

时间常量	*RC* 值	最大百分比	
电压	当前		
0.5 时间常量	$0.5\tau=0.5RC$	60.7%	39.3%
0.7 时间常量	$0.7\tau=0.7RC$	49.7%	50.3%
1.0 时间常量	$1\tau=1RC$	36.6%	63.4%
2.0 时间常量	$2\tau=2RC$	13.5%	86.5%
3.0 时间常量	$3\tau=3RC$	5.0%	95.0%
4.0 时间常量	$4\tau=4RC$	1.8%	98.2%
5.0 时间常量	$5\tau=5RC$	0.7%	99.3%

课堂思考

在一个电路中，如果希望通过充电过程来测量电容器的价值，应该如何操作？

任务3 二极管的使用

任务描述

电路设计中会用到很多二极管，本任务帮助读者了解二极管的原理，掌握二极管的基本参数，包括最大反向电压、最大正向电流、正向压降等，帮助读者学习不同种类的二极管在电路中的作用和应用场景。通过实验方式，实际搭建并测试二极管电路的效果，加深对二极管使用的理解和掌握能力。

知识储备

一、二极管概述

人们很早就发现二极真空管具有整流特性和爱迪生效应，当时主要使用多结晶半导体制作二极管。随着技术的提升，目前二极管多使用单结晶半导体材料生产，主要是硅或锗，其中，硅材料具有高耐热性，且不易损坏，所以硅材料应用更多。

普通整流二极管是由 P 型半导体和 N 型半导体构成 PN 结形式。二极管有极性之分，其中 P 型半导体所引出的电极为正极，N 型半导体所引出的电极为负极，其结构和电路图符号如图 1 - 37 所示。

（a）二极管结构图　　（b）二极管记号图

图 1 - 37　二极管结构和记号

二极管两极都为杂质半导体，主要成分为硅或锗晶体，但掺入的杂质元素不同。N 型半导体主要掺入的杂质为磷或锑元素，其具有高电子浓度，通过自由电子实现导电功能；P 型半导体主要掺入的杂质为硼或铟元素，含有较高浓度的“空穴”（类似正电荷），可实现导电。

知识补充

正常情况下，PN 结呈开路状态。但当把 PN 结用直流电源连接时，会出现 PN 结正向偏置和反向偏置两种情况。在正向偏置下，PN 结内部会出现电子注入 P 区和空穴注入 N 区的现象，导致 PN 结的电阻降低；而在反向偏置下，PN 结内部的电荷分布会产生变化，导致 PN 结的电阻变大。

二极管由于 PN 结的存在，具有整流作用，相当于一个电流的单向开关，即电流只能从正极流向负极，而不能反方向流入，如图 1-38 所示。

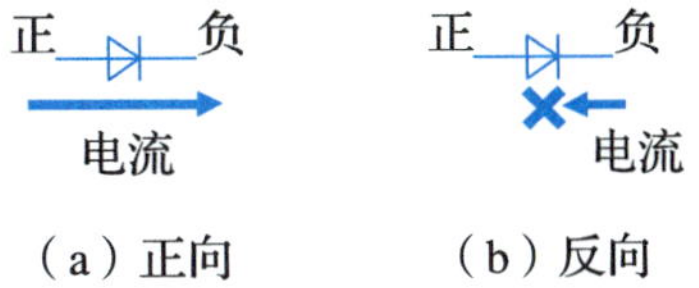

图 1-38　二极管的开关作用

1N4148 就是一种典型的整流二极管，其正向最大工作电流可达 75mA，正向导通时其压降只有大约 0.7V；而其反向峰值耐压为 100V，只要其反向电压低于该值，则均能有效截止电流。如图 1-39 所示，就是其玻璃封装的直插型号。

图 1-39　1N4148 二极管

该二极管有两个引脚，标有黑色圆环的一端代表负极，另一端为正极，常用于继电器续流、隔离等，适用于小功率电路。“1N”表示器件为二极管，代表 1 个 PN 结，“4148”则表示型号。

二、二极管分类

二极管种类众多，外形各异，封装方法也不尽相同。总体来说，二极管可以从以下 5 个方面进行分类：

1. 按频率分类

按频率分类是最基本的分类方法。根据不同的特性，二极管可分为整流二极管、开关二极管、肖特基势垒二极管、恒压（齐纳）二极管和用于高频带的高频二极管，如图 1-40 所示。其中，恒压二极管主要用于保护电路，但随着电路的精密化和微细化要求的提高，目前更常用高性能的瞬态电压抑制二极管作为保护元件。

2. 按结构分类

目前，根据二极管的结构，二极管可分为平面型和台面型，如图 1-41 所示。

平面型是半导体构造最常用的方法，类似于“凹”型，在硅基板上形成氧化膜，然后中

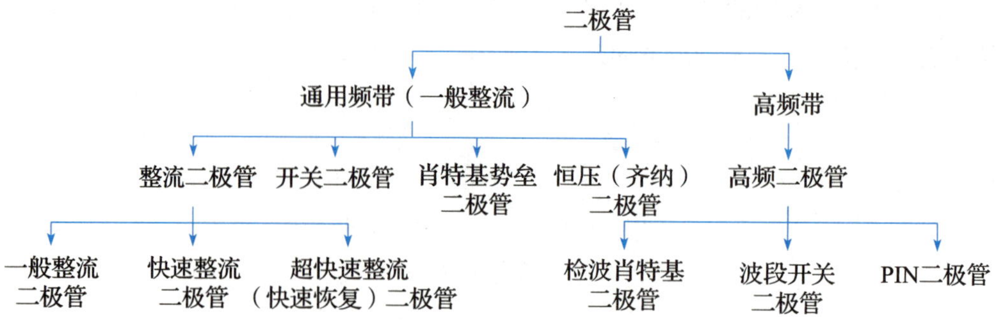

图 1-40　二极管按频率分类

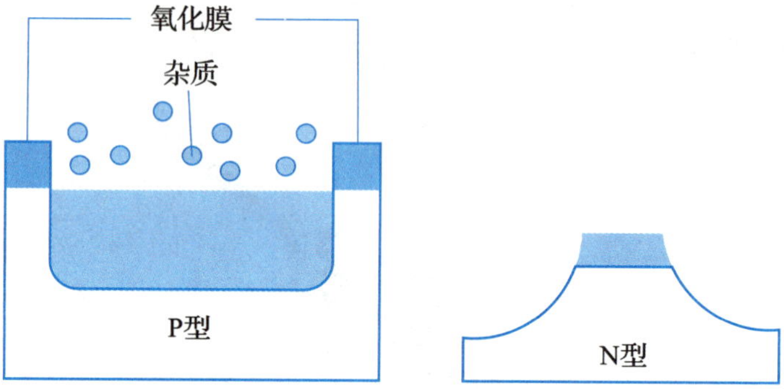

（a）平面型　　（b）台面型

图 1-41　二极管构造

间开孔，扩散杂质，如图 1-41（a）所示。台面型具有高耐压的特性，类似于“凸”型，这使得逆电压容易增大，逆电流也增大，因此多用于整流二极管，如图 1-41（b）所示。

按二极管的结构分类如图 1-42 所示。

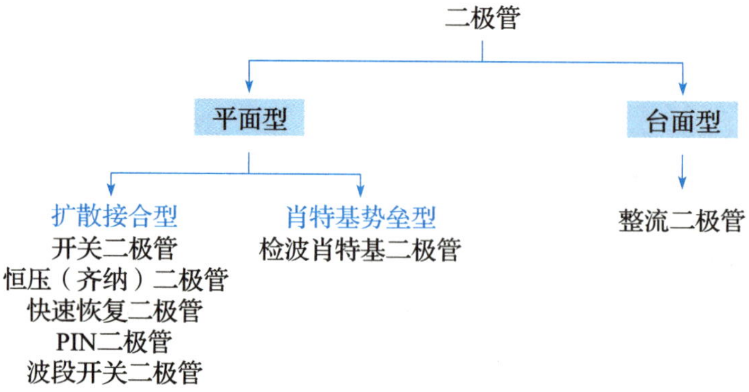

图 1-42　二极管按结构分类

3. 按正向电流分类

该方法主要根据二极管正向电流的大小进行分类，若正向电流小于 1A，则称为小信号二极管，否则，称为中功率/大功率二极管（如图 1-43 所示）。

4. 按集成度分类

根据是否将多个二极管进行集聚，主要分为二极管和阵列二极管（如图 1－44 所示）。

图 1－43　大功率防反充二极管

图 1－44　阵列二极管

5. 按形状分类

该方法主要是根据实际封装的形状进行分类，主要分为直插型和贴片型。

直插型二极管如图 1－45 和图 1－46 所示。

图 1－45　直插型快速恢复二极管

图 1－46　直插型发光二极管

贴片型二极管如图 1－47 和图 1－48 所示。

图 1－47　贴片型整流二极管

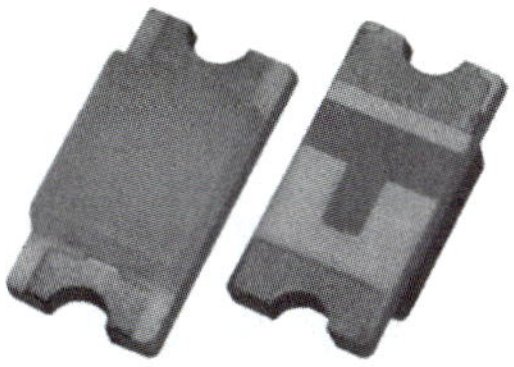

图 1－48　贴片型发光二极管

二极管类型很多，无论是直插型还是贴片型，都有多种形态封装，很难仅从形状判断元件是否为二极管，读者可查阅相关资料做进一步的了解。

三、常见二极管类型

1. 整流二极管

整流二极管的结构和符号如图 1－49 所示。整流二极管用于电流整流，可对电源的输入端起到整流作用，容易获得 1A 以上、400V/600V 的高耐压。

整流二极管可对商用频率的交流电进行整流，其目的是将交流电转为直流电，从而获得高电压、高电流。根据不同的使用频率、条件和转换效率，整流二极管可用于制作低正向电压、低噪等产品。整流二极管的作用如图 1－50 所示。

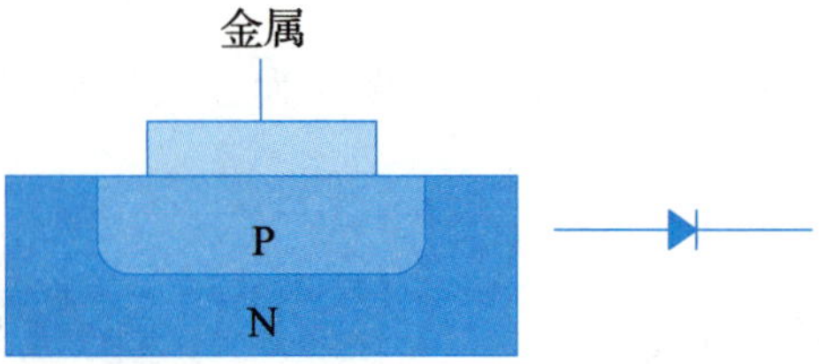

（a）结构　　（b）符号

图 1-49　整流二极管

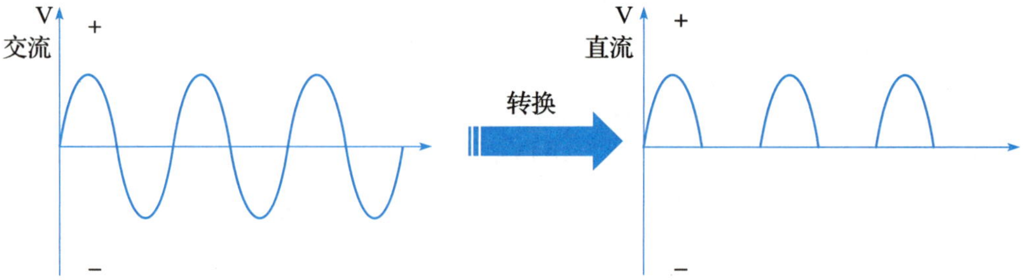

图 1-50　交直流转换

在常见的单相桥式整流电路中，四个整流二极管被连接成一个桥式结构，可以实现更高效的整流，如图 1-51 所示。

2. 开关二极管

开关二极管的结构和符号如图 1-52 所示。

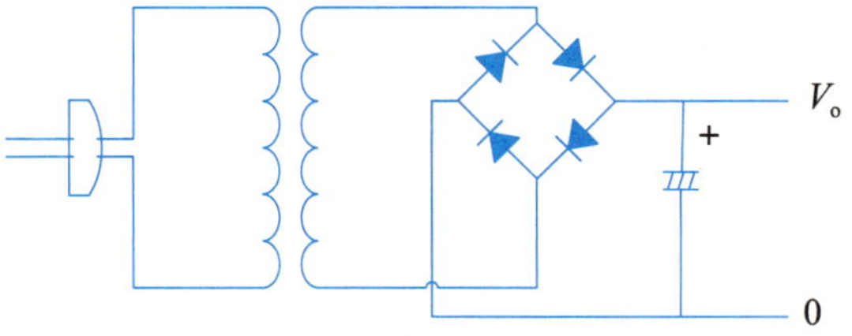

图 1-51　交直流整流电路

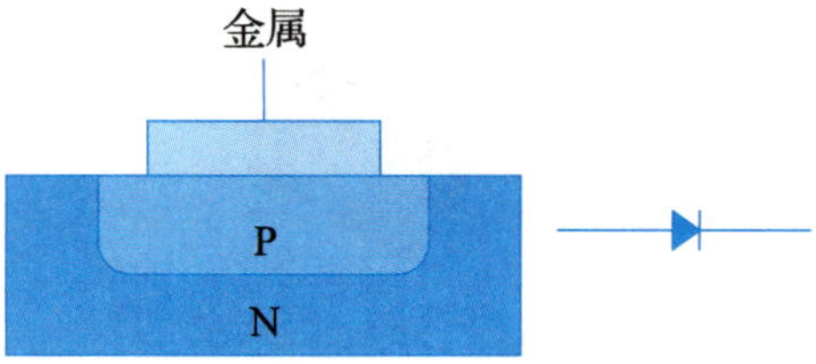

（a）结构　　（b）符号

图 1-52　开关二极管

开关二极管可用于设备的开关，只有向该二极管施加正向电压时，才有电流，否则电流将无法通过，如图 1-53 所示。该类二极管从导通状态转为完全关闭状态所需的时间短，即反向恢复时间短。一般来说，关闭设备元件是无法瞬间停止的，会有反向电流流通，漏电电流越大，对设备元件也越易产生损耗。因此，反向恢复时间越短，越能实现低损耗、高速开关。

需要注意的是，整流二极管和开关二极管之间具有较大差异，具体如图 1-54 所示。图中实线为开关二极管的特性曲线，虚线则是整流二极管的曲线，可以看到两种二极管反向恢复时间的差异，开关二极管的反向恢复时间极短。

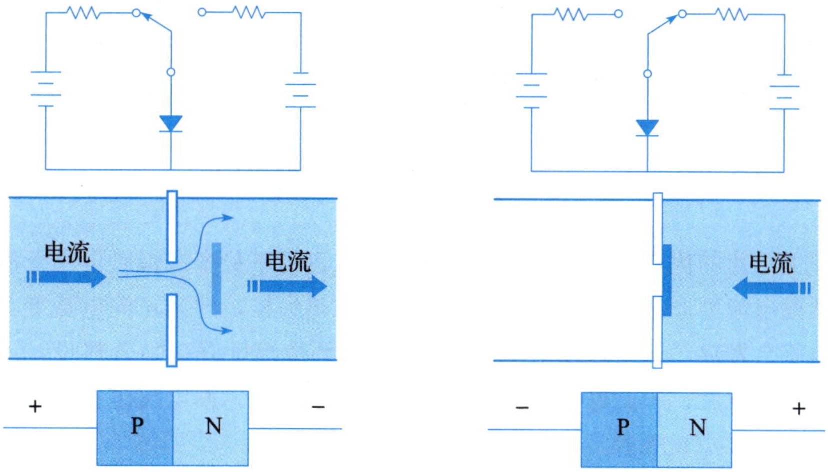

图 1－53　开关二极管功能

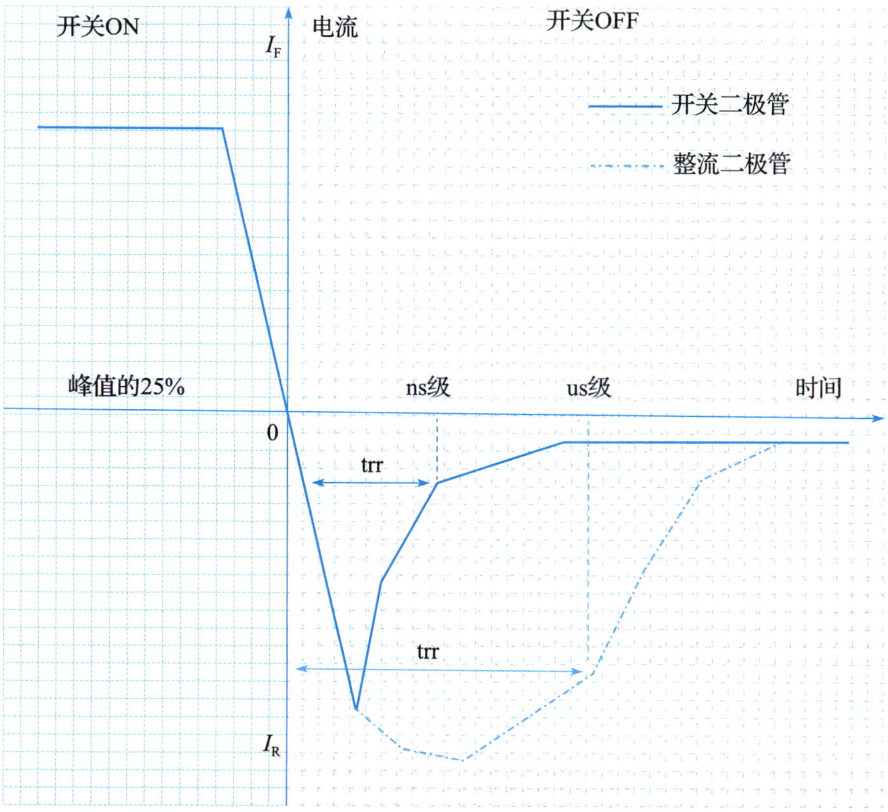

图 1－54　整流二极管和开关二极管的区别

3. 肖特基势垒二极管

肖特基势垒二极管（Schottky Barrier Diode，SBD）的结构和符号如图 1－55 所示。与一般二极管不同，肖特基势垒二极管将金属与半导体结合来发挥其特性，有正向

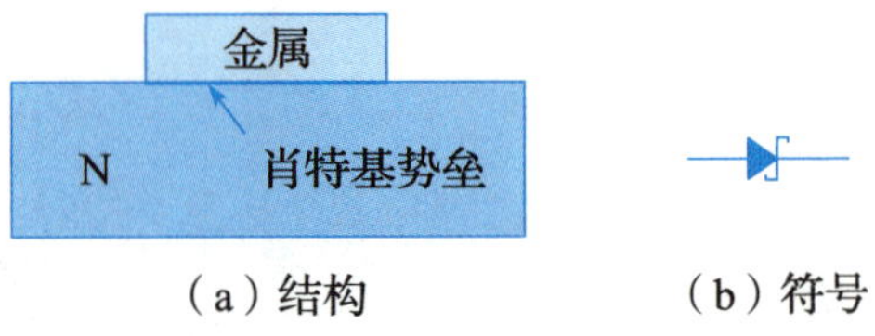

图 1-55　肖特基势垒二极管

电压低、开关迅速的优点。根据使用的金属不同，肖特基势垒二极管可用于制造低正向电压型、低漏电流型产品。但其漏电流大，易引起热失控，即当正向电流变大时，肖特基势垒二极管会发热，从而致使漏电流 I_R 变大，环境温度升高。若热设计不合理，发热速度大于散热速度，那么肖特基势垒二极管会持续发热，漏电流也持续增加，最终损坏元器件，如图 1-56 所示。

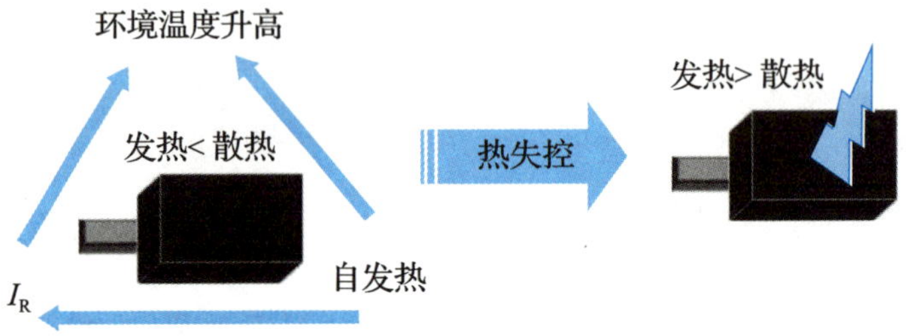

图 1-56　肖特基势垒二极管的热失控

当电流通过时，普通二极管会产生 0.7～1.7V 的电压降，但是肖特基势垒二极管的电压降仅为 0.15～0.45V，大大提升了系统效率。同样地，肖特基势垒二极管与一般整流二极管之间也存在差异，具体如图 1-57 所示。

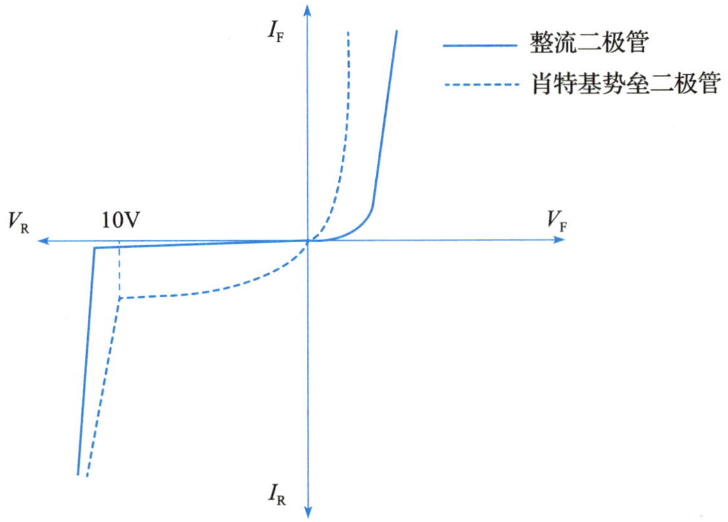

图 1-57　肖特基势垒二极管与整流二极管的区别

但是，肖特基势垒二极管与一般整流二极管最大的差异在于反向恢复时间。一般整流二极管的时间为几百纳秒，即使是高速二极管，也会低于 100 纳秒，同时会产生干扰噪声。而小信号的肖特基势垒二极管的切换时间为几十皮秒，大容量的特殊肖特基势垒二极管也在皮秒级别，因此可称肖特基势垒二极管没有反向恢复时间，无反相电流问题，可立即切换。

4. 齐纳（恒压）二极管

齐纳二极管（Zener Diode）的结构和符号如图 1-58 所示。

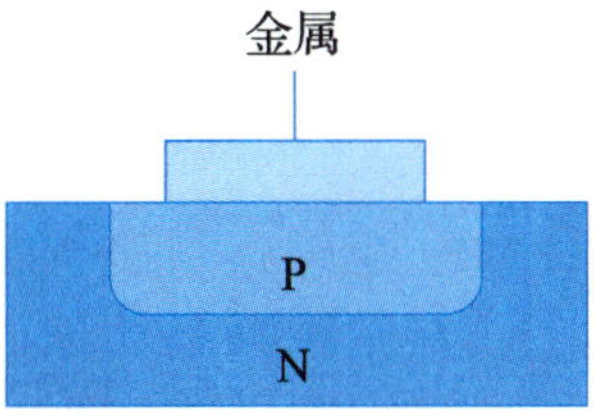

（a）结构

（b）符号

图 1-58　齐纳二极管

齐纳二极管又称恒压二极管，顾名思义，恒压二极管主要用于恒定电压，尽管电流变化，但是电压不变，可用于保护元件，避免集成电路芯片因浪涌电流和静电而造成损坏。与一般二极管不同的是，齐纳二极管是反向使用的，反向击穿电压称为齐纳电压（V_Z），此时的电流值称为齐纳电流（I_Z），具体工作方式如图 1-59 所示。

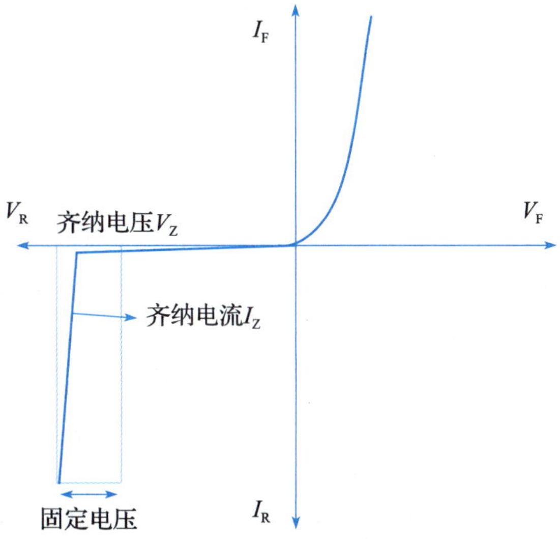

图 1-59　齐纳二极管的工作方式

5. TVS 二极管

TVS 二极管又称瞬态抑制二极管，即当电路在瞬间受到高能量冲击的时候，能吸收瞬间大电流和高电压钳位，从而保护电路或设备。因此，其具有浪涌吸收能力，且响应十分迅速，可达亚纳秒级。

根据不同的电路，TVS 二极管的使用也不相同。TVS 二极管可分为单向和双向，前者常用于直流电路，后者多用于交流电路。将需要保护的电路与该二极管并联，若瞬时电压超过正常工作电压，TVS 二极管会向瞬时电流提供超低电阻通路，从而避免设备的损坏，这种现象称为雪崩效应。由此可见，TVS 二极管适用于对静电释放（ESD）敏感的电路以及过压电路，如图 1-60 所示，为起到保护电路作用，单向 TVS 二极管在使用时，其极性要与电源输入极性相反。TVS 二极管有双向和单向的，符号也有所不同，如图 1-61 所示。

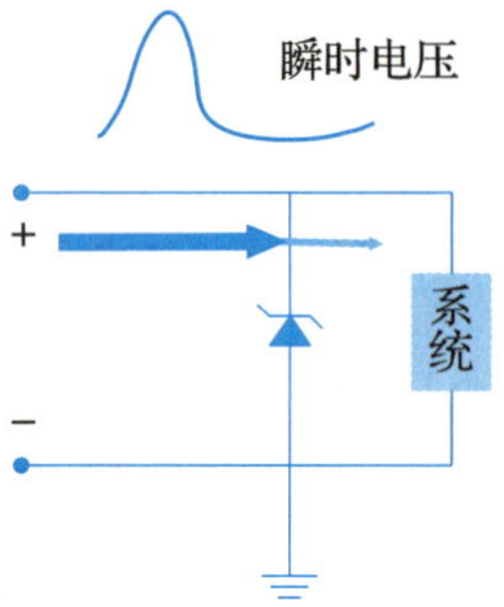

图 1-60　工作方式

（a）双向TVS二极管符号

（b）单向TVS二极管符号

图 1-61　TVS 二极管符号

需要注意的是，TVS 二极管与稳压二极管有以下相同点：

（1）符号封装。二者的电路符号类似，封装也差异不大，有时甚至难以分辨。

（2）电路接法。二者都是反向接入电路，根据 PN 结的雪崩效应，均有反向击穿的临界电压，从而起到稳压作用。

但是二者之间又存在如下不同点：

（1）稳压方式。稳压二极管主要是将输入电压固定，而 TVS 二极管则更注重于防止瞬间高压对电路造成的影响。

（2）响应时间。稳压二极管对响应时间无要求，更关注稳压值。但是 TVS 二极管由于需要抑制瞬时的高能量，因此要求在短时间内响应，以吸收能量，保护电路。

（3）功率大小。常见的稳压二极管的功率大多为 1W、2W 等，主要由其耐热能力决定，否则二极管会过于发烫。而 TVS 二极管更注重瞬时的功率，即面对瞬间的高电压和高电流，同样需要高功率，但其维持的时间只需要很短。

6. 发光二极管

发光二极管又称为 LED，人们最早使用氮化镓制作了蓝色 LED，随着技术的发展，白色 LED 也被制造出来。

同样地，LED 是由 P 型半导体和 N 型半导体结合而成的，N 型半导体带有负电子，P 型半导体则带有正电的“空穴”。当施加正向电压时，电子和空穴会结合产生光能量，如图 1-62 所示。相对于将电能转为热能再转为光能，LED 直接将电能转为光能，具有更高的效率。

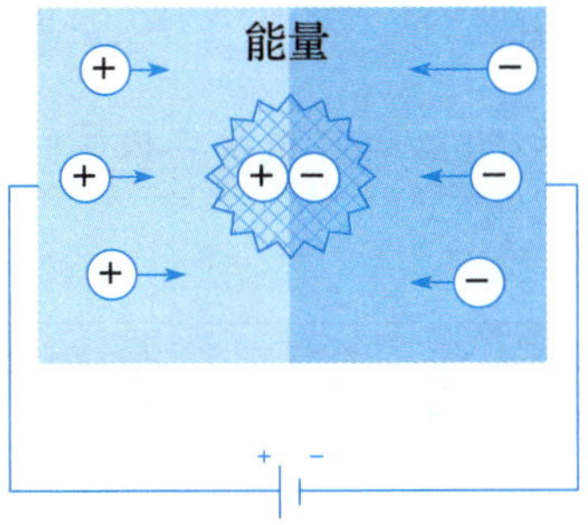

图 1-62　LED 发光原理

根据不同的用途，可选择灯泡型（引线型）和芯片型（表面贴装型）LED，如图 1-63 所示。

（a）灯泡型　　（b）芯片型

图 1-63　两种 LED

目前，市场有多种颜色的 LED 可供选择，如图 1-64 所示。其中，白色 LED 在照明等领域多有应用，其价格也较高。不同颜色的 LED 的电路符号是相同的，如图 1-65 所示。

扫码看彩图

图 1-64　各种颜色的 LED 实物

图 1-65　LED 符号

LED 的直径不尽相同，例如有直径为 3mm 或 5mm 的。不同颜色的 LED 工作电压也不相同，见表 1-4。LED 必须串联电阻才可使用，否则易造成灯泡的损坏，大大减少 LED 的寿命。尽管 LED 的正向工作电流一般为 2～20mA，但建议将电流控制在 5～10mA。同时，电流越大，灯泡也就越亮。

表 1-4　常用颜色发光二极管的正向工作电压

发光颜色	红	黄	绿	白
正向工作电压典型值（单位：V）	1.8～2.0	1.9～2.1	2.0～2.2	3.0～3.3

课堂思考

二极管封装有哪些常见的形状？如何判断二极管的正负极？

任务4 三极管的使用

任务描述

三极管是一种常用的电子元器件，可用于放大信号、开关电路等。本任务通过介绍三极管的基本结构和工作原理，让读者了解三极管的放大作用和放大倍数的计算方法，认识三极管的开关特性和应用，并通过简单实验验证三极管的开关特性。

知识储备

一、晶体管概述

1948年，晶体管的发明给电子工业界带来了巨大的变革，使电子技术急速发展。最初的晶体管的制作材料为锗，但由于其耐热性能较差，温度达到80℃便易损坏，因此，目前晶体管多使用硅材质，其所承受的温度可达180℃。尽管目前谈及晶体管多指晶体三极管，但是严格来说，晶体管是使用半导体制作的元件，包括各种二极管、三极管、晶闸管等。

晶体三极管主要分为双极性晶体管和场效应晶体管。前者通过将N型和P型半导体结合，内部有两个PN结，在外部组成了基极（B）、集电极（C）和发射极（E），其中基极在电流远小于其他两极的情况下，可以控制集电极和发射极电流的大小，实现放大功能；后者三极的名称分别为源极（S）、栅极（G）和漏极（D）。由于双极性晶体管有三个电极，因此其使用方式也有三种：（1）发射极接地，即共射放大；（2）基极接地，即共基放大；（3）集电极接地，即共集放大。

晶体管主要有两个作用：开关和增幅。对于计算机中常见的数字信号，晶体管则起着0和1的开关作用。若接收的是模拟信号，则晶体管可以在不改变输入信号波形的情况下，通过增幅作用将微弱信号放大。例如，晶体管应用在收音机中，可以使音响共鸣。目前常见的集成电路芯片和大规模集成电路，本质上就是集结大量晶体管，利用其增幅和开关作用。

如图1-66所示，晶体管类似于自来水管道，基极类似阀门，集电极类似水龙头，发射极则类似配管，将基极的输入信号当作外力，通过控制阀门达到控制水龙头、调节释放水量（集电极电流）的目的。

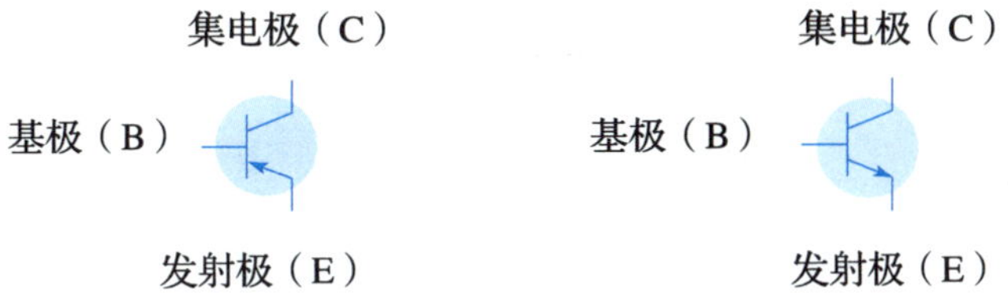

图 1-66　两种晶体管

对于增幅作用的原理，如图 1-67 所示，输入电压 e 和偏压 E_1 在基极与发射极之间会形成电压 V_{BE}，电流 I_B 与该电压存在比例关系，I_C 与 I_B 同样有着倍数关系，即晶体管的直流电流增幅率。当电流 I_C 流过电阻 R_L 时，根据欧姆定律，电阻 R_L 两端会存在 I_CR_L 的电压。因此，输入电压 e 的最终增幅为 I_CR_L。

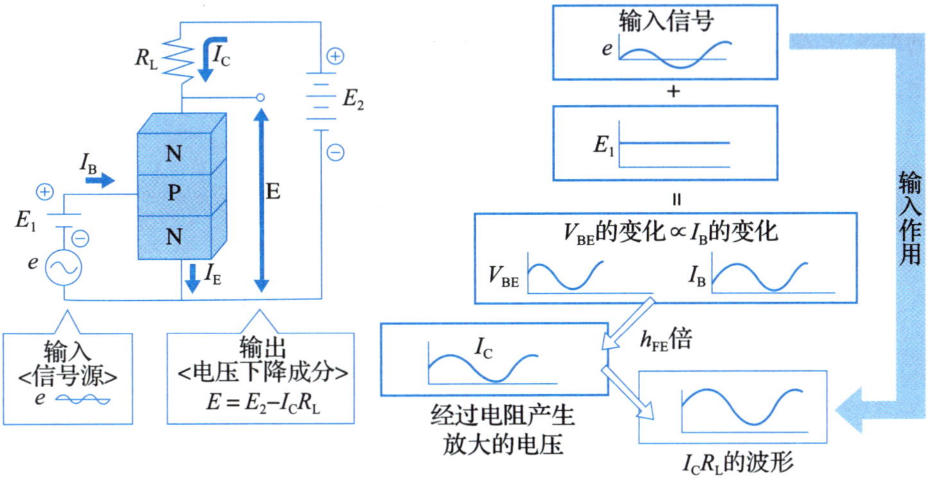

图 1-67　晶体管工作方式

二、三极管分类

从广义上来说，三极管的类型众多，如图 1-68 所示。

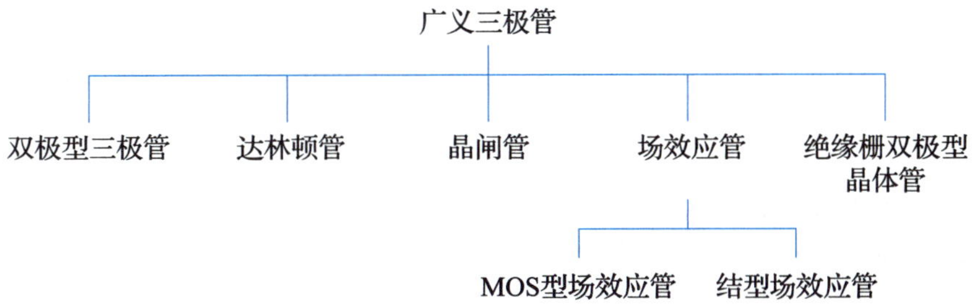

图 1-68　广义三极管的分类

但是从狭义上来说，三极管主要是指最为基础和通用的双极型三极管，其别称也很多，具体如图 1-69 所示。

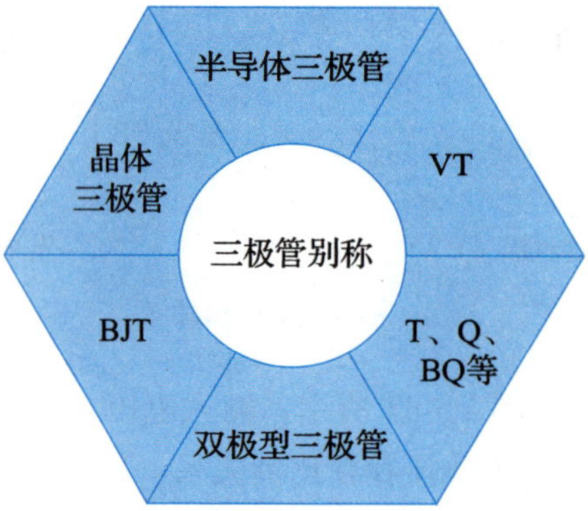

图 1-69　双极型三极管别称

三极管的极性可分为两类：NPN 型与 PNP 型。其电路符号如图 1-70 所示。图中发射极的箭头代表电流的方向，NPN 型三极管的电流从基极指向发射极，而 PNP 型三极管的电流则从发射极指向基极，与 NPN 型恰好相反。

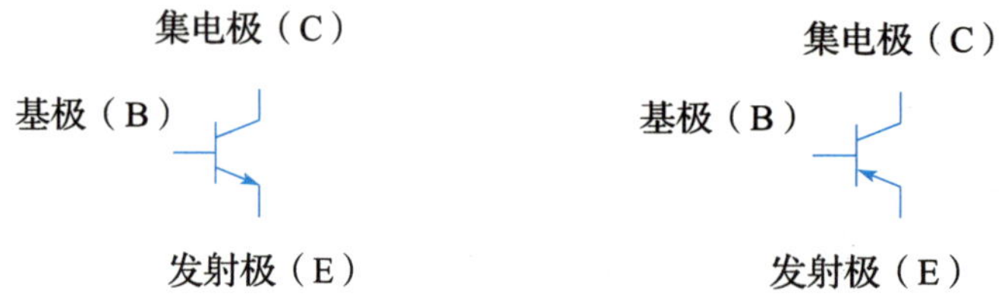

（a）NPN型三极管电路图形符号　　（b）PNP型三极管电路图形符号

图 1-70　两种三极管的符号

对于不同类型的三极管，其电流方向也并不相同。设 I_B 为基极电流，I_C 为集电极电流，I_E 为发射极电流，NPN 型与 PNP 型两种三极管的电流流向如图 1-71 所示。

（a）NPN型三极管各电极电流流向　　（b）PNP型三极管各电极电流流向

图 1-71　三极管各极电流方向

三种电流之间的关系如下：

$$I_C=\beta I_B \tag{1-6}$$

$$I_E=I_C+I_B=(1+\beta)\cdot I_B \tag{1-7}$$

其中，β 为三极管电流的放大倍数。由此可以看出，集电极电流与基极电流呈现 β 倍的关系。另外，三种电流中，I_E 最大，I_B 最小，所以，I_E 与 I_C 相差不大，但都远大于 I_B。因此，通过基极的电流 I_B 经过晶体管可放大至 I_E 或 I_C，从而具有电流放大的功能。

尽管 NPN 型和 PNP 型三极管都可使用硅或锗材料制作，但目前市面上多用硅材料制作 NPN 型三极管，使用锗材料制作 PNP 型三极管。

进一步地，三极管有三种工作状态，分别如下：

（1）截止状态。此状态下三极管相当于开路状态。当 I_B、I_E 和 I_C 的值为 0，或者非常小，又或者集电极和发射极之间的内阻很大时，可以判断三极管已处于截止状态。

（2）放大状态。由上述公式（1－6）和（1－7）可知，当 I_B 增大时，I_C 也会增大。在放大倍数 β 不变的情况下，如果 I_B 增长幅度小，I_C 却大幅度增大，即微小的基极电流可控制集电极和发射极的电流大小与内阻，则称三极管进入放大状态。

（3）饱和状态。在三极管处于放大状态的前提下，基极电流若大幅度增大，会进入饱和状态。同时，放大倍数 β 开始下降，饱和度越高，β 值越小，甚至小于 1。另外，基极无法控制另外两个电极，三极管也再无放大能力，此时，三极管就相当于开关中的“开”状态。

需要注意的是，在开关电路中，三极管会从截止状态迅速转为饱和状态，或从饱和状态立刻进入截止状态，中间无放大状态过渡。三极管输出特性曲线如图 1－72 所示。

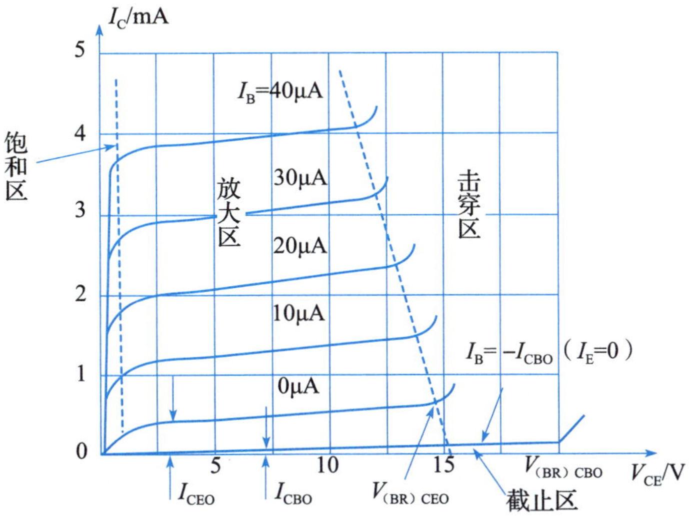

图 1－72　三极管输出特性曲线

知识补充

在截止状态下，三极管的基极电压较低，使得集电极和发射极之间的电流非常小。这相当于一个开关处于关闭状态，不允许电流通过三极管。而在饱和状态下，三极管的基极电压较高，允许大量电流从集电极流入发射极。这相当于一个开关处于打开状态，允许电流通过三极管。在放大器中，三极管用于增强输入信号的幅度，以便更好地驱动负载。而在开关电路中，三极管则被用于控制电路中的电流流动，以实现开关功能。

目前，市场上常用的 90 ** 系列三极管有 9011～9018 等型号。以 9013 为例，外形和引脚排列如图 1-73 所示，该晶体管功率较小，将平面一端面向自己，从左至右，三个管脚分别为发射极、基极、集电极。但是，其他型号三极管的引脚排列顺序与 90 ** 系列并不一致，尽管封装或外观也许与 90 ** 系列一样，但依旧需要查阅资料或通过实测来确定引脚。

图 1-73　90 ** 系列小功率三极管

不同 90 ** 系列型号的三极管，其功能也不同。另外，8550（PNP）和 8050（NPN）两种型号也经常被应用。这些三极管为塑料的 TO-92 型封装，具体主要参数见表 1-5。不同类型的三极管用途多种多样，基本涵盖了小功率三极管的常用功能，不同厂家在生产的时候，会标有字母“C”“S”等前缀，以及“C”“H”等后缀，后缀字母一般表明放大倍数的范围。但需要注意的是，尽管后缀相同，但是不同类型的三极管所对应的放大倍数却并不相同，具体范围应查阅资料确定。

表 1-5　常用 9011～9018、8050、8550 型三极管的基本参数

型号	极性	集电极最大耗散功率 P_{CM}/mW	集电极最大电流 I_{CM}/mA	集电极-发射极电压 V_{CED}/V	特征频率 f_T/MHZ	适合用途
9011	NPN	400	30	30	150	通用
9012	PNP	625	500	20	—	低频功效
9013	NPN	625	500	20	—	低频功效
9014	NPN	450	100	45	150	低噪放大
9015	PNP	450	100	45	150	低噪放大
9016	NPN	400	25	30	300	高频放大
9018	NPN	400	50	30	1 000	高频放大
8050	NPN	1 000	1 500	25	100	功率放大
8550	PNP	1 000	1 500	25	100	功率放大

三、三极管检测

任务 1 已经介绍了一种确定三极管的极性的方法，此处介绍第二种方法：使用指针式万用表的电阻挡来判别。总体分为两个步骤：

（1）确定基极。若三极管为 NPN 型，先假设一个管脚为基极，将黑表笔与之接触，红表笔接另外两极，如果测得的电阻值为几百至几千欧等，但是将红黑表笔对调，电阻达到几百千欧以上，那么先前假设的管脚则为基极。而对于 PNP 型三极管来说，情况相反，红表笔接基极。此方法还可以用于测量三极管的管型以及内部的 PN 结是否完好。

（2）区分集电极与发射极。假设剩余的两个管脚，其中一个为集电极，另一个为发射极，手指分别捏住两极，代替基极电阻。若为 NPN 型三极管，黑表笔接触假设的集电极，红表笔接触假设的发射极；若为 PNP 型三极管，则相反。然后对调红黑表笔，观察并比较两次指针偏转的角度，角度大的那一次表明假设正确，即黑表笔接触的为集电极，红表笔接触的为发射极。

可参考图 1 - 74 理解：

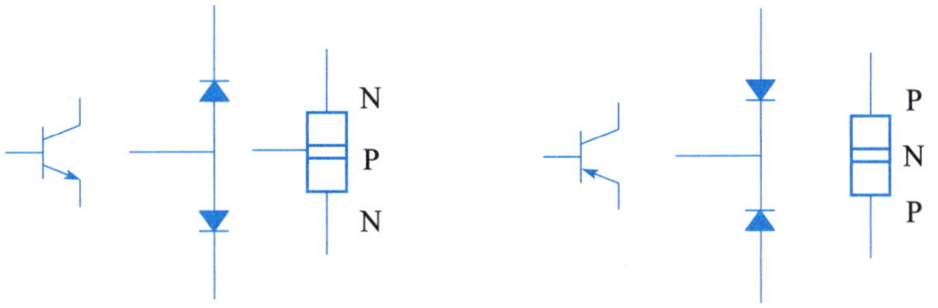

图 1 - 74　三极管示意图

四、三极管电路

当三极管作为开关使用时，NPN 型与 PNP 型三极管的功能各不相同，前者的集电极接 V_{CC}，后者的集电极则接地的引线，如图 1 - 75 所示。当晶体管断开时，处于高阻态，闭合时则处于低阻态。通常，为了保护电路和元件，使用 NPN 型二极管时，需要增大电阻值；而使用 PNP 型二极管时，需要降低电阻值。

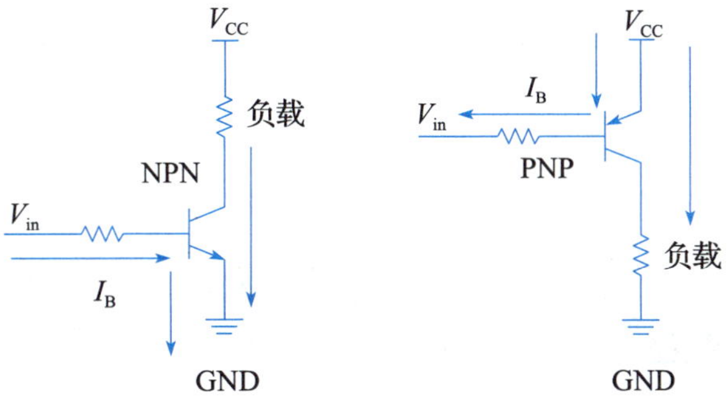

图 1 - 75　三极管作开关

但实际应用中需要避免错误接法，如图 1 - 76 所示。

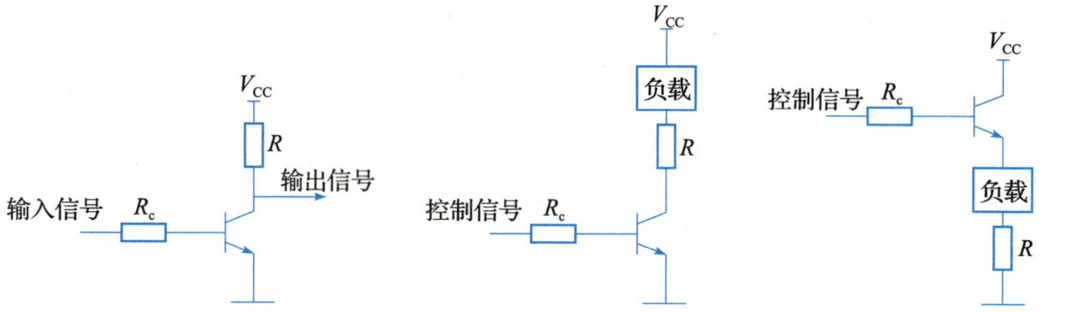

（a）反向逻辑驱动 （b）大电流负载的电源开关 （c）NPN管错误的使用方法

图 1-76 NPN 三极管的连接

三极管在放大电路中，有三种基本接法，如图 1-77 所示。

（1）共发射极接法。从基极输入信号，由集电极输出电压和电流，二者增益均大于 1，输出电阻与集电极的电阻相关，适用做低频多级放大电路的中间级。

（2）共集电极接法。从基极输入信号，由发射极输出，仅放大电流，无法放大电压。输入电阻最高，但输出电阻最小，具有较好的频率特性，可用做输入级、输出级或缓冲级。

（3）共基极接法。从基极输入信号，由集电极输出，仅放大电压，无放大电流作用，输入电阻最小，输出电阻同样与集电极相关，具有较好的高频特性，常用于高频或宽频带低输入阻抗等电路。

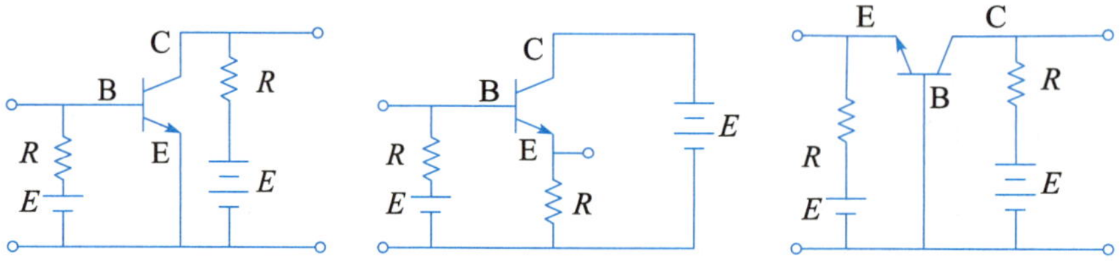

（a）共发射极接法 （b）共集电极接法 （b）共基极接法

图 1-77 三极管在放大电路中的三种基本接法

三极管用作开关，组成逻辑电路时，电路连接如图 1-78～图 1-82 所示。

（1）非门（NOT）。

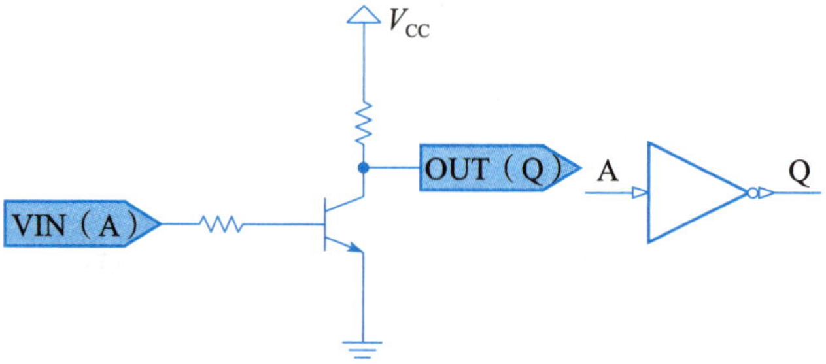

图 1-78 非门

（2）与门（AND）。

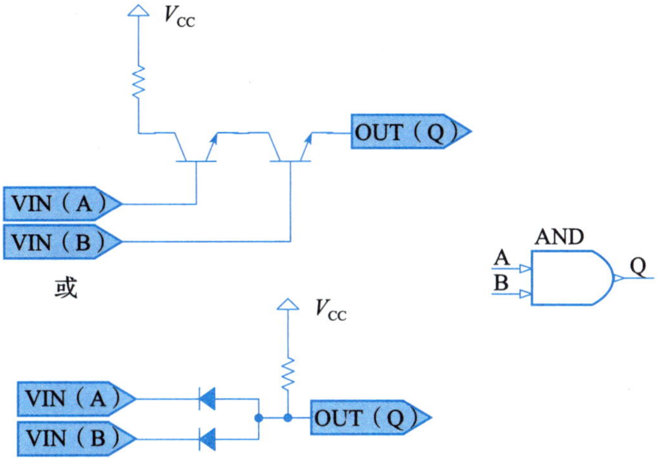

图 1－79　与门

（3）或门（OR）。

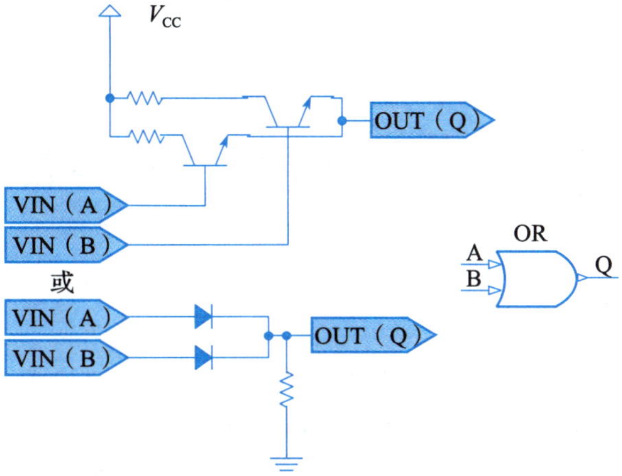

图 1－80　或门

（4）与非门（NAND）。

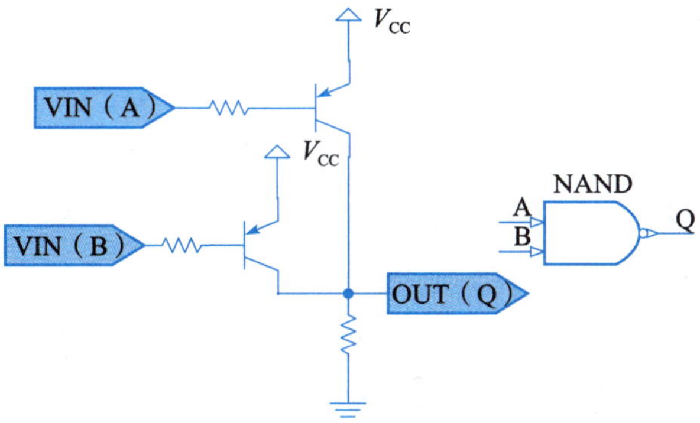

图 1－81　与非门

（5）或非门（NOR）。

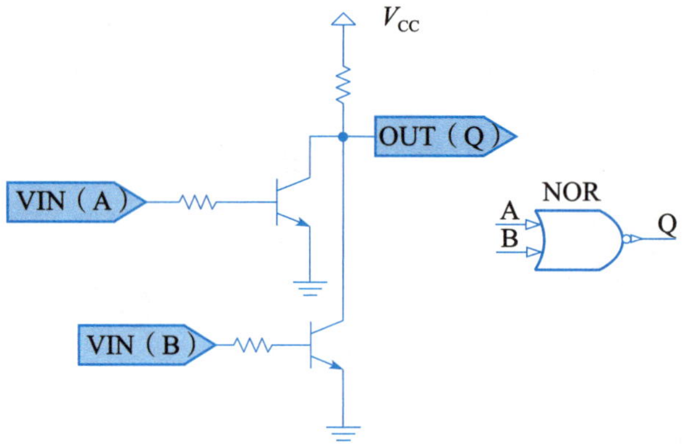

图 1－82　或非门

课堂思考

逻辑门往往由多个三极管构成。请根据图 1－78～图 1－82 的门电路，解释其中每个三极管的作用和工作原理，并说明该电路的输入输出特性。

任务5　CMOS数字集成电路的使用

任务描述

CMOS 技术已经成为数字电路和计算机芯片设计的主流技术，理解和掌握 CMOS 技术下集成电路的基本原理、结构和工作原理，是掌握现代电子技术应用的基础。本任务引导读者从场效应管的结构、工作原理和特点入手，了解 CMOS 集成电路的工作原理；学习 CMOS 集成电路的制造工艺，认识现代集成电路芯片的结构和使用；通过一些简单集成电路芯片的实验，使读者加深对以集成电路为核心的电路设计方式的理解，为后续隔离控制器的电路设计做好准备。

知识储备

一、CMOS 的构成

1. 场效应管

场效应管（Field Effect Transistor，FET）是较新型的半导体材料，利用电场效应来控制晶体管的电流，因而得名。它的外形也是一个三极管，因此又称场效应三极管。它只有一种载流子参与导电，是一种用输入电压控制输出电流的半导体器件。

我们知道一般三极管是由输入的电流控制输出的电流。但对于场效应管，其输出的电流是由输入的电压（或称电场）控制，可以认为输入电流极小或没有输入电流，这使得该器件有很高的输入阻抗，同时这也是我们称之为场效应管的原因。

和三极管类似，场效应管在使用过程中，要注意最大漏极电流、最大击穿电压、最大耗散功率。

晶体管和场效应管的对比如下：

（1）场效应管是电压控制元件，而晶体管是电流控制元件。

（2）在只允许从信号源取较少电流的情况下，应选用场效应管；而在信号电压较低，又允许从信号源取较多电流的情况下，应选用晶体管。

（3）晶体管输入阻抗小，场效应管输入阻抗大。

（4）晶体管的价格比场效应管更低。

（5）场效应管的驱动能力更大，常作为电源开关，以及应用于大电流条件下的开关电路。

2. 场效应管分类

从参与导电的载流子来划分，场效应管有电子作为载流子的 N 沟道器件和空穴作为载流子的 P 沟道器件。

从场效应三极管的结构来划分，它有结型场效应管（Junction Field Effect Transistor，JFET）和绝缘栅型场效应管（Insulated Gate Field Effect Transistor，IGFET），如图 1 - 83 所示。

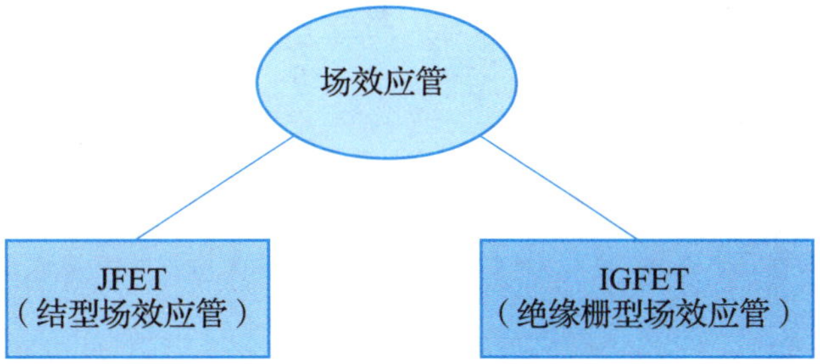

图 1 - 83 场效应管分类

结型场效应管（JFET）因有两个 PN 结而得名，绝缘栅型场效应管（IGFET）则因栅极与其他电极完全绝缘而得名。由于绝缘栅型场效应管的栅极为金属铝，因此又称为 MOS（Metal Oxide Semiconductor）管。JFET 相对来说较少使用，MOS 管使用较为普遍。

3. 场效应管的结构和符号

场效应管的源极（S）、栅极（G）、漏极（D）分别对应于三极管的发射极（E）、基极（B）、集电极（C），它们的作用相似。

结型场效应管如图 1 - 84 所示。

增强型绝缘栅型场效应管的结构和符号如图 1 - 85 所示。

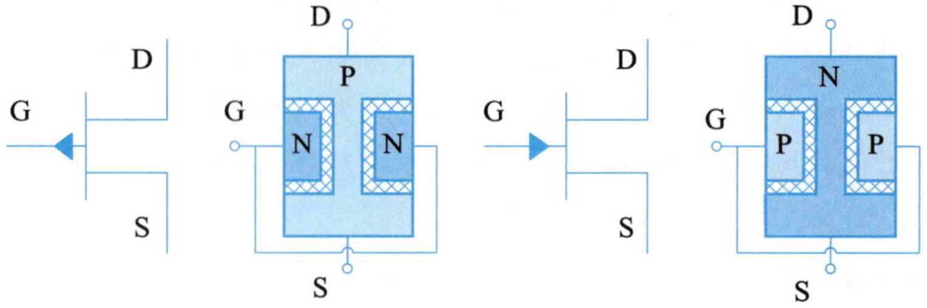

图 1-84　结型场效应管

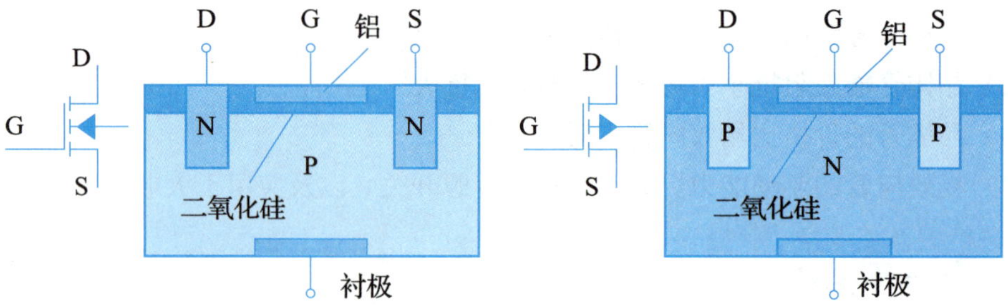

图 1-85　增强型绝缘栅型场效应管

耗尽型绝缘栅型场效应管的结构和符号如图 1-86 所示。

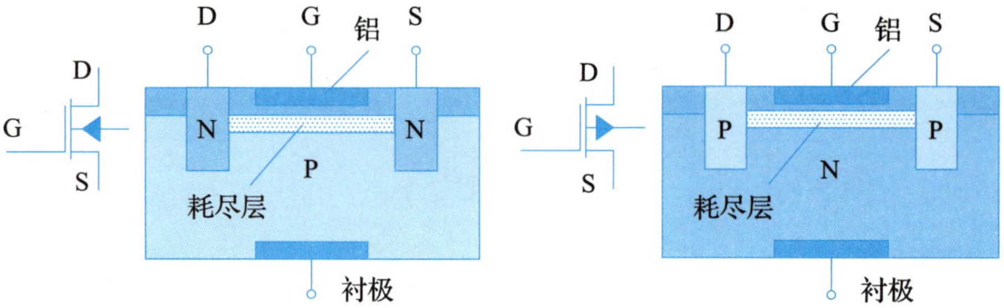

图 1-86　耗尽型绝缘栅型场效应管

4. MOS 场效应管

FET 是场效应管的统称，其中，MOSFET 是最常见的 FET 类型之一。MOSFET 是一种基于 MOS，也就是金属-氧化物-半导体结构的场效应管，一般称为 MOS 管。MOSFET 可以分为 P 型 MOSFET 和 N 型 MOSFET，如图 1-87 所示。

耗尽型与增强型的主要区别在于耗尽型 MOS 管在 G 端（Gate）不加电压时有导电沟道存在，而增强型 MOS 管只有在开启后，才会出现导电沟道；两者的控制方式也不一样，耗尽型 MOS 管的 V_{GS}（栅极电压）可以用正、零、负电压控制导通，而增强型 MOS 管必须使得 $V_{GS}>V_{GS(th)}$（栅极阈值电压）才行。

耗尽型 MOS 管在实际应用中，当设备开机时可能会误触发 MOS 管，导致整机失效，不易被控制，使得其应用极少。因此，日常我们看到的 NMOS、PMOS 多为增强型 MOS 管。

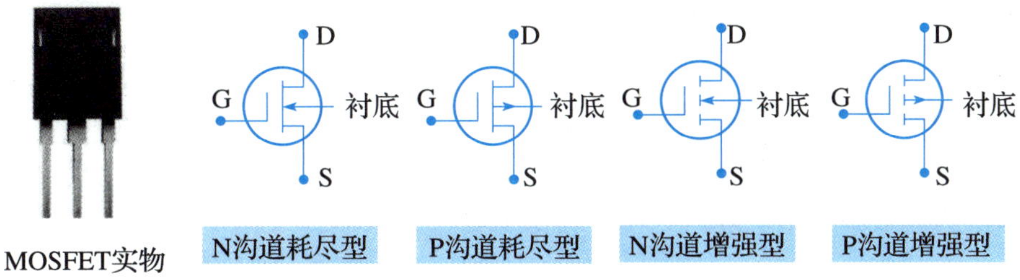

图 1-87　MOS 管实物和符号

增强型 MOS 管中，PMOS 虽然可以用于高端驱动，但由于其存在导通电阻大、价格贵、替换种类少等问题，因此通常还是使用 NMOS 替代。这也是市面上无论是应用还是产品种类，增强型 NMOS 管最为常见的重要原因，尤其在开关电源和马达驱动的应用中，一般都用 NMOS 管。

MOS 管共有 3 个脚：栅极（G）、漏极（D）、源极（S）。通常情况下，MOS 管的衬底与 S 极在管子内部是连接在一起的，而且，MOS 管的 D 极和 S 极之间一般会有一个寄生二极管，所以常见的 MOS 管的符号如图 1-88 所示。

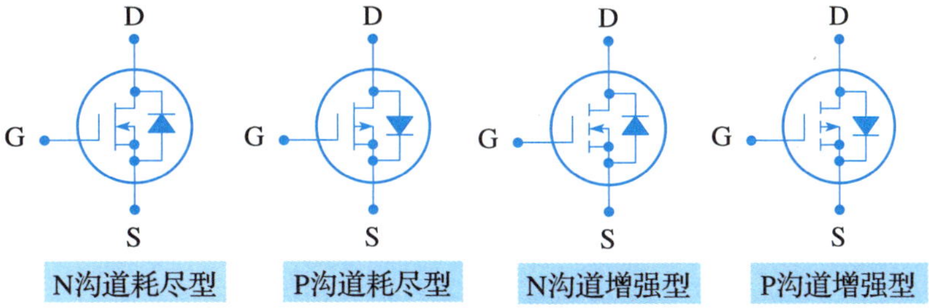

图 1-88　MOS 管符号

对于 MOS 管符号的辨认：

（1）G 极（Gate 栅极）比较好认；S 极（Source 源极），不论是 P 沟道还是 N 沟道，其引线都与中间衬底相连；D 极（Drain 漏极），不论是 P 沟道还是 N 沟道，其电极表示是单独的引线。

（2）箭头指向 G 极的是 N 沟道，箭头背向 G 极的是 P 沟道。

（3）不论是 N 沟道还是 P 沟道 MOS 管，中间衬底的箭头方向和寄生二极管的箭头方向总是一致的，要么都由 S 指向 D，要么都由 D 指向 S。

（4）MOS 管连接时的电流方向与中间衬底的箭头方向相反。NMOS 是 D 极接输入，S 极接输出；PMOS 是 S 极接输入，D 极接输出。

MOS 管的重要参数有类型（NMOS、PMOS）、封装、耐压 V_{DS}（器件在断开状态下漏极和源极所能承受的最大电压）、饱和电流 I_D、导通阻抗 R_{DS}、栅极阈值电压 $V_{GS(th)}$ 等。

5. MOS 管的开关作用

MOS 管具有输入阻抗高、开关速度快、热稳定性好、电压控制电流等特性，在电路中，可以用作放大器、电子开关等。

MOS 管用做开关时，其条件是：

N 沟道导通时，$U_G > U_S$，$V_{GS} > V_{GS(th)}$；

P 沟道导通时，$U_G < U_S$，$V_{GS} < V_{GS(th)}$。

比如 MOS 管用做电子开关，用来驱动 LED，如图 1－89 所示。

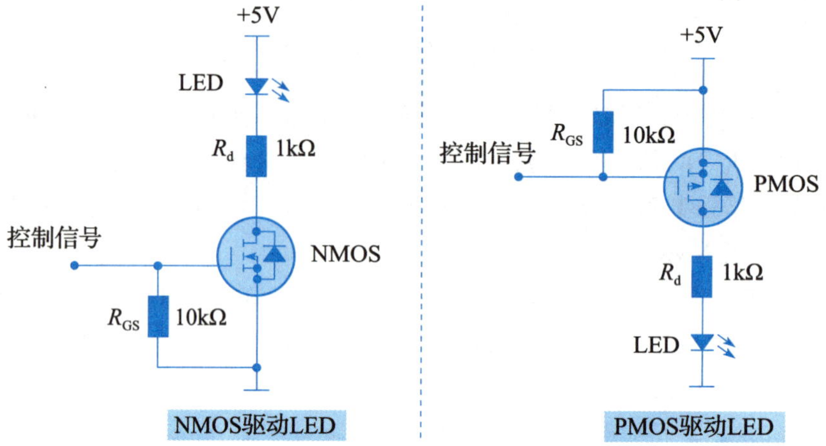

图 1－89　MOS 管驱动 LED

一般认为 MOS 管导通是不需要电流的，只要 V_{GS} 提供一定的电压就可以导通了。

对于 N 沟道增强型 MOS 管，当 V_{GS} 大于一定值时就会导通。这里所说的“一定值”是指开启电压 $V_{GS(th)}$，N 沟道增强型 $V_{GS(th)}$ 一般是 2～4V，如图 1－90 所示。

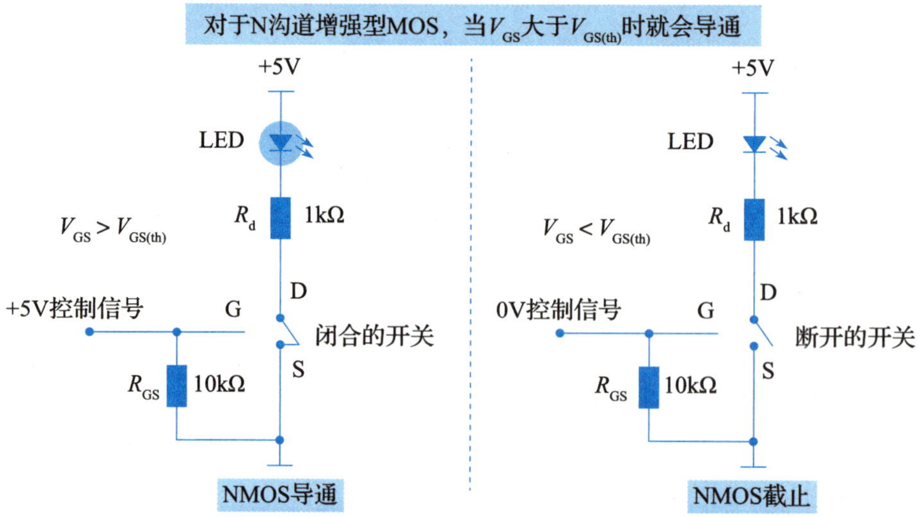

图 1－90　NMOS 管的开关作用

对于 P 沟道增强型 MOS 管，当 V_{GS} 小于一定值时就会导通，P 沟道增强型 $V_{GS(th)}$ 一般是－2～－4V。PMOS 管的开关作用如图 1－91 所示。

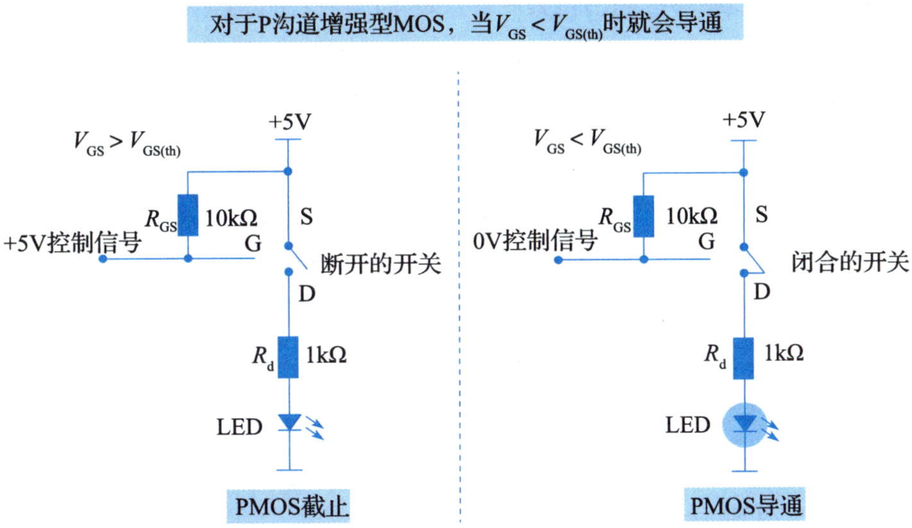

图 1-91　PMOS 管的开关作用

当栅极上的电压低于阈值电压时，PMOS 管处于导通状态，允许电流从漏极向源极流动。当栅极上的电压高于阈值电压时，导电通道关闭，不允许电流通过。因此，和 NMOS 管相比，PMOS 管的开关行为是相反的。

如果 V_{GS} 达不到相应的电压值，MOS 管就无法导通，所以说 MOS 管是电压控制型元件。

在 MOS 管内部结构里，G 极与 D 极、S 极实际上是有一层绝缘层二氧化硅进行隔离的，这就相当于存在一个电容器，如图 1-92 所示。

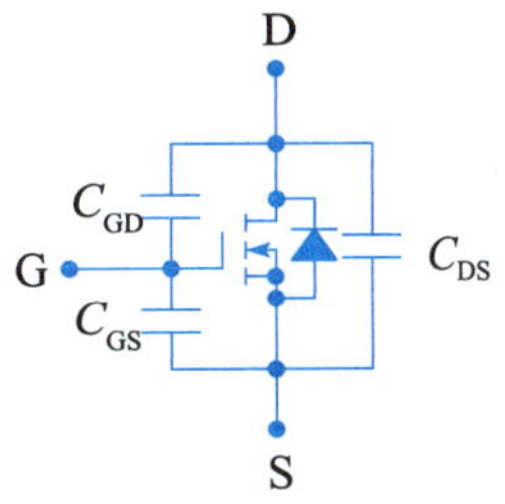

图 1-92　MOS 管寄生电容

这些寄生电容是无法避免的，电容的大小由 MOS 管的结构、材料、所加的电压决定。没有电阻 R_{GS} 时，在 G 极接上 5V 控制信号，相当于给寄生电容 C_{GS} 充电，即使撤去 G 极上的控制电压，G 极上也有电容的电压存在，所以 MOS 管仍然是导通的。G、S 两极有电阻 R_{GS} 时，当 G 极撤去 5V 控制信号时，电阻 R_{GS} 可以把寄生电容 C_{GS} 上的电压进行释放，所以 MOS 管就截止了。

所以，电路加入电阻 R_{GS}，可以对电容的电压进行及时的释放，这样有利于提高电路的可靠性，可以避免 G 极没有控制信号时产生误动作。

课堂思考

假设你需要设计一个需要高频率开关的电路，你会选择使用 NPN 三极管还是 N 沟道 MOSFET？请分别说明使用这两种器件的优缺点，并根据实际情况进行选择。

6. CMOS

CMOS 是 Complementary Metal Oxide Semiconductor（互补金属氧化物半导体）

的缩写。在 CMOS 工艺制成的逻辑器件或单片机中，N 型管与 P 型管往往是成对出现的。同时出现的这两个 MOS 管，任何时候，只要一只导通，另一只就不导通（即“截止”或“关断”），所以称为“互补型 CMOS 管”，如图 1-93 所示。

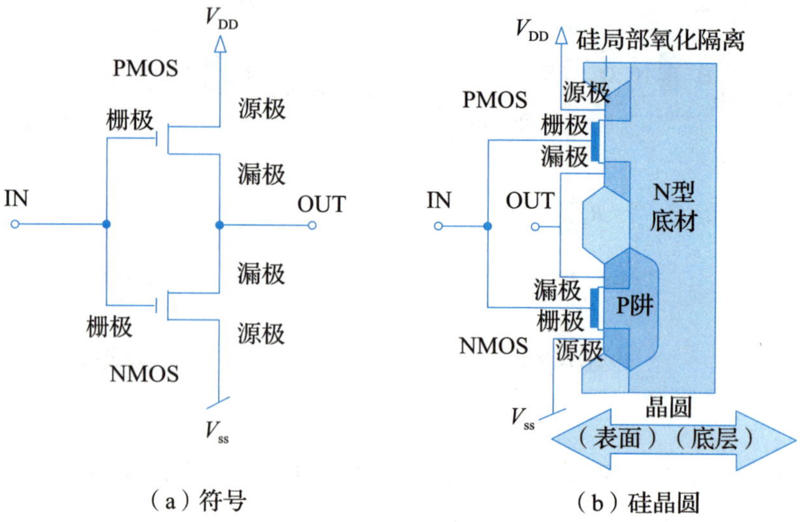

图 1-93　CMOS 反相器

图 1-93 中，由于两管栅极工作电压极性相反，因此将两管栅极相连作为输入端，两管漏极相连作为输出端，则两管正好互为负载，处于互补工作状态。两管就像单刀双掷开关一样交替工作，构成反相器。

如图 1-94 所示，用 CMOS 构成了基本的与非门、或非门。

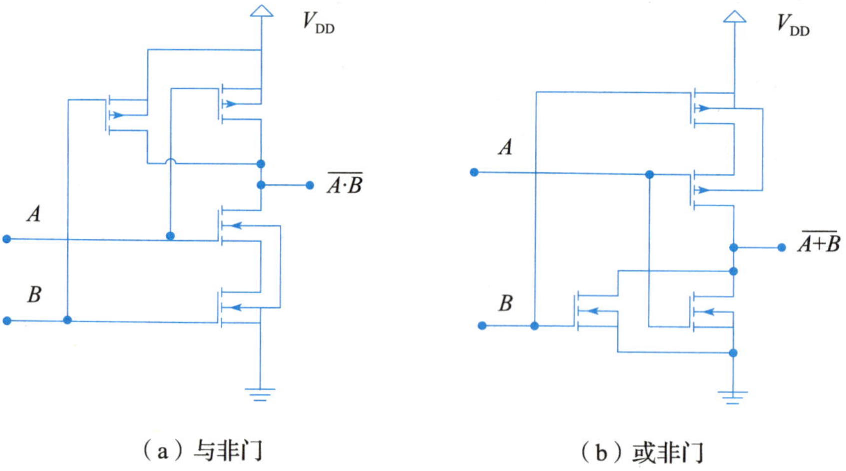

图 1-94　CMOS 门电路

以与非门为例，CMOS 构成与非门的结构如图 1-95 所示。

CMOS 制作过程如图 1-96 和图 1-97 所示。

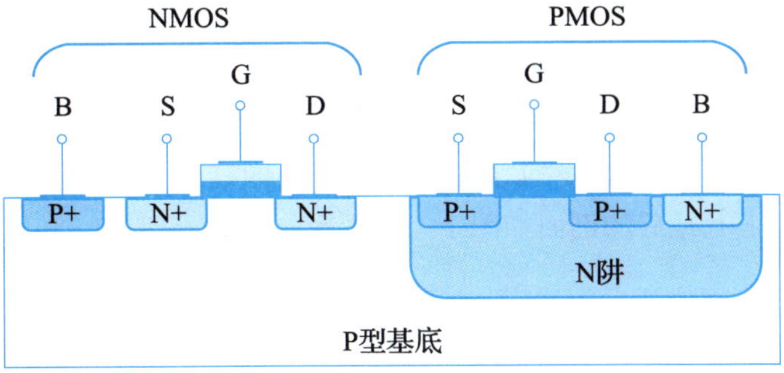

图 1－95　CMOS 与非门剖面结构

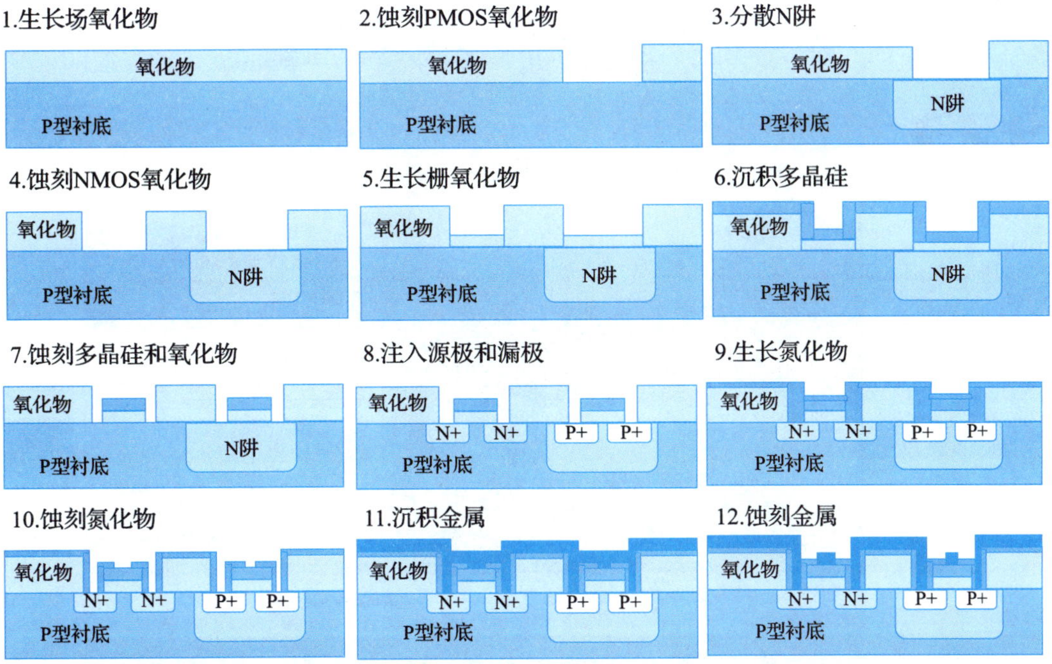

图 1－96　CMOS 制造工艺

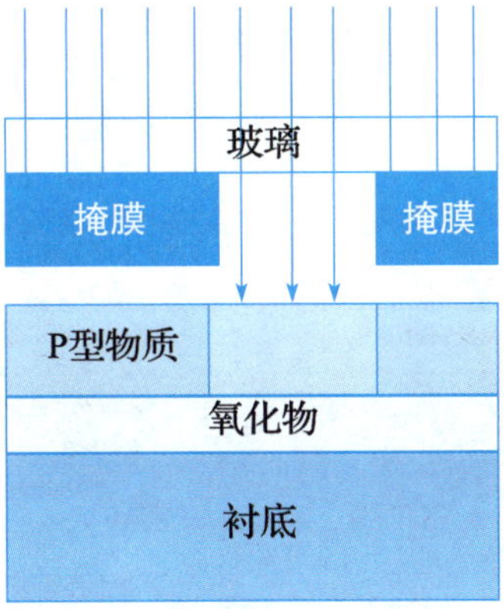

图 1－97　CMOS 加工中的光刻

扫码看英文彩图

图 1－96 中，1～2 步是光刻工艺的实施，需要进行上百次，具体操作方式如图 1－97 所示。1～10 步主要是前端处理，即如何做出场效应管。11～12 步会重复多次，属于后端处理，主要用来布线。一般一个高度集中的芯片上几乎看不见底层的硅片，都会被布线遮挡住。整个芯片最后的剖面如图 1－98 所示。

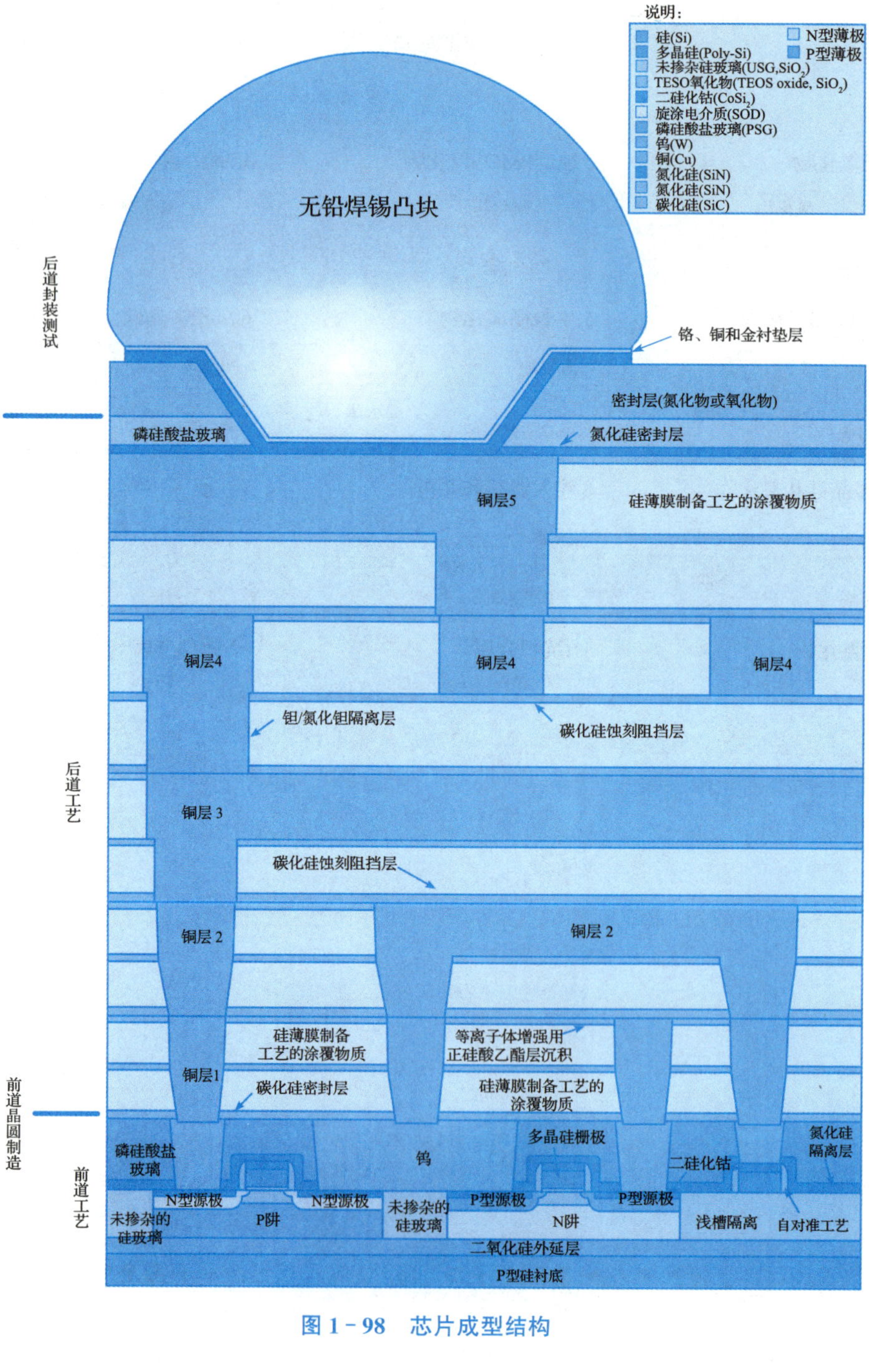

图 1－98 芯片成型结构

知识补充

光刻机是制造先进微电子器件中的重要设备，其技术难点主要包括以下几个方面：

（1）分辨率：光刻机的分辨率要求越来越高。随线宽的缩小，需要在光学设计、材料科学、图形编辑等多个领域进行极度深入和精细化的研究。

（2）晶圆尺寸：目前行业需要处理直径巨大的晶圆，迎来了更多的挑战和技术难点，需要更高的对位精度和平整度。

（3）光源技术：需要具备高功率、低波长、稳定性好等特点，还需要满足环保、节能等要求。

（4）投影镜头和准直系统：投影镜头需要满足高分辨率、大视场角、强光学透射等要求。准直系统需要将光线精确地聚焦到晶圆表面，还要保证能量均匀和具备抗干扰能力。

（5）自动化技术：高度自动化的要求，包括晶圆对位、曝光、显影、清洗等过程都需要实现自动化控制和管理。

综上所述，半导体芯片光刻机的技术难点非常多，需要在光学、材料科学、图形编辑、自动化控制等多个领域进行深入研究和创新。

二、CMOS 数字集成电路

1. TTL 与 CMOS 集成电路

目前应用最广泛的数字电路是 TTL 电路和 CMOS 电路。

（1）TTL 电路。

TTL 电路以双极型晶体管为开关元件，所以又称双极型数字集成电路。双极型数字集成电路是利用电子和空穴两种不同极性的载流子进行电传导的器件。它具有速度高（开关速度快）、驱动能力强等优点，但其功耗较大，集成度相对较低。

根据应用领域的不同，TTL 电路可分为 54 系列和 74 系列。54 系列数字集成电路常用于军规产品，一般工业设备和消费类电子产品多用后者。74 系列数字集成电路是国际上通用的标准电路，其品种分为六大类：74×× （标准）、74S×× （肖特基）、74LS×× （低功耗肖特基）、74AS×× （先进肖特基）、74ALS×× （先进低功耗肖特基）、74F×× （高速）。它们的逻辑功能完全相同。

（2）CMOS 电路。

CMOS 电路又称场效应集成电路，属于单极型数字集成电路。单极型数字集成电路只利用一种极性的载流子（电子或空穴）进行电传导。

它的主要优点是输入阻抗高、功耗低、抗干扰能力强且适合大规模集成。特别是其主导产品 CMOS 集成电路有着特殊的优点，如静态功耗几乎为零、输出逻辑电平可为

V_{DD} 或 V_{SS}、上升和下降时间处于同数量级等，因而 CMOS 集成电路产品已成为集成电路的主流之一。

2. 四种 CMOS 集成电路

下面介绍四种常用的 CMOS 集成电路，均选择双列直插（DIP）封装形式。这 4 个集成电路中，4011、4013、4069 有 14 个引脚，4017 有 16 个引脚。引脚的识别顺序是将集成电路正面摆放，有缺口的一端在左边，左下端的引脚为第 1 脚，按逆时针方向依次编号，最终左上端的是最后一个引脚，该引脚也是集成电路的电源正极，右下端的引脚是集成电路的电源负极。

（1）门电路。

1）4069（六反相器、六非门）。

反相器是执行逻辑“非”功能，也就是反相功能的逻辑器件，因此反相器也可以称作“非门”。4069 实物和非门符号如图 1－99 所示。

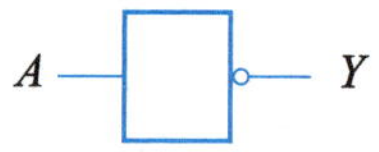

图 1－99　4069 实物和非门符号

4096 真值表见表 1－6。

表 1－6　4069 真值表

A（输入端）	Y（输出端）
0	1
1	0

其逻辑关系的特点是：当输入端 A 为低电平“0”状态时，输出端 Y 为高电平“1”状态；当输入端 A 为高电平“1”状态时，输出端 Y 为低电平“0”状态。

图 1－100 是非门符号和 4069 的引脚功能排列示意图。

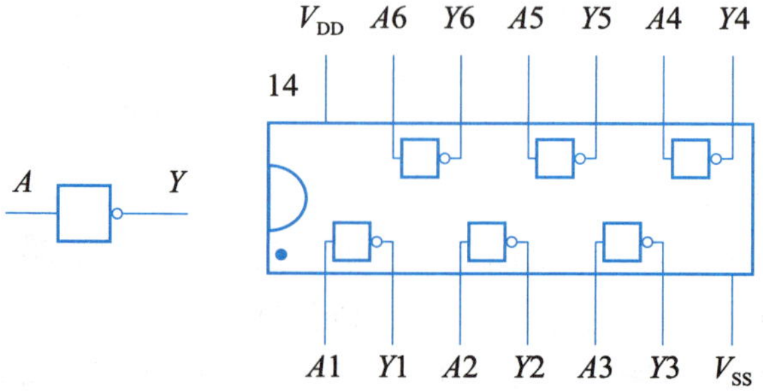

图 1－100　非门符号和 4069 引脚功能排列

从图 1 - 100 中可以看出，4069 内封装了 6 个反相器，这 6 个反相器的功能、参数都一样，用户可以自行选择全部使用或部分使用。

2）4011（四 2 输入端与非门）。

与非门，顾名思义，是先执行“与”功能，再执行“非”功能。电路图形符号和引脚功能排列如图 1 - 101 所示。

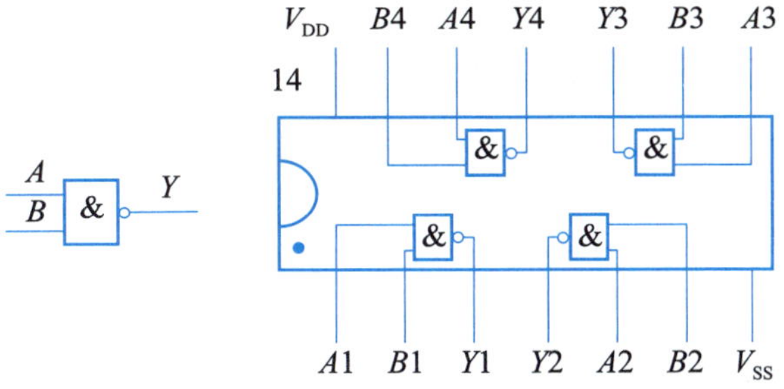

图 1 - 101　与非门符号和 4011 引脚功能排列

与非门逻辑关系的特点是：只有当输入端全部为高电平“1”状态时，输出端才为低电平“0”状态，在其他输入状态下，输出端均为高电平“1”状态。

从图 1 - 101 可以看出，4011 内部共封装有 4 个与非门，每个与非门均有 2 个输入端、1 个输出端。这 4 个与非门的功能、参数一致，用户可以自行选择全部使用或部分使用。

4011 真值表见表 1 - 7。

表 1 - 7　4011 真值表

A（输入端）	**B**（输入端）	**Y**（输入端）
0	0	1
1	0	1
0	1	1
1	1	0

（2）触发器。

触发器与门电路一样，都是逻辑电路。门电路属于组合逻辑电路，触发器属于时序逻辑电路。组合逻辑电路的特点是：电路的输出状态完全由该时刻的输入状态决定，输入状态发生变化时，输出状态也随着发生相应的变化。而时序逻辑电路的输出状态不仅取决于该时刻的输入状态，还与前一时刻的输入状态有关，它的状态变化经常是借助时钟脉冲的“触发”作用，因此，分析电路时必须考虑时钟脉冲的各种有关因素，它的另一个重要特点是具有记忆数码（0 或 1）的功能。

触发器是计数器、分频器、移位寄存器等电路的基本单元电路之一，是这些电路的重要逻辑单元电路，在信号发生、波形变换、控制电路中也常常使用。常用的触发器有 *D* 触发器、*JK* 触发器、*RS* 触发器、施密特触发器等，这里我们介绍最常用的 *D* 触发器——4013（双 *D* 触发器）。

D 触发器输出状态的改变依赖于时钟脉冲的触发作用，即在时钟脉冲触发时，输入数据。*D* 触发器由时钟脉冲上升沿触发，置位和复位有效电平为高电平“1”。*D* 触发器通常用于数据锁存或控制电路中。

图 1－102 是 4013 的引脚功能排列示意图。

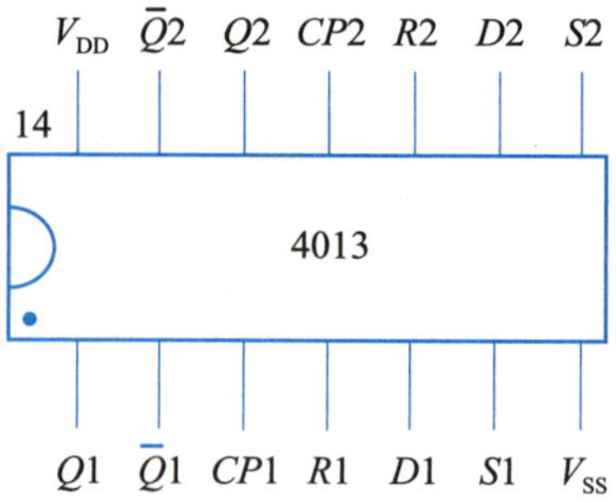

图 1－102　4013 引脚功能排列

从图 1－102 中可以看出，4013 内部共封装有两个 *D* 触发器，这两个触发器的功能、参数一致，用户可以自行选择全部使用或部分使用。

4013 的工作过程是：

1）$R=0$，$S=0$，在 *CP* 脉冲上升沿的作用下，$Q=0$；

2）$R=0$，$S=1$，无条件置位，$Q=1$，该状态又称“置 1”；

3）$R=1$，$S=0$，无条件复位，$Q=0$，该状态又称“置 0”；

4）$R=0$，$S=0$，$CP=0$，*Q* 保持状态不变。

4013 真值表见表 1－8。

表 1－8　4013 真值表

CP	*D*	*R*	*S*	*Q*	$\overline{Q}$
↑	0	0	0	0	1
↑	1	0	0	1	0
↓	×	0	0	*Q*	$\overline{Q}$
×	×	1	0	0	1
×	×	0	1	1	0
×	×	1	1	1	1

注：×表示任意状态，↑表示上升沿，↓表示下降沿，下同。

（3）计数器。

在数字电路中，计数器应用非常广泛，它属于计数器件，不仅用于记忆脉冲个数，也用于分频、定时、程序控制、逻辑控制等电路中。计数器的品种较多，按计数单元更新状态的不同，计数器分为同步计数器和异步计数器两大类。

同步计数器的各个计数单元电路共用一个时钟，它们的状态变化是同步进行的，因此它们具有工作频率高、时间延迟小等优点，但要求 *CP* 时钟脉冲的功率较大，电路较复杂；异步计数器的各个计数单元不共用一个时钟，后级的时钟可以是前级的输出。因此，异步计数器的优缺点正好与同步计数器相反。

计数器按计数形式还可分为二进制、十进制、*n* 进制、加/减计数器、可逆计数器等，这里我们介绍较常用的十进制计数器 4017（十进制计数/分频器）。

图 1－103 是 4017 的引脚功能排列图。

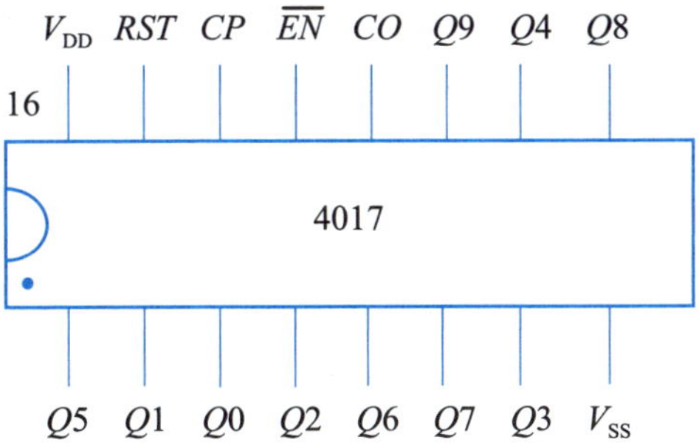

图 1－103　4017 的引脚功能排列

它的工作过程是：

（1）$RST=0$、$\overline{EN}=0$ 时，计数脉冲从 *CP* 输入，在脉冲上升沿的作用下计数；

（2）$RST=0$、$CP=1$ 时，计数脉冲从 $\overline{EN}$ 输入，在脉冲下降沿的作用下计数；

（3）$RST=1$ 时，无论 *CP*、$\overline{EN}$ 是何种状态，均无条件复位，此时，$Q0=1$，$CP=0$，$\overline{EN}=0$，输出状态不变。

4017 每计数 1 次，*Q*0～*Q*9 依次输出高电平，且每次只有 1 个 *Q* 端保持高电平，该高电平持续到下一个计数脉冲到来为止。*Q*0～*Q*9 端的变化，相当于把计数脉冲依次从 *Q*0 移到 *Q*9，因此，它们起到了脉冲分配和计数作用。在计数到第 5 个脉冲时，进位输出端 *CO* 由“1”变为“0”，待第 10 个计数脉冲到来时 *CO* 又由“0”变为“1”，即每计数 10 个脉冲，产生 1 个负跳变，由此可作为进位信号输出。

4017 真值表见表 1－9。

表 1－9　4017 真值表

CP	$\overline{EN}$	*RST*	输出 Q_n
0	×	0	*n*（保持原来状态）
×	1	0	*n*（保持原来状态，禁止计数）

续表

CP	$\overline{EN}$	*RST*	输出 Q_n
↑	0	0	$n+1$（计数）
1	↓	0	$n+2$（计数）
↓	×	0	n（保持原来状态）
×	↑	0	n（保持原来状态）
×	×	1	复位（$Q_0=1$）

3. 使用 CMOS 集成电路的注意事项

在原理图中，常使用“IC1A、IC1B、IC1C……”的顺序为集成电路编号，“IC1”表示是一个集成电路，后面的字母“A、B、C……”表示这个集成电路内部相同功能部件的序号，如 1 个 4069 集成电路内部就包含 6 个相同功能的反相器，1 个 4013 集成电路内部包含 2 个相同功能的 *D* 触发器。在一些电路中，集成电路内部没有用到门电路或触发器，其输入端应接高电平或低电平，而不要悬空，否则可能会因为输入端的信号不确定而引入干扰，影响数字电路的工作稳定性。

项目小结

该项目旨在介绍电路中常见的基础元件，包括电阻、电容、二极管、三极管、COMOS 集成电路等，并演示它们在电路中的应用。通过该项目，读者可以学习如何选择适当的元件来满足其特定需求。

本项目涵盖了隔离控制器电路中几种最基本的元件，并提供了实际的应用案例，读者可以更好地理解电路的工作原理和设计过程。在后续章节中，我们将利用这些元件知识完成隔离控制器电路的设计。

课后习题

一、填空题

1. 在直流电路中，电容器对直流电路的影响是________，而电阻对直流电路的影响是________。

2. 在交流电路中，随着频率的增加，电容器的阻抗________。

3. 在二极管的正向导通状态下，硅二极管的正向压降约为________伏；而在反向截止状态下，二极管的电阻很大，仅有非常微小的反向漏电流，这种现象称为________________。

4. 在三极管的放大作用中，控制信号的输入位于__________区，而输出信号则从________区输出；通过控制基区电流的大小，可以调节三极管的放大倍数，即正向电流增益，通常用符号________表示。

5. CMOS 集成电路采用______________器件作为开关，因此具有功耗低、抗干扰能力强、电路稳定性好的特点；同时，在静态功耗上比 TTL 等传统数字电路低得多，因此在低功耗场合应用广泛。CMOS 电路中，PMOS 管的导通需要基极与源极之间施加__________电压，而 NMOS 管则需要基极与源极之间施加__________电压。

二、简答题

1. 请简要说明电阻在电路中的作用和应用场景。
2. 请解释电容对交流信号的响应特性，并介绍一种利用电容的电路设计技巧。
3. 请简述二极管的工作原理及其应用场景。
4. 请简述三极管的工作原理及其应用场景。
5. 请简述 COMS 集成电路的特点及其应用场景。

项目2 供电电路设计

项目引入

一般来说，供电电路设计是指针对某个设备或系统的电力供应需求进行分析、计算和实施的过程。在这个过程中，我们需要考虑到电源稳定性、电压、电流、功率等因素，以确保设备能够正常运行。本项目介绍了电路设计中常用的 AC - DC 和 DC - DC 供电，通过学习电路工作的基本原理，读者可以掌握供电电路设计的一些基础知识。项目的最后要求针对隔离控制器选择合适的电路部件设计其供电部分的电路。

学习目标

知识目标

了解不同类型的电源（如开关电源、线性电源等），以及它们的优缺点；

熟悉所涉及电路元器件的特性和参数，如变压器、电容、二极管、晶体管等；

掌握常用的电源电路结构。

技能目标

能够根据不同的应用需求，选取合适的电源类型和电路结构；

能够运用电路理论和元器件特性进行电路设计；

能够对电源电路进行性能指标评估和优化。

素养目标

在电源设计中，培养敬业、勤奋、创新等精神；

充分考虑电源设计对人类和环境的影响，采取适当的措施以保障人类生命安全和环境健康，培养尊重人性、保护环境等意识。

任务1 AC-DC电源模块的使用

任务描述

AC - DC 电源模块是一种常用的电源转换器件，能够将交流电转换为直流电供电给设备。本任务旨在让读者了解 AC - DC 电源模块的基本原理和结构组成，学习 AC - DC 电源模块的技术参数和规格说明，熟悉 AC - DC 电源模块的接线方式和安装方法，掌握

AC－DC 电源模块的使用注意事项和故障处理方法。

知识储备

一、AC 和 DC 的概念

AC 全称为 Alternating Current，指交流电；DC 全称为 Direct Current，指直流电。AC－DC 变换是将交流电变换为直流电，AC－DC 转换器就是将交流电变换为直流电的设备，其功率流向可以是双向的，由电源流向负载的功率流称为“整流”，由负载返回电源的功率流则称为“有源逆变”。

我国日常供电采用 220V 或 380V 的交流电；而大多数电器中都使用直流电，其工作电压有 3.3V、5V、12V、24V 等。电力传输一般使用交流电，因为其传送损耗最低，且变压简单，综合应用成本低。如果电力传输采用直流电，那么距离超过 1.5 千米后，电压将大幅度下降。在历史上，电流传输方案存在交流和直流之争，最后由于交流电方案能轻易实现变压，且所用电线成本更低，传送电力没有太大损耗，因此交流电方案获得了胜利。

发电厂生产出数千至数万伏的高电压交流电，有效降低了远距离传输损耗，但在传送到住户前，都要通过电线杆上的变压器降压至 220V。现阶段我国民用住宅内的插座基本提供 220V 交流电，用户必须自行安装 AC－DC 转换电路才能供家中的设备使用。很多用户设备能直接接入 220V 电源是由于在其内部包含 AC－DC 功能器件；而没有在内部包含 AC－DC 部件的设备，就要用户额外配置 AC－DC 装置完成转换，以符合设备电压和功率要求。

知识补充

在大多数国家，包括中国，220V 是最常见的家用电源电压，由供电局将高压电经过变电站降压后提供给家庭使用，适用于家庭和小型办公室等小功率负载，如灯具、电视、冰箱等。而 380V 是通过三相电系统来提供，更适用于大型工业和商业应用中的大功率负载，如电机、变频器、传动装置等。其中，三相电系统是指将三条电线分别连接到三台发电机上，然后将它们组成一个相互平衡的电网，以提供更大的电力输出量。

二、AC－DC 转换器的工作原理

交流电转换为直流电称为整流，而直流电转换为交流电称为逆变。其中，逆变要比整流复杂得多，用来完成逆变的设备称为“逆变器”。对于逆变操作，可将直流电送到用于逆变输出的三极管，该三极管回路接有变压器等，利用这些元器件对三极管形成正反馈，从而使三极管起振，产生“震荡”电流，进而形成交流输出。如果有其他需求，还可以加入不同电路器件对输出波形进行调整。

而将交流电转换为直流电，技术上相对容易实现，一般通过二极管整流电路或电子开关电路都可将交流电转换为直流电。其过程如图 2－1 所示。

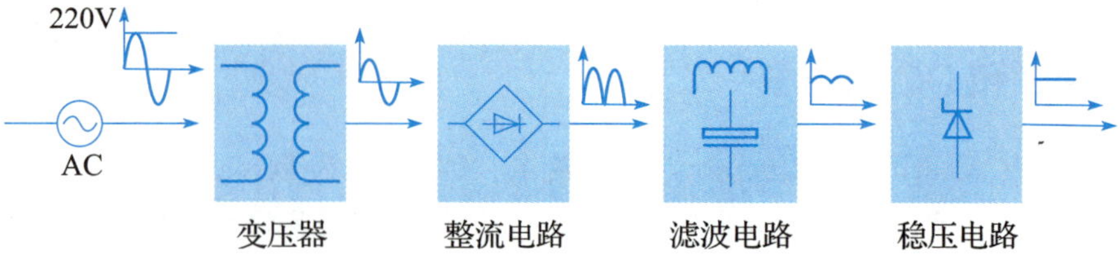

图 2－1　AC－DC 转换器的工作过程图

在图 2－1 中，变压器将交流电由高电压转为低电压，其余三个部分负责将交流电转换为直流电。其中，整流电路将工频交流电转换为脉动直流电；滤波电路将脉动直流电中的交流成分滤除，减少交流成分，增加直流成分；稳压电路采用负反馈技术，对整流后得到的直流电压做进一步的稳定处理。

如图 2－2 所示是两种整流过程，上方为全波整流，下方为半波整流。

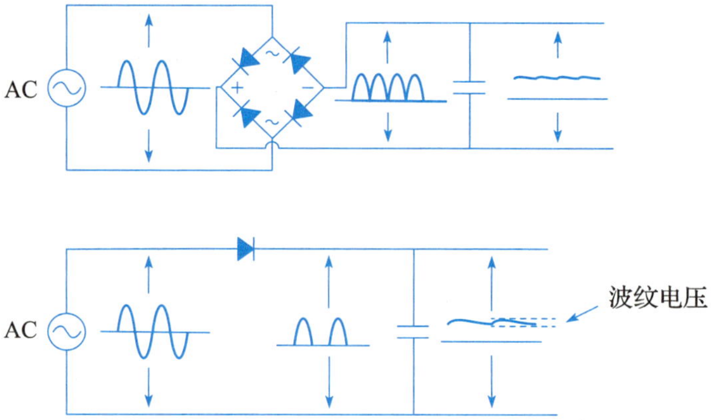

图 2－2　全波整流和半波整流

整流就是把交流电调整成直流电，过滤负电压或将负电压变为正电压，此时输出的波形还只是脉冲式的，其主要工作部件是二极管。整流方式有全波整流（桥式整流，有专门的元件或用 4 个二极管）和半波整流（有一半的波损失掉，由于电流不是连续的，因此用一个二极管可以实现），整流后还需要做滤波才能把波形调整成较为平稳的直流（可用电容）。在实际的 AC－DC 转换应用中，往往对转换后的直流电压有一定范围要求，在整流之前做变压是一种较为简单的实现方案，而电压波动的范围则要由滤波电路来调整。

三、变压器方式 AC－DC

安装变压器是 AC－DC 转换的主要方法之一。图 2－3 就是采用变压器方式转换的一般电路构造。

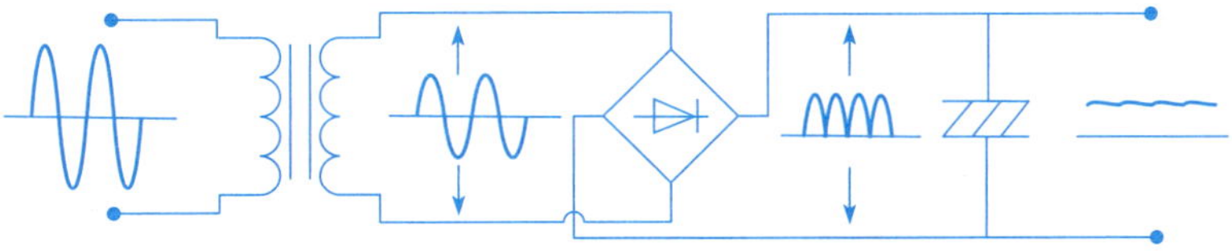

图 2－3 变压器方式的 AC－DC 转换

通过变压器先进行 AC－AC 转换，可以通过调整变压器一次侧和二次侧的线圈设定变压值（发生在变压器二次侧的降压值），将输入的交流电压变压至与所需直流电压相匹配的交流电压值。这里利用变压器的绝缘，还可实现输入输出间绝缘的效果。

然后利用二极管桥式整流器将已经降压的交流电压转换成脉冲波形输出，接着用电容器加以平滑，最终转换成纹波较小的直流电压。整流后的直流电压大约是变压器二次侧交流电压有效值的$\sqrt{2}$倍减去二极管的正向电压后的数值。

如果不需要电压输出严格、稳定，我们就可以将直流电压作为输出电压，输出电压值取决于变压器的匝数比。当负载电流增加时，电压就会有所降低；如果必须确保电压输出稳定，则需要考虑使用稳压器稳定电压，可以将变压器二次侧的电压提高，让其满足稳压器转换的工作要求。例如，最后输出电压需要为 12V 直流电压，整流后的电压设定为 18V 直流电压，就能有效抑制电路中的电压损耗，不会因为负载工作而变低。

使用变压器方式的 AC－DC 转换部件实物如图 2－4 所示。

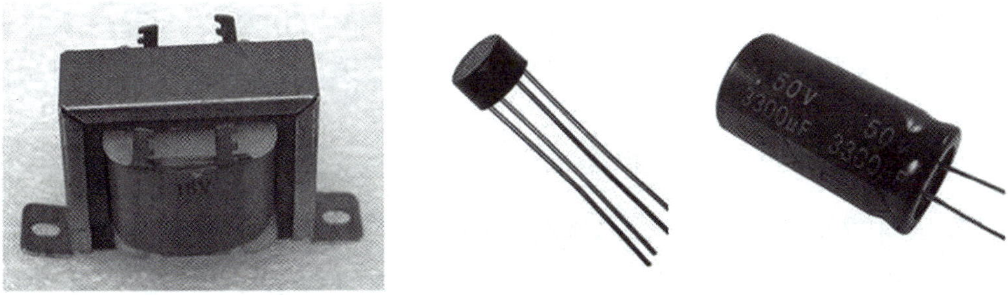

图 2－4 变压器（左）、二极管桥式整流器（中）、电解电容器（右）

常用的 AC－DC 转换中，交流电压的频率为 50/60Hz，适合使用低频变压器，且变压器的大小（体积）和电源输出功率成正比。生活中最常见到的 AC 适配器就是典型的 AC－DC 转换设备，输出功率越大，其体积越大，重量也越大。二极管桥式整流器是连接 4 个整流二极管，并做了一体化封装。形状除了如图 2－4 所示的封装外，还有贴片和直插的方形封装。当然也可以使用 4 个独立的整流二极管组装成桥式二极管。滤波一般会使用电解电容器，所需电容值会因负载或可容许纹波而变化，转换器输出功率越大，电容器的体积就会越大。

四、开关方式 AC－DC

变压器方式 AC－DC 转换器往往随输出功率的增大而需要把体积做得很大，且由于处理高压的变压器的存在，致使重量很大，而开关方式的 AC－DC 则可以在很大程度上改善这种情况。使用开关方式的 AC－DC 转换方式如图 2－5 所示。

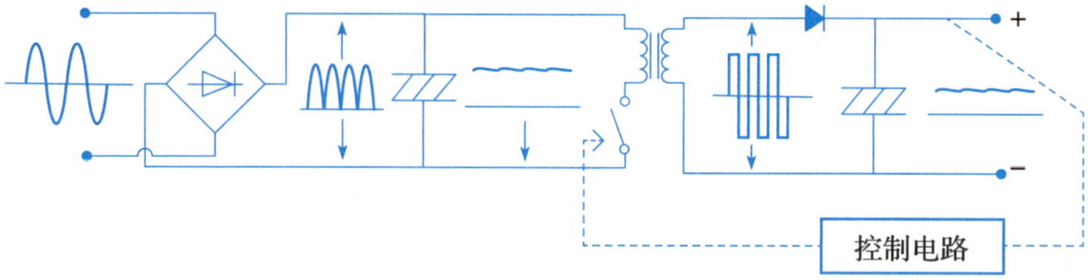

图 2－5　开关方式的 AC－DC 转换

开关方式的 AC－DC 不同于变压器方式，不是先利用变压器进行 AC－AC 降低电压，而是一开始就先用桥式二极管直接整流高交流电压。为此，桥式二极管必须能够承受高电压。例如 100V 交流电压的峰值约 140V，这就对整流二极管提出了较高的要求。二极管经整流后再用电容器使其平滑，所用的元件同样也必须使用高电压规格产品。

接着，通过使用开关元件的开关切换操作斩波（切分）直流高压，并经由高频变压器，将电能传送至二次侧。此时的开关频率远远高于输入交流电压的频率（50/60Hz），往往达到数十 kHz，然后再转换成呈现上图方波的交流电压。随后，利用二次侧的整流二极管，整流该高频率交流电压，并用电容器使其平滑后，转换成设定的 DC 输出电压。图 2－5 中省略了高频率交流电压的整流波形，简单使用单个二极管的半波整流演示。此外，开关型 AC－DC 往往还要控制电路来操作开关元件，将输出电压反馈至脉宽调制控制电路上，借此稳定输出需要的直流电压。

采用开关方式的 AC－DC 转换器如图 2－6 所示。

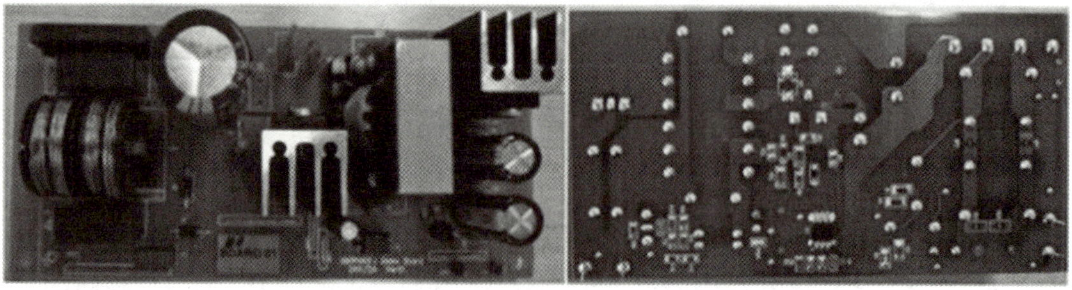

图 2－6　开关方式的 AC－DC 转换器实物

开关方式的 AC－DC 转换器的部件和变压器方式的转换器相似，但桥式二极管、一次侧的电解电容器、开关元件（晶体管）需要采用可支持高电压的规格品。以数十 kHz 的高频率才能工作的变压器，我们称为高频变压器或开关式变压器。

转换器中关键的开关元件基本上使用晶体管，以开关电源用的高功率 MOSFET 最为普遍。开关晶体管必须根据输出功率选择适合的规格。稳定输出电压的控制电路可以由晶体管和运算放大器等单独的元件组成。控制电路不仅要满足开关元件正确、稳定控制的要求，而且要具有各种保护功能。目前越来越多的装置采用 AC－DC 转换专用的集成芯片来完成控制功能。

在设计电路中，如果需要在电路基板上安装 AC－DC 电源，那么最好的解决方案是采用 AC－DC 转换器专用集成芯片作为供电电路核心。尽管开关方式比变压器方式复杂得多，但是是近年的主流选择。利用控制集成电路芯片能有效简化设计。

五、变压器方式和开关方式的比较

从前文可知，变压器方式和开关方式的 AC－DC 转换在工作过程上有很大的不同，在此将两者工作的示意图集中罗列于图 2－7 和图 2－8 进行比较，并整理各自的优缺点。

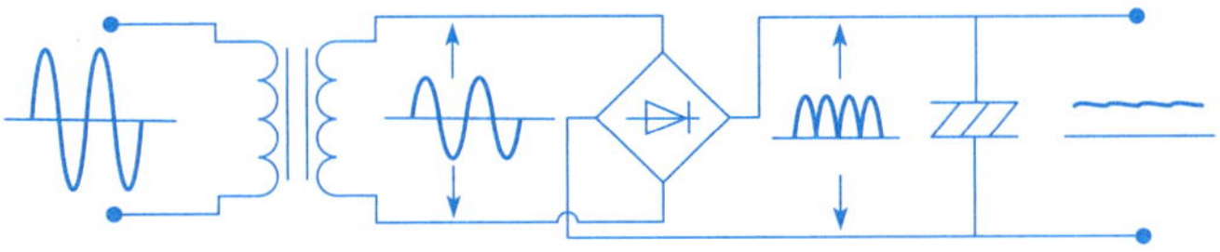

图 2－7 变压器方式 AC－DC 转换

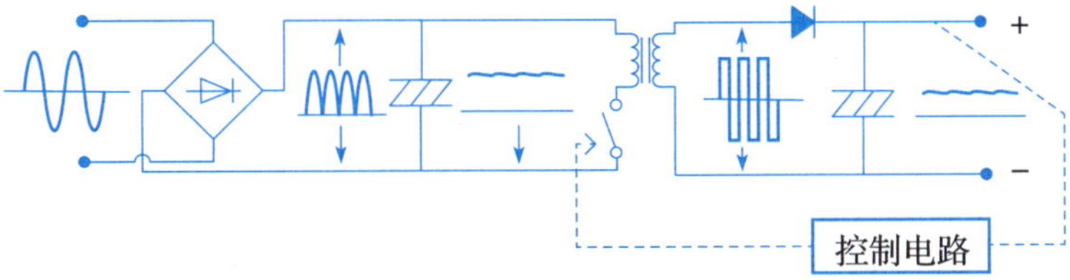

图 2－8 开关方式 AC－DC 转换

因转换方式不同，两者的电路构造有一些差异，采用开关方式的电路更复杂一些。此外，开关方式必须使用控制电路（或控制芯片）。两者使用的部件非常类似，但开关方式大多为高耐压部件，极大地影响了制造成本。从效率方面来说，开关方式较占优势，尤其考虑到开关方式转换器的体积更小，且重量更轻。

例如，近几年来，便携设备的充电用 AC 适配器变得既小又轻。图 2－9 是常用的 AC 适配器，但左边采用的是变压器方式，右边采用的则是开关方式。两者规格相互比较之下，右边体积明显偏小。

开关方式的转换器由于是先将交流电压输入（50/60Hz）转为直流电压，再利用开关转换成高频的交流电压，因此能使用较小的变压器和输出电容器，大幅度缩小转换器的外形尺寸。采用开关方式时，更能有效提升转换效率，进而可以抑制工作时的发热。

便携设备充电用
输入100VAC
输出4.5V/600mA（2.7W）

手机充电用
输入100VAC
输出5.4V/700mA（3.78W）

图 2-9　两种 AC 适配器

表 2-1 罗列了两种 AC-DC 转换器的优缺点供读者参考。

表 2-1　变压器方式和开关方式的比较

变压器方式	开关方式
• 电路较为简易	• 电路复杂
• 噪声少（二次侧设定线性稳压器时）	• 高耐压部件多
• 便宜	• 开关时会产生噪声
• 体积重量增加	• 体积小，重量轻
• 会发热	• 不易发热
• 效率不佳	• 效率高

六、开关转换原理

在开关方式的 AC-DC 转换中，DC 通过开关方式转换成了高频 AC，在这一过程中实现了电压调整。如图 2-10 所示，利用 PWM（Pulse Width Modulation，脉冲宽度调制）可以实现降压。

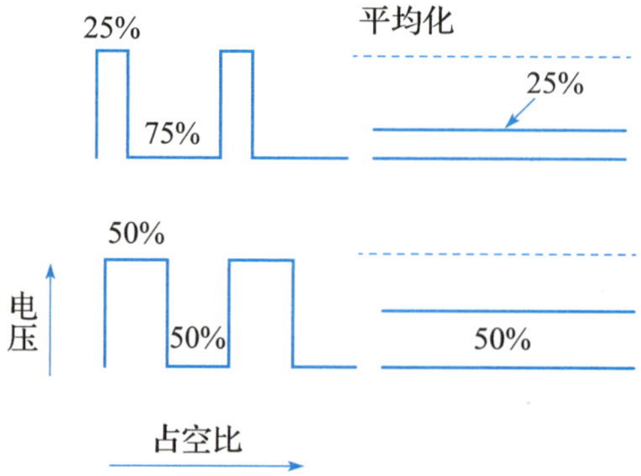

图 2-10　以 PWM 为例，开关方式 DC-DC 转换的原理

PWM 是指让周期（频率）保持恒定，调整开关 ON 和 OFF 的时间比（占空比）来控制的方法。采用 PWM 时，经由开关将直流电压转换成某一固定占空比的交流电压后，接着再整流回直流电压，就可以获得想要的直流电压。

例如，经由开关将 100V 直流电压转换成周期 25％ON、75％OFF 的交流电压输出，随后整流该交流电压实现平滑，输出直流电压，电压就会转换成 25V 直流电压输出。

事实上，DC－DC 转换部分属于功率转换，因此必须提升转换效率。负载电流如果增加，电压就会下降；而增加控制电路的脉冲宽度，可将电压提高至设定值，此时需要利用反馈控制，因此脉冲宽度实际上并不能保持恒定，这就是控制电路存在的原因。

任务2 DC-DC电源模块的使用

任务描述

本任务帮助读者了解 DC－DC 电源模块的基本原理和工作方式，通过学习 DC－DC 转换器、稳压器、开关电源等相关知识，能根据实际需求选择适合的模块，并通过测试仪器（如万用表、示波器等）完成连接和调试 DC－DC 电源模块。

知识储备

一、线性稳压器

线性稳压器又称为三引脚稳压器或降压器等，其电路简单且方便使用，是许多设计者常采用的供电电路。在集成芯片化普及后，线性稳压单元日趋小型化且使用简便。近年来，电子设备要求具有高效率，尽管输出功率大的设备逐渐以开关电源为主流，但是简单、省空间且低噪声的低压差线性稳压器依然是经常被采用的供电方案。

1. 线性稳压器的工作原理

线性稳压器基本上由输入、输出、GND 引脚所构成，可变输出的稳压器则添加了用于反馈输出电压的反馈引脚，如图 2－11 所示。

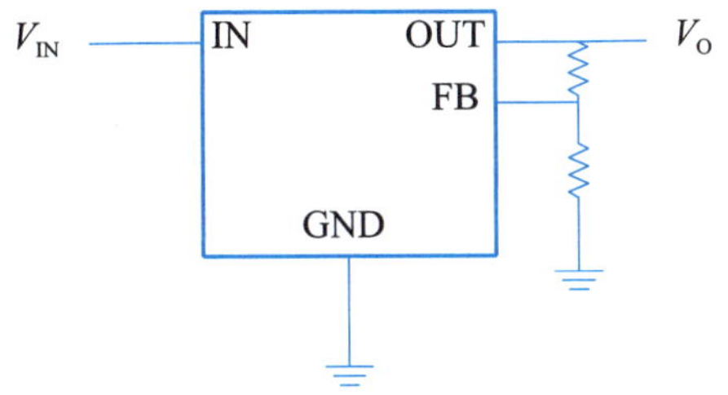

图 2－11 一般线性稳压器

线性稳压器内部电路概述如图 2－12 所示，主要由误差放大器（误差检测用运算放大器）、基准电压源、输出晶体管构成。图中，输出晶体管虽然用 P 沟道 MOSFET，但实际也可使用 N 沟道的 MOSFET、双极的 PNP 和 NPN 晶体管。

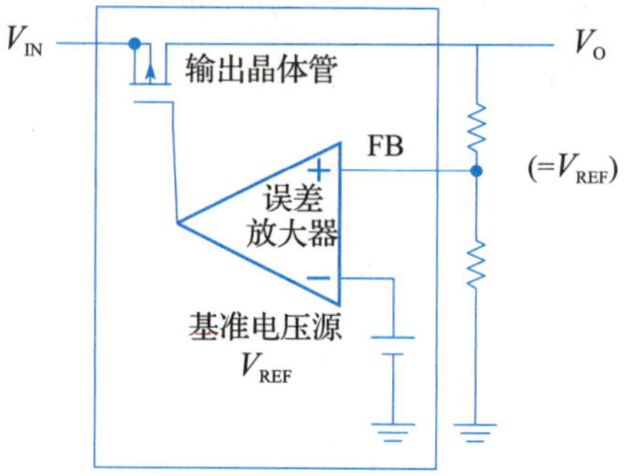

图 2－12　线性稳压器内部结构

反馈环路是使用了运算放大器的基本控制电路之一。若输入或负载发生变动，输出电压也会随之变化。此时，误差放大器则会连续比较来自稳压器输出电压的反馈电压和基准电压，改变晶体管的驱动力以降低压差，使输出电压保持稳定。

2. 线性稳压器的分类

线性稳压器又称系列稳压器、三引脚稳压器、降压器、低压差线性稳压器等。根据其功能或工艺等，线性稳压器可以进行如下分类。

首先，整体而言，线性稳压器可以分为正电压用和负电压用。其中，负电压用种类较少。

其次，根据输出的可调整性，线性稳压器可分为固定输出型和可变输出型。固定输出型有输入、输出、GND 这 3 个引脚，以标准型号 78xx（正）、79xx（负）型为代表。集成芯片内置设定电阻，反馈引脚无外露。可变输出型如果为 GND 基准型，其反馈引脚会外露而变成 4 号引脚。可变输出型还可分为无 GND 引脚浮动工作的 317（正）、337（负）等类型，这些有 3 个引脚。

从工作压差方面考虑，线性稳压器可分为标准型和 LDO(Low Dropout）型。相对于压差约为 3V 的标准型（可进行稳定工作的最低输出输入电压差），改良的 LDO 压差更低，不超过 0.3V。由于标准型的稳压器很难将 5V 降为 3.3V，无法供 3.3V 工作的新型集成芯片使用，因此就诞生了 LDO 并逐渐普及。

按照制造工艺特征进行分类，一般双极型工艺的线性稳压器多为 35V 或 50V 等高耐压品，消耗电流则多是几毫安。CMOS 工艺的线性稳压器输入电压多设定在 5V，但消耗电流非常小，只有几十微安。在封装方面，线性稳压器注重散热，故使用热阻低的封装。插件型以附带散热片的 TO220 为代表，表贴型主要将散热片外露于背面，如图 2－13 所示。

图 2 - 13 各种封装

3. 线性稳压器的电路构成和特征

线性稳压器的电路构成为反馈环路，如图 2 - 14 所示。输出晶体管种类不同，压差电压也会有所区别。

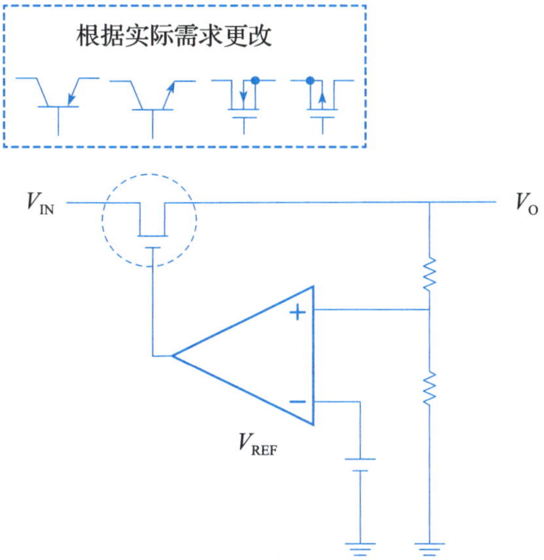

图 2 - 14 基本电路和输出晶体管

使用双极 NPN 晶体管的 LDO 虽然种类不多，但可以处理大电流，高达 10A，而压差电压多为 1～2V，目前已成为双极型 LDO 的主流选择。而使用 MOSFET 作为输出晶体管的 LDO 支持更低的输出电压，以满足电池驱动应用产品的低功耗需求。

4. 线性稳压器的重要规格

线性稳压芯片与其他集成芯片类似，同样具有表示特性或性能的规格。线性稳压器的技术规格能从其芯片手册中获取，包含输出电压值及其精度等。除了参数之外，技术规格书还记载了最大额定值、工作保证条件、特性图表等重要信息。图 2 - 15 为基本技术规格表例。

技术规格书、规格的基本确认要点：

- 务必确认绝对最大额定值
- 确认温度、电压等条件（是否与实际使用接近）
- 除了保证值外也以图表确认连续特性
- 探讨是否以Typ、Min、Max值中一个值为根据

规格表例

●电气特性（无特别指定时，V_{EN}=3V，V_{CC}=6V，R_1=43kΩ，R_2=8.2kΩ）

参数	Symbol	Temp	Min.	Typ.	Max.	Unit	Conditions
开机时电路电流	I_{SO}	25℃	—	0	5	μA	V_{EN}=0V，OFF模式下
		-40～105℃	—	—	5		
偏压电流	I_{CC}	25℃	—	600	900	μA	
		-40～105℃	—	—	1200		
输入稳定度	Reg.I	25℃	—	25	50	mV	V_{CC}=(V_O+0.9V)→14.0V
		-40～105℃	—	—	50		
输出稳定度	Reg I_O	25℃	—	25	75	mV	I_O=0→0.3A
		-40～105℃	—	—	75		
输入输出电压差	V_{CO}	25℃	—	0.6	0.9	V	V_{CC}=5V，I_O=0.3A
		-40～105℃	—	—	1.2		
输出基准电压（可变输出型）	V_{FB}	25℃	0.792	0.800	0.808	V	I_O=0mA
		-40～105℃	0.776	—	0.824		
输出电压精度（固定输出型）	V_O	25℃	V_O×0.99	V_O	V_O×1.01	V	I_O=0mA
		-40～105℃	V_O×0.97	V_O	V_O×1.03		
V_{EN}低电压	V_{EN}(Low)	25℃	0	—	0.8	V	
		-40～105℃	0	—	0.8		

图 2-15　技术规格书、规格的基本确认要点

绝对最大额定值是工作时绝对不可超过的极限值。设计电路时，要保证相关参数符合技术规格标准，确保工作电压或温度等满足要求。查看规格值时，务必确认其是具体值还是一定范围，然后考虑产品实际使用条件是否满足技术规格书的标准。芯片手册中附带特性图表，有助于了解相关参数规格在一定条件下的变化情况。规格值还会记载最小值（Min）、最大值（Max）、标准值（Typ）中的任何一值或全部值。原则上来说，在进行电路设计时，要以最差条件的值为基准，而如何判断就需要靠设计者的诀窍与经验。

充分阅读技术规格书对设计者来说是非常重要的，而线性稳压器中最重要的 7 项关键点如下。

（1）输入电压范围。

需要注意的是，最大额定值限定了施加输入电压的范围，并非表示电压在此范围内设备都会正常工作。区别于最大额定值，一般设计时以输入范围或推荐输入范围为参

考。图 2－16 说明了输入范围、输出范围以及压差电压的关系。

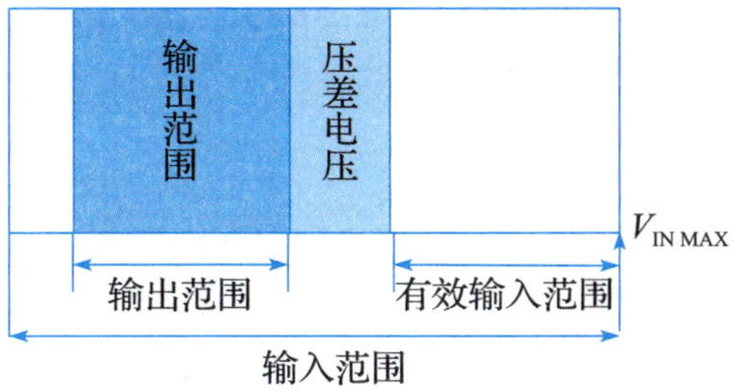

图 2－16　输入与输出的关系

有效输入范围在“输出电压＋压差电压”到最大输入电压之间。线性稳压器只能降压，所以当输入电压低于“输出电压＋压差电压”时，元件将无法工作。

（2）输出电压范围。

输出电压范围为可变型线性稳压器的专用规格，是指输出电压可设定的范围。输出电压范围的最低值为基准电压 V_{REF}，其是集成电路的设计参数，用户是无法修改的。一般来说，CMOS 系的线性稳压器为 0.8V 左右，而双极系是 1.2V 左右。输出电压范围中的最大值为最大输入电压（$V_{IN\ MAX}$）减去压差电压的结果。需要注意的是，输入输出条件有时会因功率损耗而受限制。

（3）输出精度（V_{REF} 精度）。

输出精度为固定输出型稳压器的输出电压的容许误差。一般标准精度为±5%或±1%。输出精度与温度及输出电流密切相关，故设计时须参考全温度范围规格。

（4）输出电流。

输出电流为保证可输出最低限电流，一般规定为最小值，有时也规定为输出电流界限，即最小限度的电流值。在实际应用中，输出电流值往往大于规格值，以供给后级电路工作。输出电流的能力与输入条件、周围温度等因素相关。短路电流是输出引脚接地造成的故障，即 GND 短路时的最大电流，了解此电流有助于在恶劣条件下采取相应的应对决策。目前，几乎所有线性稳压器都拥有输出短路时的保护功能。

（5）压差电压。

压差（Dropout）电压是指线性稳压器稳定工作所必要的输入电压和输出电压的差值。当输入电压接近输出电压时，设备便无法维持稳定工作，同时输出电压与输入电压成比例下降。

压差电压值与集成电路的构造有关。相较于标准型线性稳压器，LDO 型线性稳压器的压差电压更低。压差电压越低，设备稳定工作的输出电压越接近输入电压。由于电池驱动应用的输入电压是变动的，因此压差电压成为重要的规格参数。图 2－17 和图 2－18 为压差电压与输出电流和温度的关系。在设计电路时需要考虑温度或输出电流的差异，避免芯片因高温而无法工作。

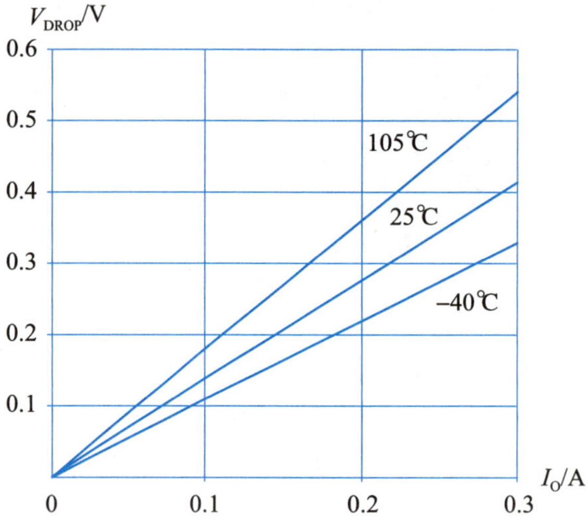

图 2－17　压差电压与输出电流的关系

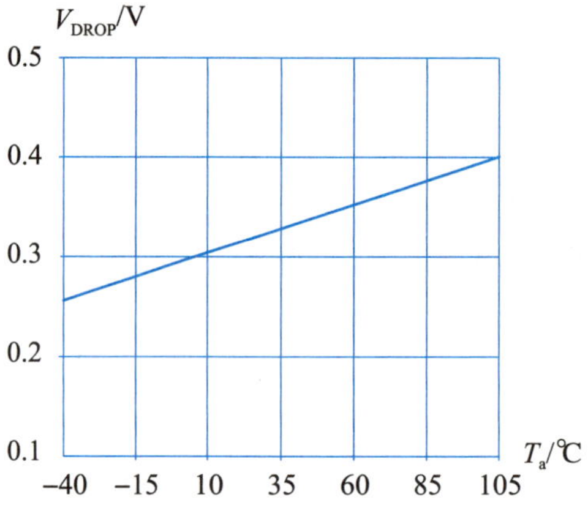

图 2－18　压差电压与温度的关系

（6）瞬态响应特性。

如果输出电压因为负载电流的变化而发生变动，那么线性稳压器将会让输出电压稳定在所设定输出的电压值，从输出电压的变动到稳定的时间称为瞬态响应特性。由于稳定输出电压的时间过长会影响电路系统的正常工作，因此在设计电路时，必须选择瞬态响应特性良好的线性稳压器。开关稳压器虽然也具有瞬态响应特性，但是由于线性稳压器对电路进行连续控制，因此其瞬态响应速度更快。

（7）纹波抑制率。

实际应用中，直流电压一般由交流电压经过整流而成，因此，直流电压不可避免地会带有交流成分，叠加在直流电压/电流中的交流分量，称为纹波。纹波抑制率反映了输出电压/电流抑制输入电压/电流纹波的程度，常用电源供应抑制比 PSRR（Power Supply Rejection Ratio）衡量输出信号对电源噪声的抗干扰能力，用分贝（dB）作单位。根据定义，PSRR 是输出信号对电源噪声的抑制比，其计算公式为：

$$PSRR=20\log10[Ripple(input)/Ripple(output)] \tag{2-1}$$

Ripple(input) 表示输入信号的纹波幅度，Ripple(output) 表示输出信号的纹波幅度。将输入纹波降至 1/1 000，代入上式，可以得到：

$$-60dB=20\log10(1/1\,000) \tag{2-2}$$

因此，如果输入纹波降至 1/1 000，那么其 PSRR 约为 60dB，如果输入纹波幅度为 100mV，则输出纹波可降到 0.1mV。需要注意的是，这只是一个理论估算，实际情况可能由于各种因素而有所差异。

当输入纹波较大时，纹波抑制效果显得尤为重要。虽然开关式稳压器的效率高，应用场景多，但在特定场合下，为了避免开关稳压器附带输出的开关噪声（纹波），常采用线性稳压器。然而，当电源频率高时，采用线性电源的纹波抑制性能会降低，效果较差。

5. 线性稳压器的优点、缺点和应用

线性稳压器的优点在于使用简单，其输入和输出各附 1 个电容器就能工作。在实际应用中，更需要考虑的是散热问题。此外，因为没有开关电源的噪声，电压噪声也较小，纹波抑制特性较好，所以线性稳压器在通信、医疗、测量等必须排除噪声的场景应用较多。

线性稳压器的缺点在于输出、输入电压差大，则损耗大，这种损耗几乎完全变为热能，某些条件下发热会非常严重。此外，一般线性稳压器只能降压，但负电压情况下，也有“升压”效果，如−12V 转换为−5V。

总体上，线性稳压器的优缺点见表 2-2。

表 2-2　线性稳压器的优缺点

优点	缺点
设计简单	如果输出、输入电压差大，则效率不佳
部件数少	低效率=发热大
省空间（若不使用散热片）	有时需要散热器
噪声小	只能降压
高速瞬态响应	
便宜	

二、开关稳压器

开关稳压器由于其功率转换效率高，而且具有转换结果可调的特性，因此被许多设备采用，成为电路供电电源设计的主流方案。近年来，市场上更是出现了多种多样的开

关电源用集成电路芯片制作，使设计者能够去掉结构复杂的第三方电源模块而把供电电路直接设计在产品电路板上，进一步减小产品体积，提高产品质量。

1. 开关稳压器的种类

开关稳压器种类繁多，分类方法也各有不同。

依据电路方式，开关稳压器可分成 DC－DC 转换器和 AC－DC 转换器，如图 2－19 所示。其中，AC－DC 转换器在前文有过介绍，AC－DC 转换器会在开始将 AC 进行整流和平滑处理，其后基本上以 DC－DC 转换器工作。

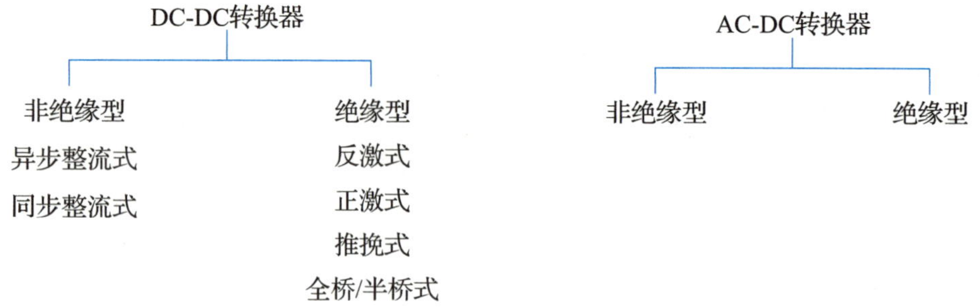

图 2－19 依据电路方式分类

图 2－19 中，DC－DC 转换器和 AC－DC 转换器都分为非绝缘型和绝缘型。绝缘型转换器可分为输入（一次）和输出（二次）可绝缘，利用变压器实现绝缘。由于设备发生故障时需要具有高安全性，因此工业或医疗等设备必须使用绝缘型转换器。非绝缘型转换器在输出与输入间有导通，同一电路基板中，无须绝缘的电压转换器一般都为非绝缘型转换器。

依据功能和工作方式，开关稳压器的分类如图 2－20 所示。

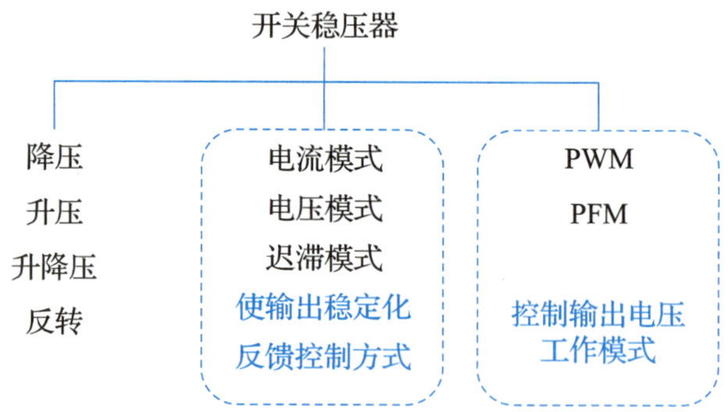

图 2－20 依据功能和工作方式分类

DC－DC 转换可以对输入电压进行降压或升压，也可在应用中先对输入电压升压，再作降压进行输出。不同功能的转换器，其电源控制芯片和电路设计都是不同的。

控制输出电压的工作模式有 PWM（Pulse Width Modulation：脉冲宽度调制）和 PFM（Pulse Frequency Modulation：脉冲频率调制）。其中常用的 PWM 模式在前文 AC－DC 部分有过简单介绍。

依据使输出稳定化的反馈控制方式，开关稳压器可分为电流模式、电压模式、迟滞模式等。

2. 开关稳压器的优点、缺点，以及与线性稳压器的比较

设计电源之初，需要确定规格参数，然后选择线性稳压器或开关稳压器。根据实际需求，可二者择其一，也可二者相结合。此时，我们需要以各自的特征和优缺点为主进行探讨。其中线性稳压器的优缺点在前文已有论述，开关稳压器的优点和缺点见表 2－3。

表 2－3　开关稳压器的优缺点

优点	缺点
可降压、升压、反转、升降压	设计复杂
效率高	部件数多
发热少	有开关噪声/纹波
可输出大电流	成本偏高

开关稳压器与线性稳压器的对比见表 2－4。

表 2－4　开关稳压器与线性稳压器的对比

	线性稳压器	开关式稳压器
降压	可	可
升压	不可	可
升降压	不可	可
反转	不可	可
效率	V_O/V_{IN} 多较低	~95%左右 一般较高
输出功率	一般为数瓦 依散热器设计	可大功率
噪声	小	有开关噪声
设计	简单	复杂
部件数量	少	多

开关稳压器的缺点在于零件数多且设计复杂。虽然近年来开关电源多利用集成电路芯片，集成化有所提高，设计出简单的电源已成为可能，但依然比线性稳压器复杂。此外，由于开关工作时会出现噪声或纹波，设计电路系统时要更多地考虑 EMI（电磁干扰）限制。

从成本上看，虽然开关稳压器的控制芯片和相关构造元件的成本要比线性稳压器高，但线性稳压器往往需要增加散热部件，如果设备输出的功率较大，开关稳压器的总

成本反而较低。

对于不同种类的开关稳压器，效率也有所区别，最大效率可达 95%，但其效率往往会由于负载电流变小而大幅度降低。因此，待机功耗是选择开关稳压器的重要考虑因素。

3. 降压型开关稳压器的工作原理

开关稳压器可以进行降压、升压、升降压、反转等转换，以最广泛利用的降压型开关稳压器为例说明其工作原理。

图 2-21 是降压 DC-DC 转换的示意电路，利用开关对 DC 电压 V_{IN} 做时间分割后，电感和电容器将平滑电压波形，将其转换为 DC 电压。

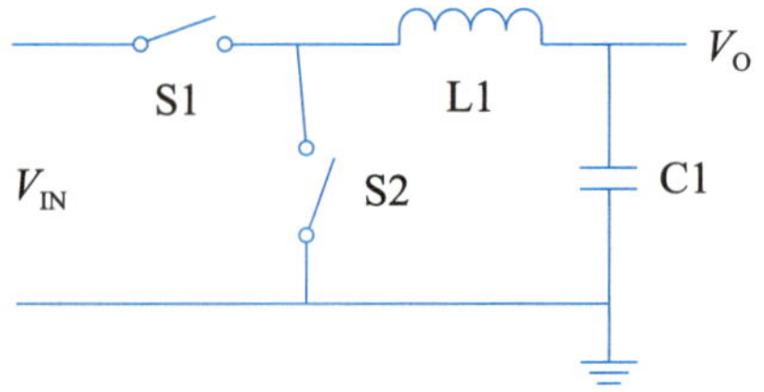

图 2-21 DC-DC 转换

简而言之，DC-DC 转换过程是将 DC 暂时转换成 AC，使其平滑后再转回 DC。以前文提到过的 PWM 工作的例子来说明，若 S1=ON/S2=OFF 将 V_{IN} 供电时间设为 25%、S1=OFF/S2=ON 将 0V（GND）状态设为 75%的脉冲周期，平均后的脉冲为 25%的 DC。如果 V_{IN} 为 10V，则 V_O 将为 25%的 2.5V。其转换原理如图 2-22 所示。

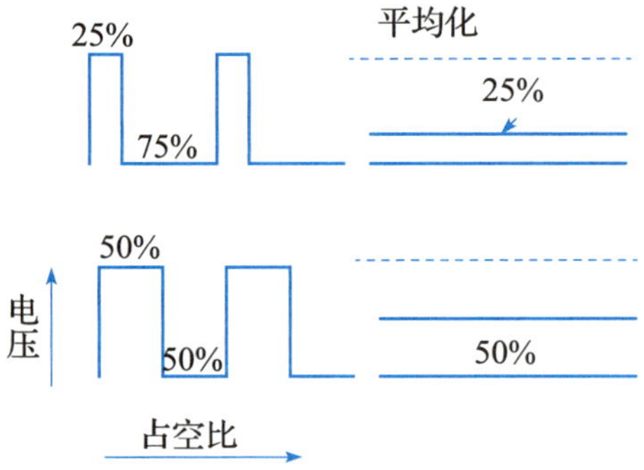

图 2-22 PWM 工作原理

实际上，随着平均后的输出负载电流发生变化，PWM 开关 ON 的时间会在一定程度上依赖负载电流，使得电压增大或减小。若稳压器的输出电压下降，ON 时间增加，提高占空比，则电压上升；若输出电压恢复至设定值，ON 时间缩短，占空比降低，则停止升压。

如上所述，开关稳压器从输入端获取输出端必要的功率。相对地，线性稳压器无开关操作，等同于占空比为 100%，即始终保持输入状态。若要将 10V 降压至 2.5V，其中 7.5V 的差值必须转换为热量进行消耗。因此，开关稳压器的效率更高。

具体地，如图 2－23 所示，该电路也称为异步整流式或二极管整流式。S1 为开关（通常为晶体管），外圈箭头为 S1 闭合状态的电流路径，内圈箭头是 S1 开路状态的电流路径。将 S2 换成二极管后，工作原理依旧相同。

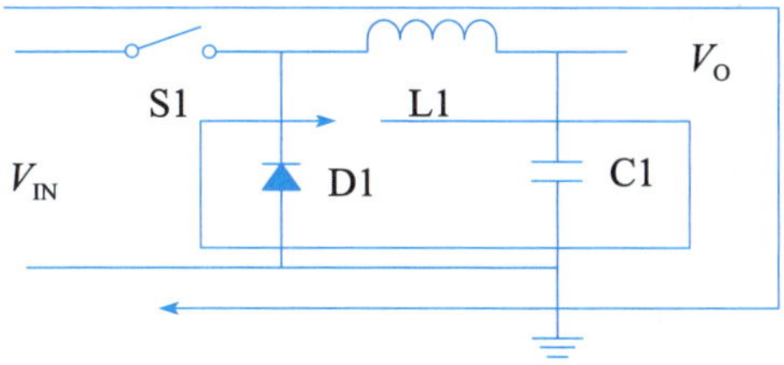

图 2－23　异步整流

各元件的电压及电流波形如图 2－24 所示，DC－DC 转换过程中，先将 DC 转换为 AC 后，再平滑波形。

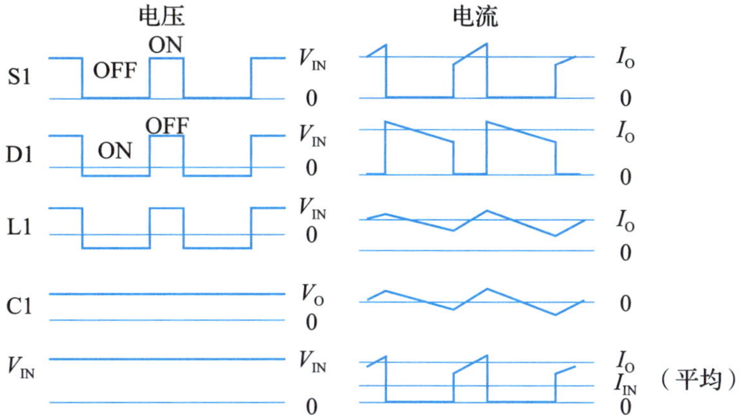

图 2－24　电压及电流波形

更具体地，转换电路如图 2－25 和图 2－26 所示。

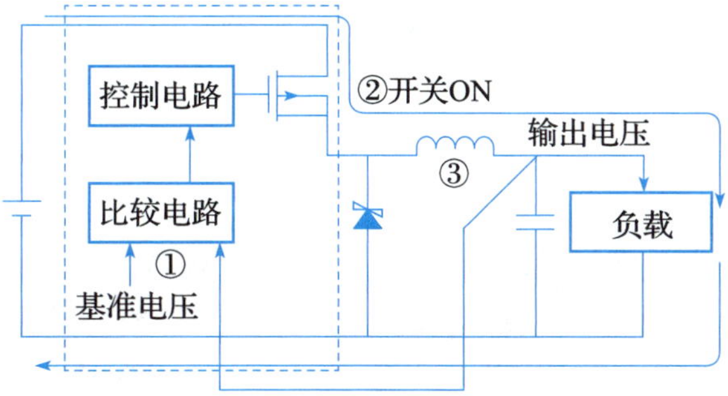

图 2－25　异步整流降压电路和开关 ON 时的电流路径

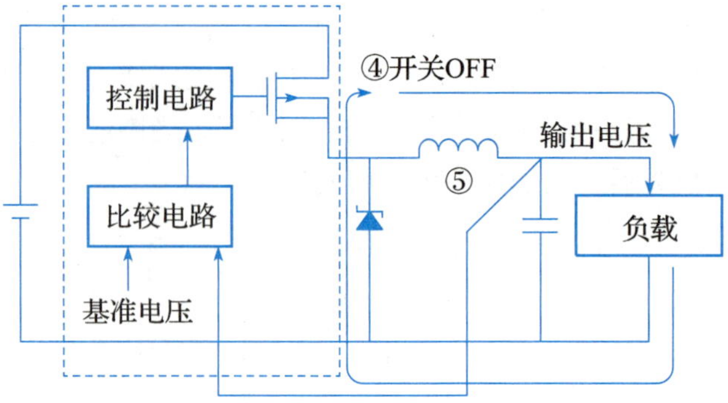

图 2-26　异步整流降压电路和开关 OFF 时的电流路径

MOSFET 等效于开关 S1，肖特基二极管等效于开关 S2，反馈控制电路的输出电压将被引入比较电路，与基准电压作比较。开关稳压器中误差放大器的输出电压则由开关（晶体管）ON/OFF 时间（占空比）控制。

4. 同步整流型和异步整流型的区别

如前文所述，DC-DC 转换器的非绝缘型降压开关稳压器分为异步整流（二极管）式和同步整流式。最早出现的是异步整流式开关稳压器，其电路简单，但效率为 80% 左右。其后，笔记本电脑等电池驱动且需要较大功率的应用开始寻求更高效率，于是出现了开关稳压器同步整流芯片，这使得原本复杂的同步整流电路设计变得简单，且最大效率接近 95%，逐渐成为主流。

异步整流型电路如图 2-27 所示，其工作方式如图 2-28 所示。

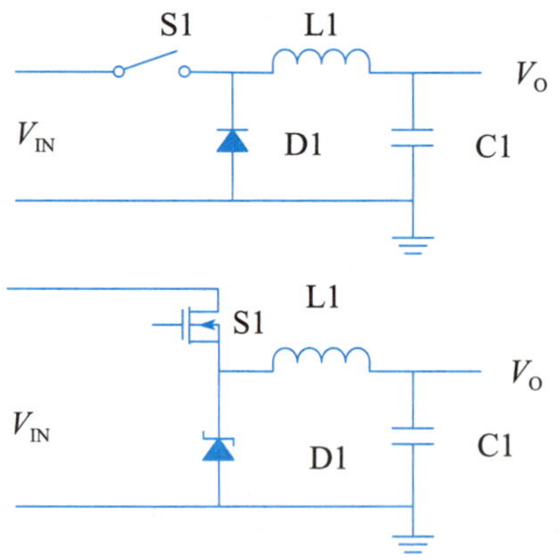

图 2-27　异步整流

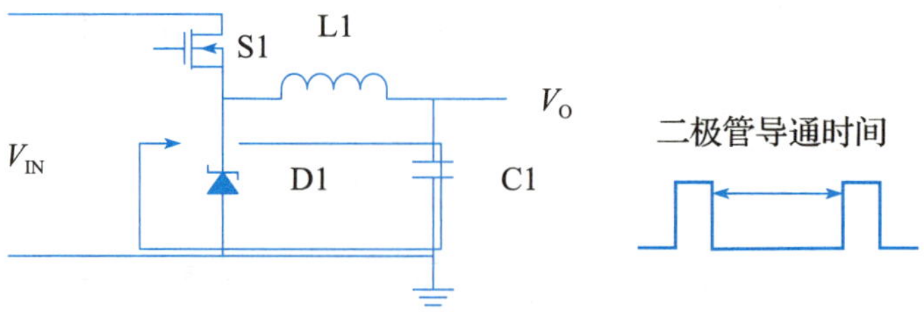

图 2-28　异步整流工作方式

图 2－28 中，S1 为 ON 时，电流不流向 D1（OFF）；S1 为 OFF 时，正向电流会流向 D1（ON）。实际电路中，S1 可使用晶体管代替，D1 可使用肖特基二极管。异步整流型效率比同步式差，但电路较简单。

同步整流型电路如图 2－29 所示，其工作方式如图 2－30 所示。

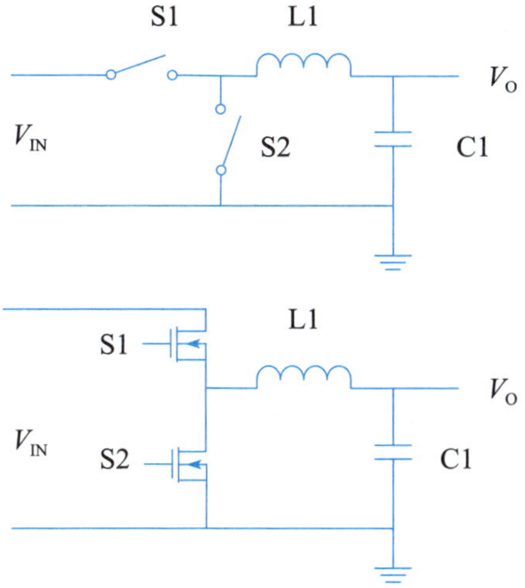

图 2－29　同步整流

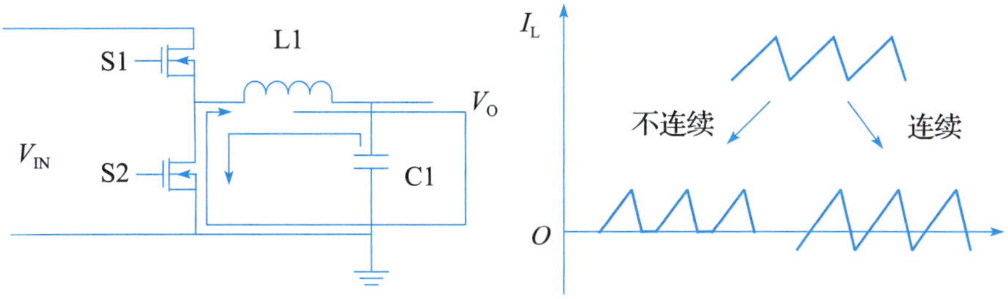

图 2－30　同步整流工作方式

在图 2－30 中，S1 为 ON 时，S2 设为 OFF；而 S1 为 OFF 时，S2 设为 ON。电流路径与异步型相同，但 S1 和 S2 的 ON/OFF 由控制电路执行，实际电路中，S1 和 S2 为晶体管。同步整流型总体效率高，但在低负载时效率稍低，且电路比异步整流型复杂。

异步整流型于下侧开关使用二极管 D1，而同步整流型则为晶体管。异步整流型通过上侧晶体管的 ON/OFF 使电流流向或不流向二极管，同步整流型虽然基本工作原理相同，但是下侧开关 S2 的 ON/OFF 由控制电路操作。如果 S1 与 S2 同时为 ON，则电流将从 V_{IN} 直接流向 GND，故二者必须有 OFF 的时间，即停滞时间，此时就需要利用复杂的时序进行控制。由于同步整流型下侧开关 S2 使用的是晶体管（尤其是 MOS-FET），大幅降低了使用二极管所发生的损耗，而且可在最佳时机进行控制操作，因此同步整流型的效率比异步整流型好。

除此以外，如图 2－30 坐标图所示，在轻负载工作时，电感电流通过开关变为三角波，当负载电流变得非常低时，异步整流型由于二极管的不导通性，电流波形（左边）不连续；同步整流型使用的为晶体管，因此可逆流，电流波形（右边）连续。当异步整流型电流波形不连续时，开关电源发生振铃现象，产生高谐波噪声；同步整流型电流波形连续，因此其稳定工作，但由于反向电流须从输出电容供给，因此效率稍低。

5. 保护功能和可编程功能

DC－DC 转换器除了能向电路供给电源外，也能确保电路安全。近年来，DC－DC 转换集成电路芯片几乎都搭载了保护功能。用户可以通过调整阈值等方式满足各种保护需求。当前 DC－DC 转换集成电路芯片可提供的功能如下所示：

（1）热关断。

热关断是芯片的结温达到最大额定值前后时关断电路工作的构造。工作的结温因芯片而异，关断后的工作模式有自动恢复型和闭锁型两种。

（2）防止低电压误动作。

当输入电压在芯片规定的输入电压范围以下时，芯片会停止输出来保护自身的输出晶体管或负载。几乎所有电源芯片都搭载了该功能，以应对无法预料的故障。

（3）过电流保护。

在输出电流高于阈值时，过电流保护可限制输出电流来防止芯片或负载被烧毁。限制值的电流，即过电流，仍会继续流向负载。当电流值恢复正常时，DC－DC 集成电路芯片将恢复正常工作。

（4）短路保护。

短路保护大多与过流保护搭配使用，因此有些芯片并不区分二者，并将其作为过流保护的功能。此保护功能也有自动恢复型和闭锁型。自动恢复型在数百毫秒后会重新开始工作，使电压输出；闭锁型将使输出保持在零状态，直到重新启动芯片才会恢复工作。

（5）过电压保护。

电源线因某些原因短路时会出现大电流，使输出电压瞬间过冲。过电压保护将监控输出电压，如果检测到电压超过规定值，则停止功率供给。

（6）关断。

关断功能是指将芯片控制部分的工作设为 ON/OFF。当部分电路暂时不需要工作时，控制将其关闭，这有助于削减功耗或待机功率。

（7）软启动。

为了防止启动时的浪涌电流带来的影响，软启动会给予一定的时间常量，让输出电压逐渐升至额定电压。该时间常量分芯片内部固定型和可调整型。

（8）电源正常输出。

电源正常输出是指当输出电压到达所设定的电压值时送出信号的功能，发出信号通知 CPU 电源启动无问题，使得 CPU 可以为多个电源的启动排序。

（9）跟踪。

跟踪是可以设定多个电源启动顺序和时序的功能。可以依据所要求的顺序使多个电源输出启动，以确保电路或装置的安全。

6. 开关频率的考虑点

开关稳压器芯片的开关频率范围很大，设计时须选择合适的频率。选择时要考虑的要素见表 2 - 5。

表 2 - 5 开关频率的选择

开关频率	～数百 kHz	1MHz～
部件尺寸	大	小
效率	升上	下降
噪声	大	小
纹波	大	小
瞬态响应	慢	快

7. 开关稳压器芯片的规格

目前，开关稳压器的设计是围绕所使用的电源芯片而展开的。因此，了解电源芯片的规格和意义非常重要。

开关稳压器芯片的技术规格书记载了多项参数，并显示规格值。这里仅就其中的输入电压范围、输出电压范围、输出电流、开关频率、工作温度范围等重要项目进行说明。

（1）输入电压范围。

输入电压范围是指芯片可工作的输入电压范围。具体范围视芯片的规格而定，从 5V 到 40V 不等，因此要根据实际需求选择合适的芯片。此外，除了最大电压，许多芯片也规定了可工作的最小电压，若实际工作电压过低，则芯片会停止工作或产生异常。在选择电源芯片时还必须考虑出现浪涌等瞬态电压的可能性。有些电源芯片将稳定电压和瞬时电压分开规定。电源芯片规格中，无论芯片是否工作输出，最大额定电压是指可施加的最大电压。

（2）输出电压范围。

输出电压范围是指输出侧可设定的电压范围，输出电压固定型则没有此规格项。降压转换器中，最小输出电压一般无法设定成比内部基准电压低的电压。就输出电压值而言，芯片的基准电压精度、输出电压设定用的电阻器的精度对输出电压精度都有影响。

（3）输出电流。

输出电流即可输出的电流值，规格表包含输出电流（连续电流）和开关电流等。输出电流（连续电流）是指可连续供给的电流；开关电流则是持续开关时的电流，不是可连续供给的电流。

（4）开关频率。

控制方式为 PWM 时，开关频率指已设定的固定频率。控制方式为 PFM 时，开关频率随条件而变动。通常，选择的开关稳压器频率越高，采用的输出电容与电感数值越小，电路尺寸也越小，但效率有所降低。因此，电路设计时需要权衡效率与尺寸。另外，开关稳压器附带的高谐波与噪声也和频率相关。

（5）工作温度范围。

开关稳压器芯片的工作温度范围取决于具体型号和制造工艺，不同的芯片，其规格往往有所差异。一般来说，芯片工作温度分为两个参数：环境温度（T_a）和晶体管结温（T_j）。环境温度是指芯片周围的环境温度，而晶体管结温则是芯片内部晶体管结的温度。在实际应用中，只有保证芯片工作在安全的温度范围内，才可正常运行，延长芯片寿命。

开关稳压器的要点总结见表 2－6。

表 2－6 开关稳压器芯片规格、意义和要点

芯片规格	意义	要点
输入电压范围	可工作的输入电压范围。不仅是最大电压，有时也有规定了可工作的最小电压	须覆盖输入电源的条件且有余量； 也要考虑输入电源的变动（电池输入等）或瞬态电压； 也探讨降压比
输出电压范围	输出侧可设定的电压范围	针对设定电压留出余量（考虑损耗部分）； 通常无法设定成比内部基准电压低的电压
输出电流	可输出电流。依赖输出段开关式晶体管的能力和热	有余量（降额）； 也考虑瞬态电流； 连续输出电流和开关电流的区别
开关频率	开关的频率。PWM 为已设定的固定频率。PFM 频率则随条件而变动。	效率和尺寸的权衡； 考虑开关噪声、高谐波对使用电路的影响
工作温度范围	可工作的温度范围。规定周围温度或接合部温度	考虑应用领域的要求（民生、车载等）； 热相关考察非常重要； T_a＋自发热不得超过 $T_{j\,max}$

任务3 DC-DC电路设计

任务描述

隔离控制器中采用 DC12V 作为电源输入，其内部工作电压为 5V 和 3.3V，并要求采用隔离电源抗干扰。本任务选择合适的 DC－DC 部件，完成隔离控制器供电部分设计。通过任务实施，读者可以掌握对相关芯片手册、供电电路参数的认知，通过实践掌握嵌入式系统中供电电路的设计和调试。

知识储备

一、开关电源芯片技术规格

解读电源芯片的技术规格是非常重要的。近年来，一般的电源设计实质上是以电源芯片为中心，如果不了解电源芯片的技术规格，就无法进行电源供电设计。

1. 技术规格书封面

技术规格书封面记载了电源芯片的概述、特征、应用等项目内容。记载的项目和顺序会因不同的厂商而存在差异，但涵盖的项目基本相同，从内容的细节等方面可以看出不同厂商的特点。

因此，技术规格书封面是相当重要的一页。以隔离控制器设计中所采用的电源芯片 LM5007 为例，其芯片手册封面如图 2－31 所示。其中，从“标题”可以大致了解电源芯片的种类等信息；“特征”则进一步分条列举芯片所搭载的功能或代表性规格；“应用”描述了其典型的应用场景；“概述”阐明了芯片常用的功能。部分芯片封面还包括

TEXAS INSTRUMENTS　　LM5007

SNVS252H – SEPTEMBER 2003 – REVISED NOVEMBER 2018

LM5007 75-V, 0.5-A DC/DC Buck Converter With 80-V Integrated Power MOSFET

1 Features

- Versatile Synchronous Buck DC/DC Converter
  - Operating Input Voltage Range of 9 V to 75 V
  - Integrated 80-V, 0.7-A N-Channel Buck Switch
  - Internal High-Voltage V_{CC} Regulator
  - Adjustable Output Voltage
  - High Efficiency Operation
- Adaptive Constant On-Time Control Architecture
  - Ultra-Fast Transient Response
  - No Control Loop Compensation Required
- Nearly Constant Switching Frequency
  - PWM On-Time Varies Inversely with Input Voltage
- Precision 2.5-V Reference
- Low Input Quiescent Current
- Inherent Protection Features for Robust Design
  - Intelligent Current Limit Protection
  - VCC and Gate Drive UVLO Protection
  - Thermal Shutdown Protection With Hysteresis
  - External Shutdown Control
- 8-Pin VSSOP and WSON Packages
- Create a Custom Regulator Design Using WEBENCH® Power Designer

2 Applications

- Non-Isolated DC/DC Buck Regulator
- Secondary High-Voltage Post Regulator
- 48-V Automotive Systems

3 Description

The LM5007 0.5-A step-down switching converter features all of the functions needed to implement a low-cost and efficient buck regulator. This high-voltage converter has an integrated 80-V, 0.7-A N-channel buck switch and operates over an input voltage range of 9 V to 75 V. The device is easy to implement and is provided in 8-pin VSSOP and thermally enhanced 8-pin WSON packages.

The converter uses a hysteretic control scheme with a PWM on-time inversely proportional to V_{IN}. This feature allows the operating frequency to remain relatively constant with load and input voltage variations. The hysteretic control requires no loop compensation and provides fast transient response. An intelligent current limit is implemented with forced off-time that is inversely proportional to V_{OUT}. This current limiting scheme ensures short-circuit protection while providing reduced load current foldback. Other protection features include thermal shutdown with automatic recovery, V_{CC} and gate drive undervoltage lockout, and maximum duty cycle limiter.

Device Information(1)

PART NUMBER	PACKAGE	BODY SIZE (NOM)
LM5007	VSSOP (8)	3.00 mm × 3.00 mm
	WSON (8)	4.00 mm × 4.00 mm

(1) For all available packages, see the orderable addendum at the end of the data sheet.

Typical Application Schematic

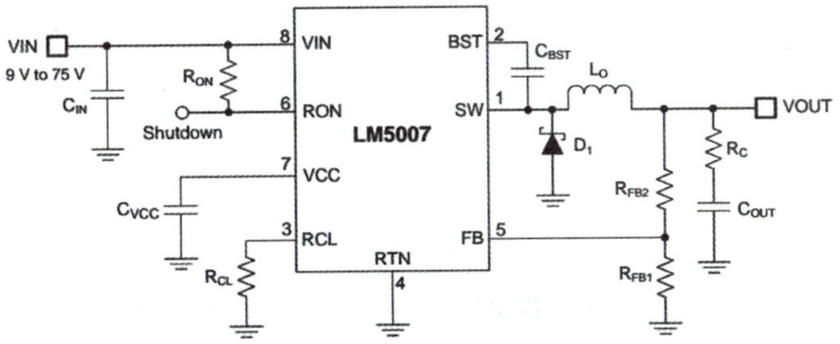

An IMPORTANT NOTICE at the end of this data sheet addresses availability, warranty, changes, use in safety-critical applications, intellectual property matters and other important disclaimers. PRODUCTION DATA.

图 2－31　LM5007 技术规格书封面

封装信息、安装空间等示意图。封面阅读得越仔细，掌握的信息就越多，后续的问题就会少一些，这些内容有助于设计者了解该芯片是否适合自己的电路设计。

从技术规格书封面可以了解芯片的大概内容，但其中细节还需要进一步查看。例如，封面记载的特征值没有明确说明是最大值或最小值等保证值还是标准值时，必须查看规格值表来确认，否则容易出现设计障碍。

2. 框图

技术规格书封面大多含有芯片内部构造的框图，一般也附有各模块或引脚的功能说明，从中可以了解芯片的内部功能模块、流动输出等重要信息。图 2－32 是 LM5007 芯片的功能框图，表 2－7 则是 LM5007 芯片的引脚功能表。

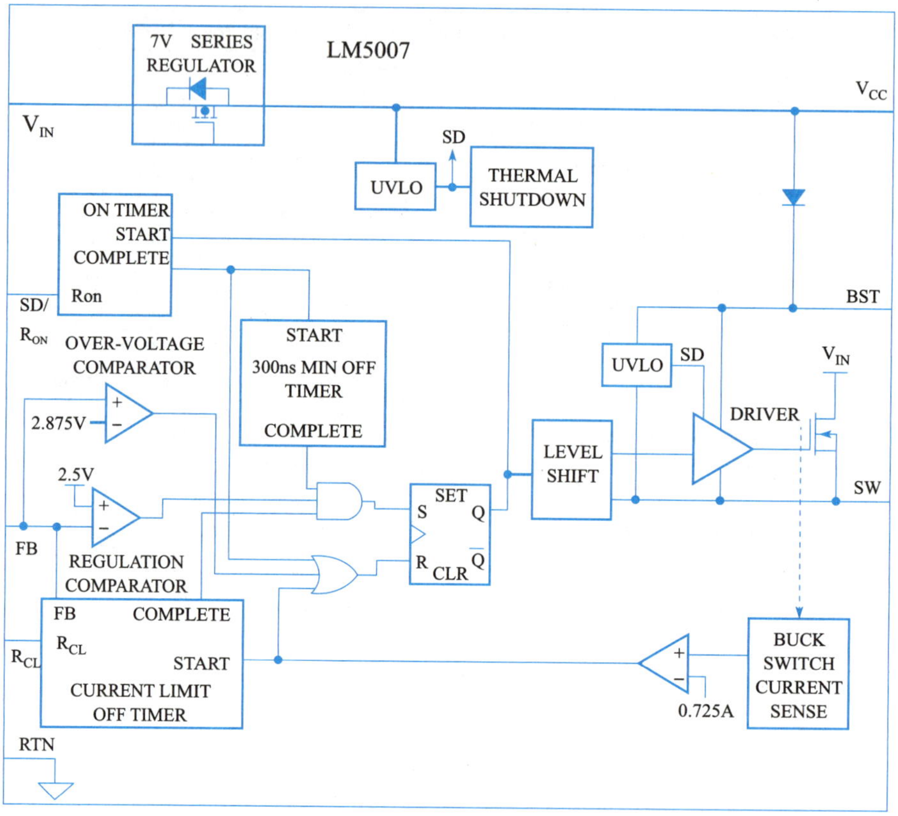

图 2－32　LM5007 内部框图

表 2－7　LM5007 引脚功能表

PIN		TYPE	DESCRIPTION	APPLICATION INFORMATION
NO.	NAME			
1	SW	O	Switching node.	Power switching node. Connect to the LC output filer.

续表

PIN		TYPE	DESCRIPTION	APPLICATION INFORMATION
NO.	NAME			
2	BST	I	Boost bootstrap capacitor input.	An external capacitor is required between the BST and SW pins. A 0. 01μF ceramic capacitor is recommended. An internal diode between V_{CC} and BST completes the buck gate drive bias network.
3	R_{CL}	I	Current Limit OFF-time programming pin $t_{OFF}=10^{-5}/(0.59+(V_{FB}/7.22\times10^{-6}\times R_{CL}))$	A resistor between this pin and RTN determines the variation of off-time along with the FB pin voltage per cycle while in current limit. The off-time is preset to 17μs if FB = 0V and decreases as the FB voltage increases.
4	RTN	—	Circuit ground.	
5	FB	I	Feedback signal from regulated output.	This pin is connected to the inverting input of the internal regulation comparator. The regulation threshold is 2. 5V.
6	R_{ON}	I	On-time set pin $t_{ON}=1.42\times10^{-10}R_{ON}/V_{IN}$	A resistor between this pin and V_{IN} sets the switch on-time as a function of V_{IN}. The minimum recommended on-time is 300ns at the maximum input voltage.
7	V_{CC}	O	Output from the internal high-voltage bias regulator. V_{CC} is nominally regulated to 7V.	If an auxiliary voltage is available to raise the voltage on this pin, above the regulation set point (7V), the internal series pass regulator will shutdown, reducing the IC power dissipation. Do not exceed 14V. This output provides gate drive power for the internal buck switch. An internal diode is provided between this pin and the BST pin. A local 0. 1μF decoupling capacitor is recommended. The series pass regulator is current limited to 10mA.
8	V_{IN}	I	Input supply voltage.	Recommended operating range: 9V to 75V.
—	EP	—	Exposed PAD, underside of the WSON-8 package option.	Internally bonded to the die substrate. Connect to GND potential for low thermal impedance.

3. 绝对最大额定值和推荐工作条件

技术规格书标明绝对最大额定值和推荐工作条件。表 2－8 是绝对最大额定值的定义和推荐工作条件的参数表。

表 2-8 绝对最大额定值

	MIN	MAX	UNIT
V_{IN} to RTN		80	V
	BST to RTN		94V
SW to RTN (steady state)	−1		V
BST to V_{CC}		80	V
BST to SW		14	V
V_{CC} to RTN		14	V
All other inputs to RTN	−0.3	7	V
Lead temperature (soldering 4 sec)		260	℃
T_{stg} (Storage temperature)	−55	150	℃

其中，绝对最大额定值是任何时刻都不能超过的界限值，若规定了两个以上项目的规格值，那么任何时刻不得同时到达该界限值。

技术规格书中的推荐工作条件是建议芯片工作的场景。LM5007 芯片的推荐工作条件见表 2-9。

表 2-9 推荐工作条件

		MIN	NOM	MAX	UNIT
V_{IN}	Input voltage	9		75	V
T_j	Junction temperature	−40		125	℃

表 2-9 中推荐工作范围为保证正常工作的规定，实际使用时必须确保遵守这些条件。

4. 电气特性的要点

技术规格书中必定包含芯片特性及其保证值的规格值表。电路设计时虽然会参考标准值，但不是所有条件都会有对应的标准值。因此，规格值表会给出部分参数在特定条件下的最大、最小等保证值。表 2-10 为规格值表的参考，在标注条件下可以保证记载的值正确，但是条件只要稍微不同便无法保证。

表 2-10 LM5007 部分电气特性表

At T_j=25℃，V_{IN}=48V (unless otherwise noted)[(1)]

PARAMETER		TEST CONDITIONS	MIN	TYP	MAX	UNIT
STARTUP REGULATOR						
V_{CC}	V_{CC} Regulator Output		6.6	7	7.4	V
$I_{VCC\text{-}CL}$	V_{CC} Current Limit[(2)]			11		mA
V_{CC} SUPPLY						
$V_{CC\text{-}UVLO}$	V_{CC} Undervoltage Lockout Voltage (V_{CC} increasing)			6.3		V
$V_{CC\text{-}UVLO\text{-}HYS}$	V_{CC} Undervoltage Hysteresis			206		mV
$t_{VCC\text{-}UV\text{-}DELAY}$	V_{CC} UVLO Delay (filter)			3		μs
$I_{CC\text{-}OPER}$	I_{CC} Operating Current	Not switching，V_{FB}=3V		500	675	μA
I_{SHD}	Shutdown/Standby Current	V_{RON}=0V		100	200	μA

另外，还应考虑芯片特性值和应用电路特性值的关系。必须理解的是，电源芯片的规格值并非为直接使用该芯片的特性值。例如，技术规格书基本都规定了输出电压设定基准的 FB 引脚电压（有些厂商称为参考电压），并标明最大值与最小值。LM5007 芯片的 FB 引脚参数见表 2－11，这些参数信息描述了决定输出电压的重要特性。

表 2－11　LM5007 FB 引脚参数

Symbol	Parameter	Conditions	Min	Typ	Max	Units
Minimum Off Time						
	Minimum Off Timer	FB＝0V		300		ns
Regulation and OV Comparators						
	FB Reference Threshold	Internal reference Trip point for switch ON	**2.445**	2.5	**2.550**	V
	FB Over-Voltage Threshold	Trip point for switch OFF		2.875		V
	FB Bias Current			100		nA

近年来，开关电源芯片的 FB 引脚电压大多具有±1%的高精度，但是在连接分压电阻后，设定输出电压的精度无法保证为±1%。简而言之，使用电阻值和 FB 引脚电压标准值所计算的输出电压，只要存在电阻和 FB 引脚电压的容许差，实际工作电压就很难与计算值相同。

因此，规格值是电源芯片的特性值，设计电路时需要考虑这些要素，但实际工作时的相关值并不会与规格值一样。

5. 特性图表、波形的看图方法

除了规格值表，技术规格书中还包含特性图。原因在于规格值表的数值是指定条件下的某一点值，当条件变化时，通过规格值表无法获取幅度等特性参数的变化趋势。因此，在设计电路时，不仅需要查看规格值表的数值，还要阅读特性图，了解元件在不同条件下的倾向或连续特性。

转换效率和输出电流的关系如图 2－33 所示，常见于开关稳压器芯片的技术规格书。很多电源芯片不会标注效率数值，也不会标明最大/最小值、标准值。因此，效率并不是技术规格书的必要项目。

利用转换效率图可大致了解不同负载电流下的转换效率，因此，效率曲线是选择电源芯片的重要参考点之一。

有些技术规格书还会显示工作波形，用于展现规格值表中难以描述的特性，如图 2－34 所示。

示波器画面所显示的开关波形如图 2－34 所示。纵向代表电压，而横向代表时间轴。图中包含了开关节点的 ON/OFF 波形和输出呈现的纹波电压。当开关波形为高时，纹波会上升，开关波形为低时则下降。此外，纹波频率基本上也与开关频率相同，即二者同步。在电路设计时，将其与相同节点的波形作比较，可优化设计目标。

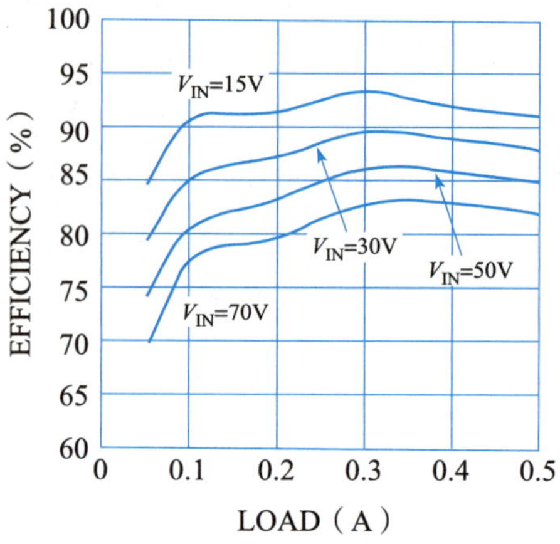

图 2－33　转换效率

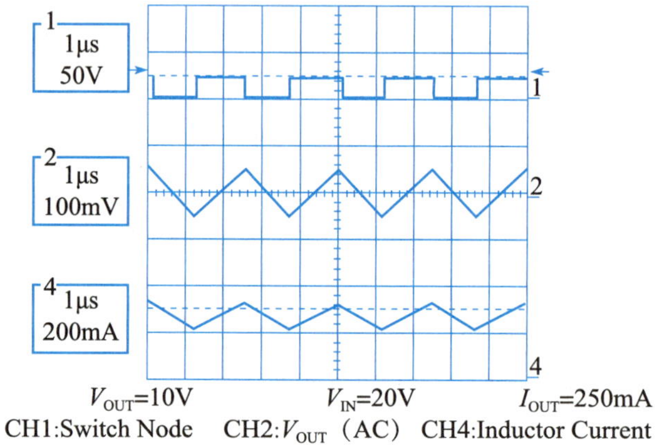

图 2－34　开关波形

6. 应用电路实例

电源芯片的技术规格书基本上都有其芯片的应用电路实例，或以应用备忘录等形式补充电路实际应用方式，目的在于通过介绍其芯片的标准电路实例，供设计者参考。

技术规格书中所刊载的应用电路实例，大多已架构实际电路并确认工作，有时芯片厂商还会备有其电路的评估板。开关稳压器芯片所使用的电路构造，一般只要变更外置部件的常量即可符合要求规格。如果需要进一步调整，若能利用基本应用电路实例或评估板进行修改评估，则可以极大缩短设计时间。

电源芯片 LM5007 的技术规格书中的实例如图 2－35 所示。

此外，有些技术规格会以代表性输出电压为主，提供各外置部件的常量或型号。针对 LM5007 的应用电路，基本上可以依照图中部件参数来设计。表 2－12 是图 2－35 对应的设计参数。

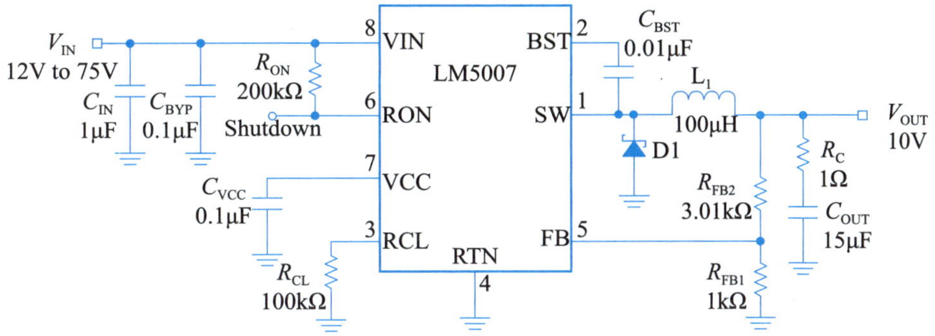

图 2-35　LM5007 典型电路

表 2-12　LM5007 典型电路设计参数

DESIGN PARAMETERS	VALUE
Input Voltage	12V to 75V
Output Voltage	10V
Maximum Output Current	400mA
Nominal Switching Frequency	380kHz

除了技术规格书给出的电路应用实例之外，有些厂商的芯片规格还会标明具体案例中的参数设定等信息。但这些案例无法满足所有的应用需求，因此，技术规格书会刊载芯片功能或设定使用的方法、必要外置部件的选定方法、常量决定的计算公式等。

根据技术规格书中关于输出电压的说明，如果想要调整实例电路中的输出电压，就需要用到技术规格书中的计算公式：

$$V_{OUT}=2.5\cdot\left(1+\frac{R_1}{R_2}\right) \tag{2-3}$$

有时技术规格书还会对设计所涉及的功能工作方式进行详细说明，并给出计算公式加以说明，这对电路设计来说是非常重要的。若想优化工作或特性，就需要理解这些信息，并进行合理的设计或调整。

7. 电路板布局

有时依照技术规格书所载的电路图、部件编组，电路却无法工作。在没有连线错误等前提下，此类问题大多起因于电路板布局。

现在开关电源的设计已相当普及，电路板布局极为重要。如果制作印刷电路板时，布线结构不恰当，就会产生大峰波，有些情况下甚至会损坏芯片。

为了避免出现这种情况，技术规格书或应用手册会给出电路板布局实例，如图 2-36 所示。由于目前市场大多使用双面基板，因此一般给予双面板的布局范例，甚至直接提供制作电路板的可使用电子文件（光绘文件等）。

总而言之，为了尽可能发挥开关电源的性能和特性，电路板的布局需要合理且适当，在设计过程中，可以参考技术规格书相关信息页。

LM5007

SNVS252H – SEPTEMBER 2003 – REVISED NOVEMBER 2018

TEXAS INSTRUMENTS

www.ti.com

10 Layout

10.1 Layout Guidelines

The LM5007 regulation and overvoltage comparators are very fast, and as such respond to short-duration noise pulses. Layout considerations are therefore critical for optimum performance:

1. Minimize the area of the high di/dt switching current loop consisting of the VIN and SW pins, freewheeling power diode, and input ceramic capacitor. Keep the input capacitor(s) close to the VIN pin of the LM5007. Place the cathode of the freewheeling diode close to the SW pin and and its anode near the return terminal of the input capacitor as illustrated in Figure 10. Route a short, direct connection to the RTN pin using polygon copper pours under the IC.
2. Place the inductor close to the SW pin of the LM5007. Minimize SW node copper area to reduce radiated noise related to high dv/dt.
3. Locate C_{BST}, R_{CL}, R_{ON} and C_{VCC} components as physically close as possible to their respective pins, thereby minimizing noise pickup in the printed-circuit tracks.
4. Locate the VOUT sense trace away from noise sources such as inductors. Place both feedback resistors close to the FB pin to minimize the length of the FB trace.
5. Place a solid GND plane on layer 2 of the PCB.

If the internal dissipation of the LM5007 converter produces excessive junction temperatures during normal operation, optimal use of the PCB ground plane can help considerably to dissipate heat. The exposed pad on the bottom of the WSON-8 package can be soldered to a ground plane on the PCB, and that plane should extend out from beneath the IC to help dissipate the heat. Additionally, the use of wide PCB traces for power connection can also help conduct heat away from the IC. Judicious positioning of the LM5007 converter within the end product, along with use of any available air flow (forced or natural convection), can help reduce the operating junction temperature.

10.2 Layout Example

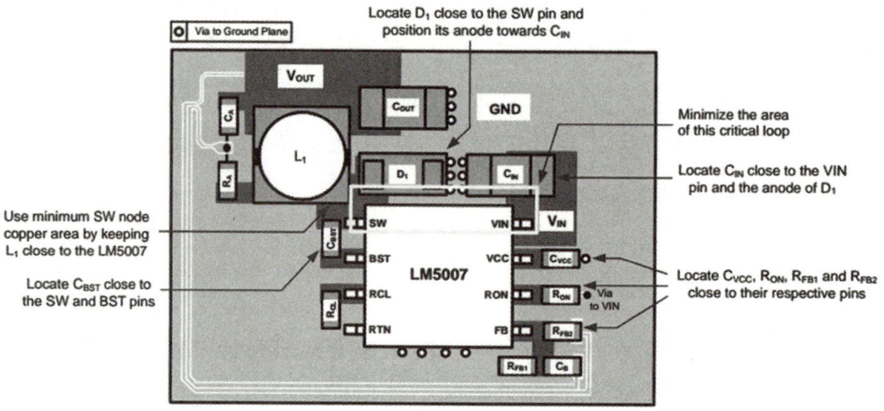

Figure 10. PCB Layout Example

NOTE

It is critical to minimize switching loop parasitic inductance by locating the input capacitor close to the VIN pin of the LM5007. Also, place the freewheeling power diode near the SW pin with its anode adjacent to the input capacitor as shown in Figure 10.

---

18 *Submit Documentation Feedback*

Product Folder Links: *LM5007*

图 2－36 LM5007 电路板布局说明

二、线性稳压器技术规格

上文以 LM5007 为例介绍了开关电源芯片的技术规格书资料，隔离控制器利用 LM5007 完成 DC12V 到 DC5V 的电压转换。但还需要利用 LDO 芯片完成 DC5V 到 DC3.3V 的电压转换，这里采用 1117 系列的线性稳压芯片。该系列芯片的生产厂商很多，其产品规格在细节上有所不同，但整体功能类似。这里以 EZ1117 为例介绍线性稳压器的技术规格。

1. 技术规格书封面

EZ1117 是一种高效线性稳压器，用于开关电源的后置稳压器，其技术规格书封面如图 2－37 所示。该封面写明了简介和特性，以及这一系列稳压器的多种规格和可能的输出电压。

SEMTECH
Today's Results...Tomorrow's Vision

0.8 & 1.0 AMP POSITIVE VOLTAGE REGULATORS

EZ1117
EZ1117A

April 14, 1998　　TEL:805-498-2111 FAX:805-498-3804 WEB:http://www.semtech.com

DESCRIPTION

The EZ1117 series of high performance positive voltage regulators are designed for use in applications requiring low dropout performance at full rated current. Additionally, the EZ1117 series provides excellent regulation over variations in line, load and temperature. Outstanding features include low dropout performance at rated current, fast transient response, internal current limiting and thermal shutdown protection of the output device. The EZ1117 series of three terminal regulators offer fixed and adjustable voltage options available in the space saving SOT-223 and TO-263 packages.

FEATURES

- Low dropout performance,
  1.2V max. for EZ1117
  1.3V max. for EZ1117A
- Full current rating over line and temperature
- Fast transient response
- ±2% total output regulation over line, load and temperature
- Adjust pin current max 90μA over temperature
- Fixed/adjustable output voltage
- Line regulation 0.2% max.
- Load regulation 0.4% max.
- SOT-223 and TO-263 packages

APPLICATIONS

- Active SCSI termination
- Low voltage microcontrollers
- Switching power supply post-regulator

ORDERING INFORMATION

DEVICE(1)(2)	PACKAGE	V_{OUT} VOLTS
EZ1117CST-X.X EZ1117ACST-X.X	SOT-223	See Note (1)
EZ1117CM-X.X EZ1117ACM-X.X	TO-263	See Note (1)

Notes:
(1) Where X.X denotes voltage options. Available voltages are: 2.5V, 2.85V and 3.3V. Leave blank for adjustable version (1.3 to 5.7V). Contact factory for additional voltage options.
(2) Add suffix 'TR' for tape and reel.

BLOCK DIAGRAM

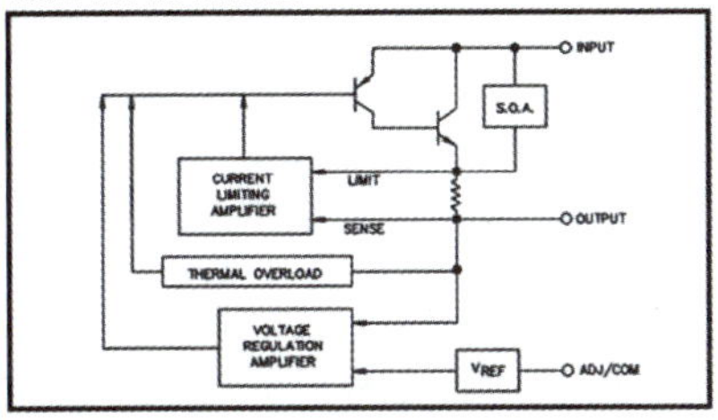

ABSOLUTE MAXIMUM RATINGS

Parameter	Symbol	Maximum	Units
Input Supply Voltage	V_{IN}	7	V
Power Dissipation	P_D	Internally Limited	W
Thermal Resistance Junction to Case SOT-223 TO-263	θ_{JC}	 15 3	°C/W
Thermal Resistance Junction to Ambient SOT-223 TO-263	θ_{JA}	 156 60	°C/W
Operating Junction Temperature Range	T_J	0 to 125	°C
Storage Temperature Range	T_{STG}	-65 to 150	°C
Lead Temperature (Soldering) 10 Sec	T_{LEAD}	260	°C

PIN CONFIGURATIONS

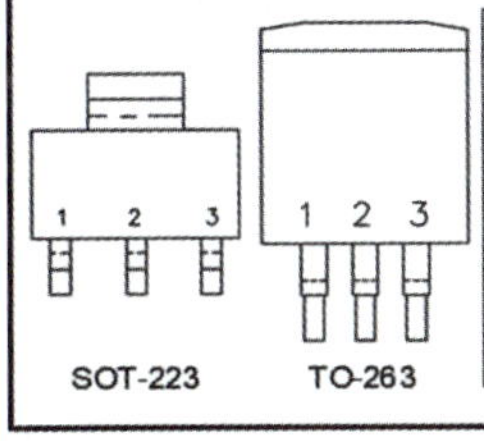

EZ1117 EZ1117A	
PIN	FUNCTION
1	ADJ/GND
2	OUTPUT
3	INPUT
TAB IS OUTPUT	

1

　652 MITCHELL ROAD NEWBURY PARK CA 91320

图 2－37　EZ1117 技术规格书封面

2. 框图

EZ1117 的功能框图如图 2－38 所示，标注了稳压器的引脚功能。

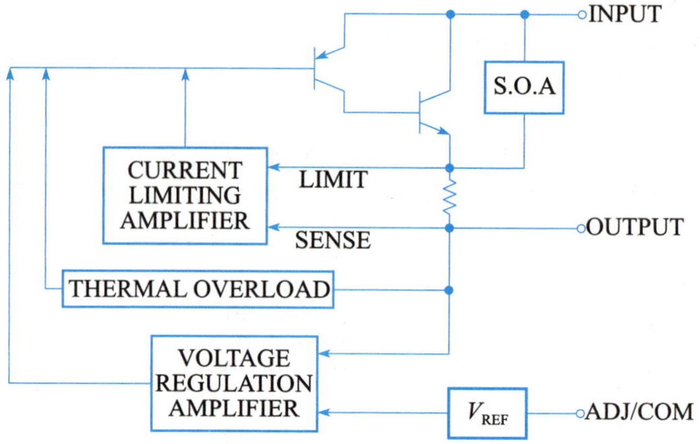

图 2-38　EZ1117 功能框图

3. 电气特性

技术规格书中详细列有芯片的电气特性，见表 2-13。

表 2-13　EZ1117 部分电气特性列表

ELECTRICAL CHARACTERISTICS

Unless otherwise specified：

Adj. Option：V_{IN}=2.65V to 7.0V and Adj I_O=10mA to I_{RATED}

Fixed Options：I_O=0mA to I_{RATED}

Fixed 2.5V：V_{IN}=3.9V to 7.0V

Fixed 2.85V：V_{IN}=4.25V to 7.0V

Fixed 3.3V：V_{IN}=4.75V to 7.0V

		Test Conditions			**Test Limits**			
Parameter	Symbol	V_{IN}	I_O	T_j	Min	Typ	Max	Units
Output Voltage (Fixed Voltage Versions)	V_O	5V	0mA	25℃	0.99|V_O|	V_O	1.01|V_O|	V
				O.T.	0.98|V_O|	V_O	1.02|V_O|	
Reference Voltage (Adj Voltage Version)	V_{REF}	5V	10mA	25℃	1.238	1.250	1.262	V
				O.T.	1.225	1.250	1.270	
Line Regulation	$REG_{(LINE)}$		10mA	O.T.		0.035	0.2	%
Load Regulation	$REG_{(LOAD)}$	5V		O.T.		0.2	0.4	%
Dropout Voltage	V_D		100mA	O.T.		1.00	1.10	V
			500mA			1.05	1.15	
			800mA			1.10	1.20	
EZ1117A			1 000mA			1.10	1.30	

4. 典型电路

技术规格书中列有 EZ1117 的典型应用电路，能帮助用户更方便地设计供电电路，如输出 3.3V 的实例电路如图 2-39 所示。

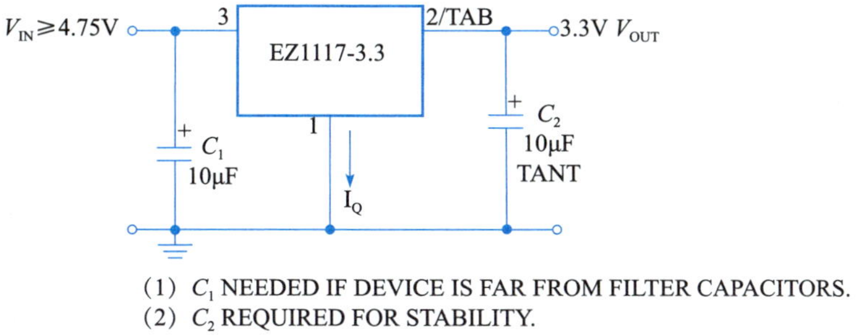

图 2-39　固定输出 3.3V 的电路

在需要的时候，选择输出电压可调规格的 EZ1117，利用合适的配置电阻，可获得期望的输出电压，如图 2-40 所示。

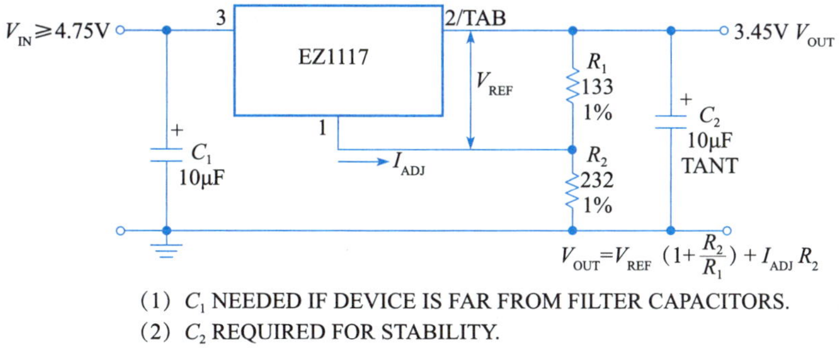

图 2-40　输出电压可调的 EZ1117 应用电路

5. 规格封装

EZ1117 有两种规格封装，技术规格书标注了两种封装的名称和相应的机械尺寸，在实际设计基板时需要参考这部分资料。规格封装如图 2-41 所示，(a) 为 SOT-223 贴片封装，(b) 为 TO-263 贴片封装。

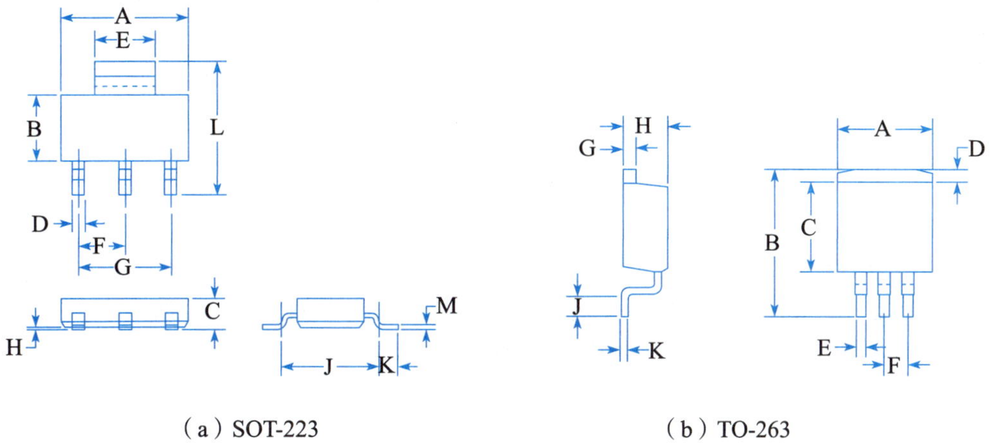

图 2-41　EZ1117 规格封装

课堂思考

隔离控制器工作时输入电压先转换成5V，再转换成3.3V，能否直接转换为3.3V工作？

三、隔离DC-DC电源模块

隔离DC-DC电源模块是输入电压转换为输出电压的模块，隔离电源使用变压器将不同电压（如220VAC、48VDC、24VDC、12VDC等）降到所需要的电压值，然后供负载使用。

非隔离电源模块是将不同电压（如220VAC、48VDC、24VDC、12VDC等）直接引入电子电路，再通过电子元件进行升降压输出。输入输出是通过电子元件直接连接的，中间并没有经过变压器等带隔离性的器件，所以称为非隔离电源模块。

1. 安全性

为了能让用户安全使用产品，工程师在设计电源方案时，一般都会考虑系统的绝缘性以及隔离的可靠性。相比之下，DC-DC隔离电源模块的安全性更高。

2. 效率

非隔离电源模块不需要变压的磁电转换，所以此处无能量损失，效率一般较高。目前，大多数电源厂家的非隔离电源模块的效率能达到91%以上。相比之下，DC-DC隔离电源模块一般效率最高为88%左右，所以DC-DC隔离电源模块发热会比非隔离电源模块的严重。

3. 成本与体积

非隔离电源模块由于不需要采用变压器进行输入输出之间的电气隔离，因此相对于DC-DC隔离电源模块，在同样的输出功率和输出性能（如输出精度、负载效应、动态响应等）条件下，非隔离电源模块的体积更小、成本更低、设计难度更小。在电源设计时，如果输入输出之间无须隔离，相对于DC-DC隔离电源模块，非隔离电源模块一般是工程师的首选。

4. 带载范围

DC-DC隔离电源模块的输出带载范围小于非隔离电源模块的输出带载范围。一般情况下，DC-DC隔离电源模块的输出带载范围为30～42V，非隔离电源模块的输出带载范围为30～84V。

5. 技术规格书封面

以MAU200系列的隔离电源模块为例，其技术规格书如图2-42所示。

封面绘制了隔离DC-DC器件的外观，但需要说明的是，器件规格的不同以及生产厂家的不同，使其外观封装也会有差异，在使用时需要以具体器件型号的技术规格书为参考。

封面还罗列了同厂家同系列产品的型号和参数，数量众多，用户需要依据实际需要选择相应产品。

MINMAX® MAU200 SERIES

DC-DC CONVERTER 1W, SIP-Package, High Isolation

FEATURES

- ▶ Industrial Standard SIP-7 Package
- ▶ I/O Isolation 3000 VDC
- ▶ Operating Ambient Temp. Range -40℃ to +90℃
- ▶ For Semi-regulated Type : MA01H Series on Page
- ▶ UL/cUL/IEC/EN 60950-1 Safety Approval

CSA 60950-1　CB Scheme

REACH　RoHS Compliant

PRODUCT OVERVIEW

The MINMAX MAU200 series is a range of 1W DC-DC converters in a small SIP Package featuring high I/O-isolation of 3000VDC.
An excellent efficiency allows an operating temperature range of -40℃ to +90℃.
These converters offer an economical solution for many applications where a voltage has to be isolated i.e for noise reduction, ground loop elimination, digital interfaces or for board level power distribution where a higher I/O-isolation is required.

Model Selection Guide

Model Number	Input Voltage (Range) VDC	Output Voltage VDC	Output Current Max. mA	Output Current Min. mA	Input Current @Max. Load mA(typ.)	Input Current @No Load mA(typ.)	Load Regulation % (max.)	Max. capacitive Load μF	Efficiency (typ.) @Max. Load %
MAU201	5 (4.5 ~ 5.5)	3.3	260	5	235	30	10	220	73
MAU202		5	200	4	281		10		71
MAU203		9	110	2	260		8		76
MAU204		12	84	1.5	258		7		78
MAU205		15	67	1	258		7		78
MAU206		±5	±100	±2	278		10	100#	72
MAU207		±9	±56	±1	262		8		77
MAU208		±12	±42	±0.8	258		7		78
MAU209		±15	±34	±0.7	258		7		79
MAU211	12 (10.8 ~ 13.2)	3.3	260	5	96	12	8	220	74
MAU212		5	200	4	114		8		73
MAU213		9	110	2	106		5		78
MAU214		12	84	1.5	105		5		80
MAU215		15	67	1	104		5		80
MAU216		±5	±100	±2	113		8	100#	74
MAU217		±9	±56	±1	106		5		79
MAU218		±12	±42	±0.8	104		5		81
MAU219		±15	±34	±0.7	105		5		81
MAU221	24 (21.6 ~ 26.4)	3.3	260	5	49	7	8	220	73
MAU222		5	200	4	59		8		71
MAU223		9	110	2	54		5		76
MAU224		12	84	1.5	54		5		78
MAU225		15	67	1	53		5		79
MAU226		±5	±100	±2	58		8	100#	72
MAU227		±9	±56	±1	55		5		76
MAU228		±12	±42	±0.8	53		5		79
MAU229		±15	±34	±0.7	53		5		80

* Min. Output Current for Lower Load Regulation　　# For each output

2020/01/09　REV:8　Page 1 of 4

图 2-42　隔离电源模块技术规格书封面

6. 电气参数

隔离电源的技术规格书中会提供基本的电气参数，见表 2-14。

表 2－14　部分电气参数

Parameter	Conditions	Min.	Typ.	Max.	Unit
I/O Isolation Voltage	60 Seconds	3 000	—	—	VDC
I/O Isolation Resistance	500 VDC	10	—	—	GΩ
I/O Isolation Capacitance	100kHz，1V	—	60	100	pF
Switching Frequency		70	100	120	kHz
MTBF（calculated）	MIL-HDBK-217F@25℃，Ground Benign	2 000 000			Hours
Safety Approvals	UL/cUL 60950-1 recognition（CSA certificate），IEC/EN 60950-1（CB-report）				

从中可以看出，该型号的 DC－DC 隔离模块可以做到 60 秒耐压 3 000V。

技术规格书中还标明了与输入输出相关的电气参数，在做产品设计时，需要仔细参考其数值。

7. 机械封装

DC－DC 隔离模块的机械封装不同于普通芯片，体积较大，在设计电路时，需要考虑放置空间。技术规格书中的机械封装部分如图 2－43 所示。

Package Specifications

Mechanical Dimensions

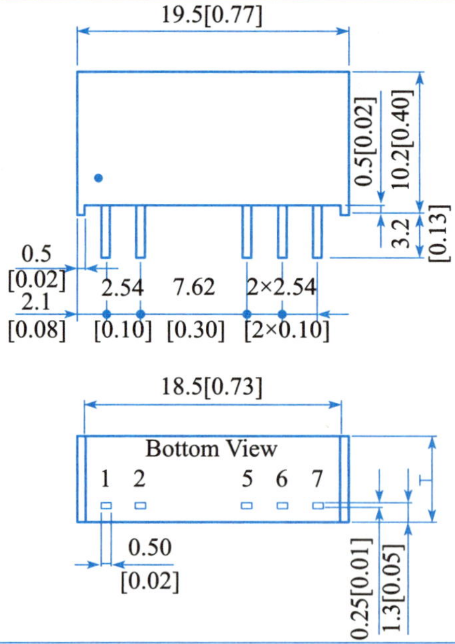

图 2－43　机械封装

8. 滤波、散热设计

技术规格书中给出了滤波以及与散热相关的设置参考，如图 2－44 所示。

Output Ripple Reduction

A good quality low ESR capacitor placed as close as practicable across the load will give the best ripple and noise performance. To reduce output ripple,it is recommended to use 1.0μF capacitors at the output.

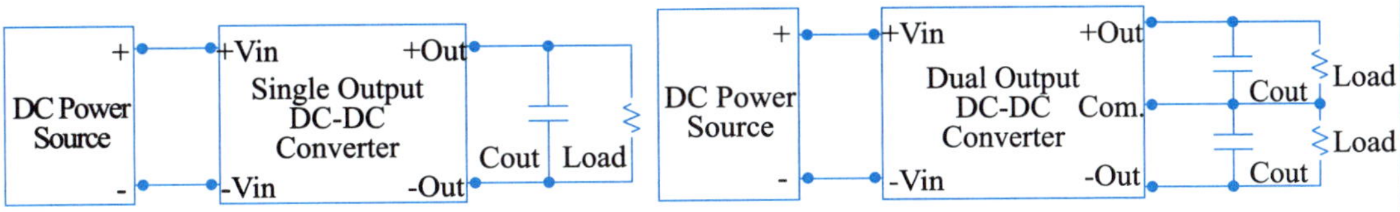

Thermal Considerations

Many conditions affect the thermal performance of the power module,such as orientation,airflow over the module and board spacing. To avoid exceeding the maximum temperature rating of the components inside the power module,the case temperature must be kept below 90℃.The derating curves are determined from measurements obtained in a test setup.

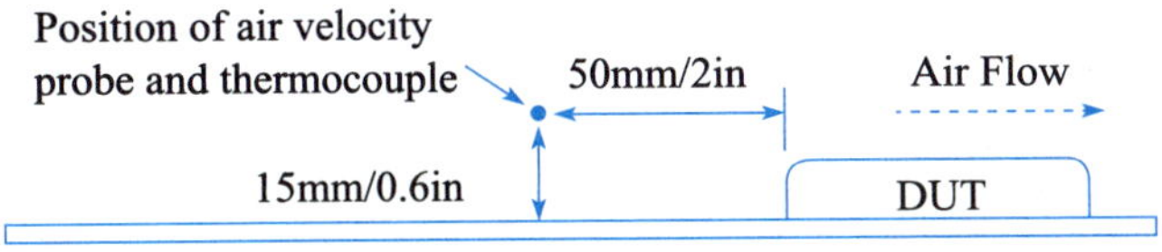

图 2-44　滤波和散热

项目小结

通过学习本项目，读者可以了解电源电路的设计，包括 AC-DC 和 DC-DC 的设计和隔离控制器 DC-DC 供电电路设计规划。在项目实施过程中，读者了解了 DC-DC 电路中电源芯片使用的方法，其中包括芯片手册的查阅、电路参数的选择、隔离电源模块的使用等。实际工作中，DC-DC 电路设计是一项复杂的工作，需要涉及很多电路知识和技能，通过细致的设计和精确的调试，实现高效率和稳定的 DC-DC 电路。

课后习题

一、填空题

1. 在线性稳压电源中，为了保证输出恒定电压，通常需要使用__________来对输入电压进行降压；而在调整输出电压时，可以通过__________来对调整器的反馈电路进行调节，从而实现对输出电压的调节。

2. 在开关稳压器中，通过控制开关器件的__________和__________来实现对电路的开闭和输出电压的调节。

二、简答题

1. 什么是 AC-DC 电源？请列举出 AC-DC 电源的一些应用。

2. 什么是 DC-DC 电源？请列举出 DC-DC 电源的一些应用。

3. 什么是线性稳压电源？请简要说明线性稳压电源的工作原理。

4. 什么是开关稳压电源？请简要说明开关稳压电源的工作原理。

5. 在使用电源芯片时，哪些参数是需要特别注意的？请简要说明。

项目 3 隔离输入输出电路设计

项目引入

实现电路与外接设备间的电气隔离往往是电路设计中需要考虑的因素，电气隔离通常用于保护电路免受电流干扰和噪声等外部因素的影响。电路的设计需要考虑电源供电的隔离、输入输出信号的隔离、通信线路的隔离等。供电电路的隔离在上一个项目中有所涉及，本项目重点关注输入输出信号的隔离。作为本书案例的隔离控制器，其主要功能就是对目标信号的隔离控制。开关量信号的隔离输入输出电路是其电路的重要部分，本项目的实施将完成这部分电路的设计。

学习目标

知识目标

理解隔离输入输出电路的定义、作用；

熟悉隔离输入输出电路设计中常用的隔离技术；

掌握隔离输入输出电路的布局、连接方式、选型和调试方法。

技能目标

能够根据实际需求选择合适的隔离技术，并设计符合要求的隔离输入输出电路；

能够熟练运用仪器设备进行隔离输入输出电路的测试、调试和验证；

能够分析并解决隔离输入输出电路中可能出现的问题。

素养目标

建立安全意识和责任意识，保障用户和设备的电气安全；

培养实验精神和创新意识，不断探索新的技术和方法；

培养遵守职业道德和法律法规，确保设计过程和结果的合法合规性。

任务1 数字量输入电路设计

任务描述

数字量输入电路设计是为了将数字信号输入电路中。在这个任务中，读者学习光耦隔离的相关电路知识，并为隔离控制器设计一个电路，将来自数字传感器或其他数字设备的信号进行隔离和处理，将其转换为适合于后续处理的电平。

知识储备

一、光电耦合器

1. 光电耦合器简介

光电隔离器（Optical Coupler，OC）亦称光电耦合器、光耦合器，简称光耦。光电耦合器以光为媒介传输电信号，它对输入、输出电信号有良好的隔离作用，所以在各种电路中得到广泛的应用。

光电耦合器组装了发光器件（如发光二极管）和光敏器件（如光敏三极管），利用光线实现光—电—光的转换。光电耦合器种类很多，图 3－1 所示为常用的三极管型光电耦合器内部结构图，该光电耦合器为 4 脚封装的接收型三极管。

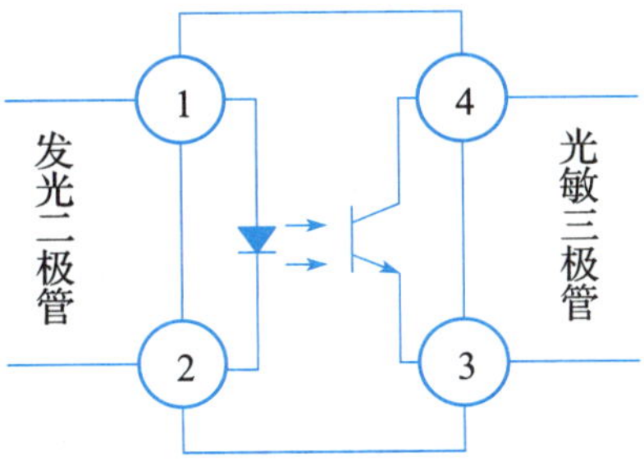

图 3－1　常用的光电耦合器的内部结构

当电信号送入光电耦合器的输入端时，发光二极管通过电流而产生光亮，光敏三极管受到光照后产生电流，三极管导通；当输入端无信号，发光二极管无电流通过，无光照产生，光敏三极管截止，三极管不通。对于数字量而言，当输入为低电平“0”时，光敏三极管截止，输出为高电平“1”；当输入为高电平“1”时，光敏三极管饱和导通，输出为低电平“0”。这种光电耦合器性能较好，价格便宜，因而应用广泛。

光电耦合器的优点在于其信号单向传输，输入端与输出端完全实现了电气隔离，输出信号对输入端无影响，抗干扰能力强，工作稳定，而且无触点，使用寿命长，传输效率高。

2. 光电耦合器的抗干扰性

光电耦合器能在传输信号的同时，有效地抑制尖脉冲和各种杂讯干扰，使通道上的信噪比大为提高，主要有以下几方面的原因：

（1）光电耦合器的输入阻抗很小，只有几百欧姆，而干扰源的阻抗往往很大，通常为 $10^5 \sim 10^6\,\Omega$。因此，虽然干扰电压的幅度较大，但反馈到光电耦合器输入端的杂讯电压会很小，只能形成微弱电流，不足以使光耦内部的二极管发光。

（2）光电耦合器的输入回路与输出回路之间没有电气联系，且二者之间的分布电容极小，绝缘电阻却很大，因此回路一边的各种干扰杂讯都很难通过光电耦合器反馈到另一边，避免了共阻抗耦合的干扰信号的产生。

（3）光电耦合器可起到很好的安全保障作用，即使当外部设备出现故障，甚至输入信号线短接，也不会造成损坏。这是因为光电耦合器的输入回路和输出回路之间可以承受几千伏的高压。

（4）光电耦合器的响应速度极快，其延迟时间只有 10μs 左右，适用于对响应速度要求高的场合。

3. 部分光电隔离技术的应用

（1）计算机接口电路中的光电隔离。

计算机有多个输入接口，接收来自远处现场设备传来的状态信号，计算机处理这些信号后，输出各种控制信号去执行相应的操作。在现场环境较恶劣时，会存在较大的杂讯干扰，若这些干扰随输入信号一起进入计算机系统，将使控制的准确性降低，产生误动作。因而，可在计算机的输入端和输出端，利用光电耦合器对信号及杂讯干扰进行隔离。典型的光电耦合电路如图 3－2 所示。

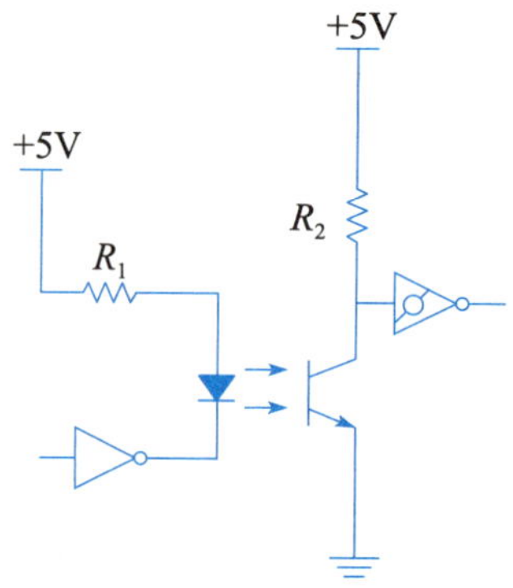

图 3－2　光电耦合电路

该电路主要应用在“A/D 转换器”的数字信号输出、对端口的控制信号输出、数字信号的端口输入等，从而实现不同系统间的信号通路相连，同时各信号在电气通路上相互隔离，模拟电路和数字电路也相互隔离，起到抑制交叉干扰的作用。

（2）功率驱动电路中的光电隔离。

在计算机控制系统中，开关量的控制应用较多，这些开关量一般经过计算机的 I/O 端输出，而 I/O 端的驱动能力有限，一般不足以驱动一些电磁执行器件，须加接驱动电路。为避免计算机受到干扰，须采取隔离措施。例如，可控硅所在的主电路一般是交流强电回路，电压较高，电流较大，不宜与计算机系统直接相连，可应用光电耦合器将计算机控制信号与可控硅触发电路进行隔离。电路实例如图 3－3 所示。

在马达控制电路中，也可利用光耦隔离控制电路与马达高压电路。马达高压电路靠 MOSFET 或 IGBT 功率管提供驱动电流，控制信号和功率管之间需要隔离放大级。在光耦隔离级到放大器级，再到大功率管的连接形式中，要求光耦具有高输出电压、高速和高共模抑制比等特性。

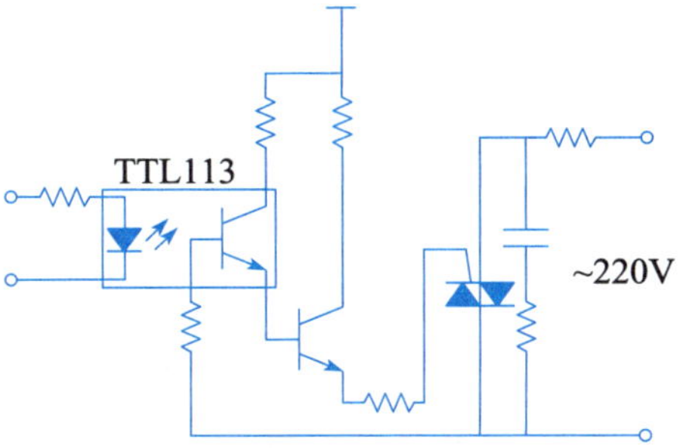

图 3-3　驱动双向可控硅（晶闸管）

（3）远距离的隔离传送。

在计算机应用系统中，由于测控系统与被测控设备之间不可避免地要进行长距离传输，因此信号在传输过程中很容易受到干扰，导致传输信号发生畸变或失真。另外，相距较远的设备通过长电缆连接，常因设备间的地线电位差，导致出现对地环路电流，对电路形成干扰。为确保长距离传输的可靠性，可采用光电耦合隔离，将 2 个电路的电气连接隔开，切断可能形成的环路，使其相互独立，提高电路系统的抗干扰性。若传输线较长，现场干扰严重，则可通过两级光电耦合器将长线完全“浮置”起来，如图 3-4 所示。

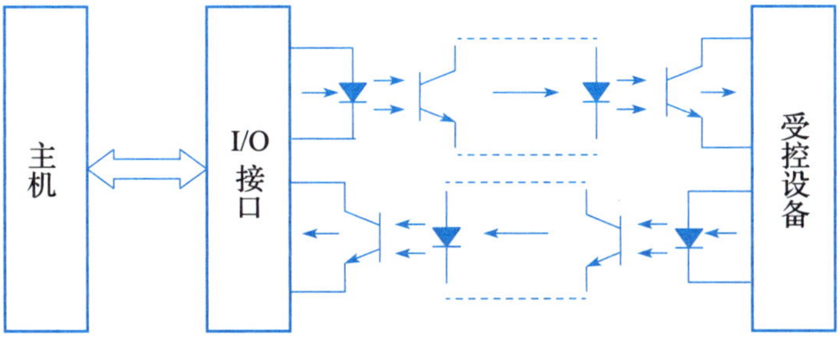

图 3-4　传输长线的光耦浮置处理

从图 3-4 可以看出，长线的“浮置”去掉了长线两端间的公共地线，不但有效地消除了各电路的电流经公共地线时所产生的杂讯电压，以免形成相互窜扰，而且有效地解决了长线驱动和阻抗匹配的问题，同时，当受控设备短路时，还能保护系统不受损害。

课堂思考

将光耦隔离应用于通信，与其他通信技术相比有什么优缺点？什么情况下通信可以使用光耦隔离技术？

4. 注意事项

（1）光电耦合器的输入部分和输出部分必须分别采用独立的电源，若两端共用一个电源，则光电耦合器的隔离作用将失去意义。

（2）当用光电耦合器隔离输入输出通道时，必须隔离所有信号（包括数字量信号、控制量信号、状态信号），使得被隔离的两边没有任何电气上的联系，否则达不到隔离效果。

二、光耦的规格参数

在隔离控制器的电路中，采用了 EL357N 光耦做隔离，其技术规格书如图 3－5 所示。

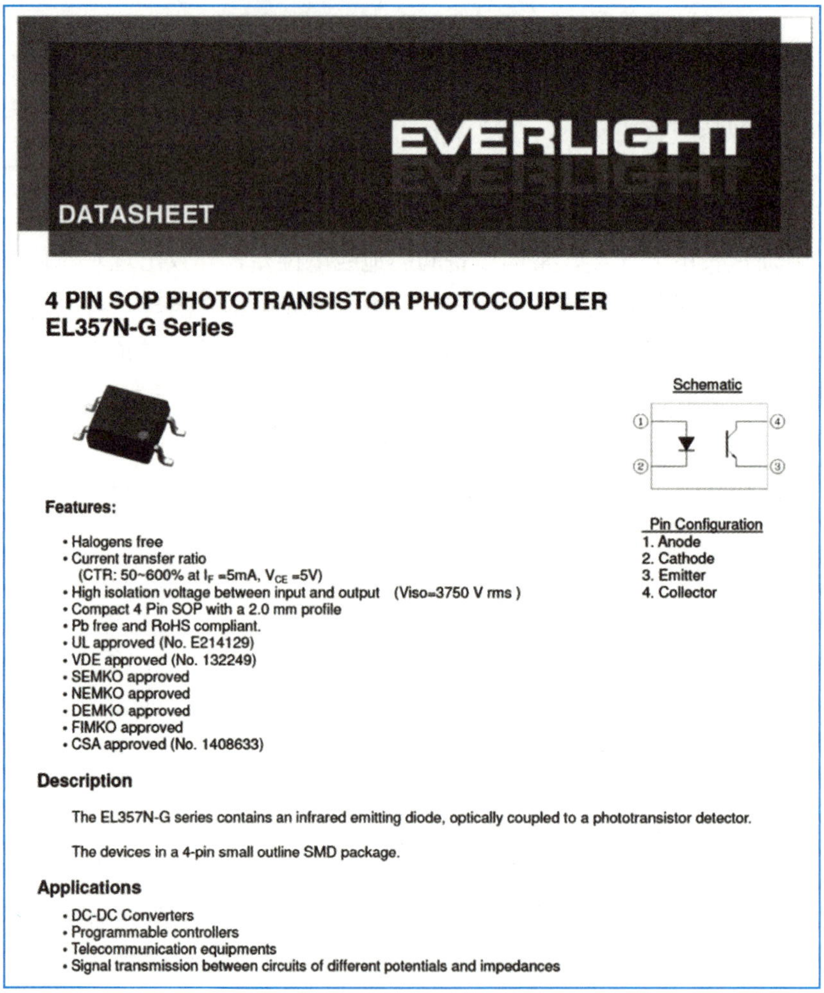

EVERLIGHT

DATASHEET

4 PIN SOP PHOTOTRANSISTOR PHOTOCOUPLER
EL357N-G Series

Schematic

Pin Configuration
1. Anode
2. Cathode
3. Emitter
4. Collector

Features:

- Halogens free
- Current transfer ratio
  (CTR: 50~600% at I_F =5mA, V_{CE} =5V)
- High isolation voltage between input and output (Viso=3750 V rms)
- Compact 4 Pin SOP with a 2.0 mm profile
- Pb free and RoHS compliant.
- UL approved (No. E214129)
- VDE approved (No. 132249)
- SEMKO approved
- NEMKO approved
- DEMKO approved
- FIMKO approved
- CSA approved (No. 1408633)

Description

The EL357N-G series contains an infrared emitting diode, optically coupled to a phototransistor detector.

The devices in a 4-pin small outline SMD package.

Applications

- DC-DC Converters
- Programmable controllers
- Telecommunication equipments
- Signal transmission between circuits of different potentials and impedances

图 3－5 技术规格书封面

从技术规格书封面中我们可以查看光耦性能简介等重要信息，其中包括该光耦的简要介绍和用途的示例说明，对光耦的 4 个引脚也进行了标识。但更详细的规格参数仍然需要参看技术规格书内页。

技术规格书中也包含绝对最大额定值表，帮助用户确定光耦的应用条件，见表 3－1。

表 3-1 绝对最大额定值

Absolute Maximum Ratings (T_a=25℃)

Parameter		Symbol	Rating	Unit
Input	Forward current	I_F	50	mA
	Peak forward current (1μs, pulse)	I_{FP}	1	A
	Reverse voltage	V_R	6	V
	Power dissipation	P_D	70	mW
	Derating factor (about T_a=100℃)		2.9	mW/℃
Output	Power dissipation	P_C	150	mW
	Derating factor (above T_a=70℃)		3.7	mW/℃
	Collector current	I_C	50	mA
	Collector-Emitter voltage	V_{CEO}	80	V
	Emitter-Collector voltage	V_{ECO}	7	V
Total Power Dissipation		P_{TOT}	200	mW
Isolation Voltage*1		V_{ISO}	3750	V_{rms}
Operating Temperature		T_{OPR}	−55～+110	℃
Storage Temperature		T_{STG}	−55～+125	℃
Soldering Temperature*2		T_{SOL}	260	℃

Notes:

*1 AC for 1 minute, R. H. =40%～60% R. H. In this test, pins 1, 2 are shorted together, and pins 3, 4 are shorted together.

*2 For 10 seconds.

表 3-1 中，输入输出的最大额定参数可以结合光耦示意图中二极管和三极管的结构来理解。除此之外，技术规格书中还包含光耦的电气参数表，供设计电路时参考，见表 3-2。

表 3-2 电气参数表

Electro-Optical Characteristics (T_a=25℃ unless specified otherwise)

Input

Parameter	Symbol	Min.	Typ.	Max.	Unit	Condition
Forward voltage	V_F	—	1.2	1.4	V	I_F=20mA
Reverse current	I_R	—	—	10	μA	V_R=4V
Input capacitance	C_{in}	—	30	250	pF	V=0, f=1kHz

Output

Parameter	Symbol	Min	Typ.	Max.	Unit	Condition
Collector-Emitter dark current	I_{CEO}	—	—	100	nA	V_{CE}=20V, I_F=0mA
Collector-Emitter breakdown voltage	BV_{CEO}	80	—	—	V	I_C=0.1mA
Emitter-Collector breakdown voltage	BV_{ECO}	7	—	—	V	I_E=0.01mA

为了提供更详细的信息，以便设计，技术规格书给出了实验室中指定条件下测得的

电气参数的电路图。供测试用的参考电路如图 3-6 所示，封装尺寸如图 3-7 所示。

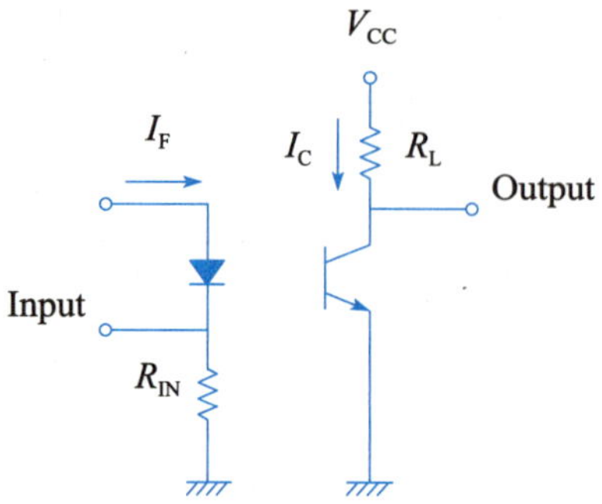

图 3-6 参考电路

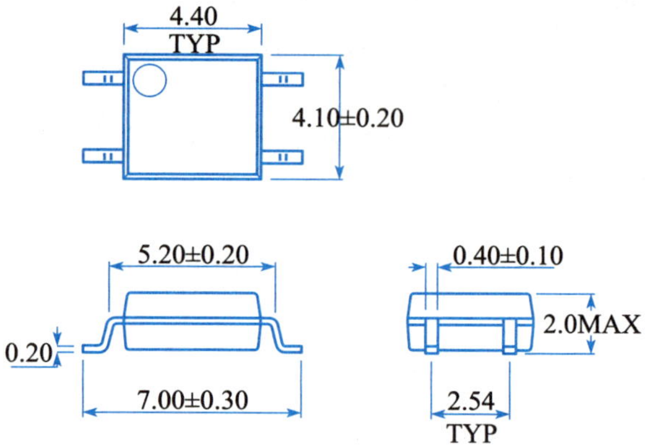

图 3-7 封装尺寸

三、隔离输入电路

使用光耦作为输入电路的隔离器件，配合隔离电源使用，可以让输入端与控制系统完全隔离，这样外部输入信号就不会影响控制系统的工作。其参考电路如图 3-8 所示。

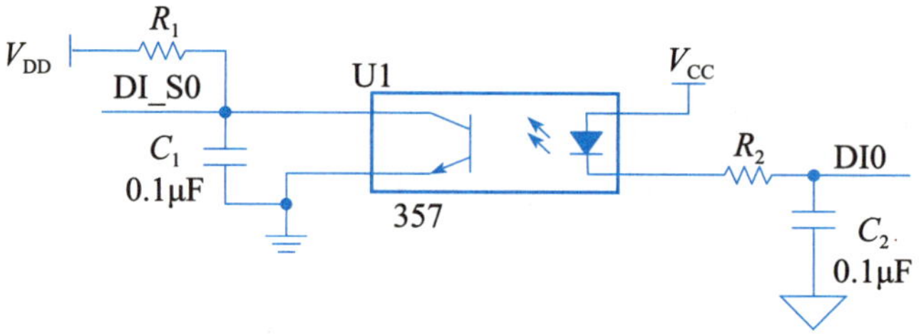

图 3-8 输入电路

电路中与光耦配合的电阻可以按如下方式简略计算：

从技术规格书中我们查到，EL357N 的输入二极管压降是 1.2V，电流传输比取 50%，原边是 12V，副边是 3.3V，计算限流电阻和上拉电阻的大小：

二极管工作不能超过 50mA，实际电流取 20mA。

$$R_2=(12-1.2)/0.02=540(\Omega) \tag{3-1}$$

这里取 R_2 电阻值为 510Ω，那么：

$$I_F=(12-1.2)/510=21.2(\text{mA}) \tag{3-2}$$

$$I_C=21.2*0.5=10.6(\text{mA}) \tag{3-3}$$

$$R_1=(3.3-V_{CE})/0.0106=311(\Omega) \tag{3-4}$$

V_{CE} 是三极管的饱和压降，这里简化为 0V，还要考虑到三极管充分地进入饱和状态，可以将 R_1 的值加倍，这里取 620Ω。

注意：实际光耦电路中元件参数的计算要参考技术规格书中的图表，尤其要注意 I_F、I_C 的选择，选择时重点结合 I_F、I_F、V_{CE} 曲线图，同时要兼顾速率。

任务2 数字量输出电路设计

任务描述

数字量输出电路设计旨在为数字信号的控制提供一种解决方案。该任务需要设计隔离控制器中部分功能电路，使其能够将数字信号转换为电气信号，并在需要的时候将其输出到其他设备或系统中。在实际工作中，针对控制对象的不同可以采用不同类型的输出方式。本任务介绍继电器输出和光耦隔离输出两种方式，隔离控制器的输出电路中采用的是光耦隔离输出方式。

知识储备

一、继电器输出

1. 继电器简介

继电器是一种电控制器件，是当输入量（激励量）的变化达到规定要求时，在电气输出电路中使被控量发生预定的阶跃变化的一种电器。它具有控制系统（又称输入回路）和被控制系统（又称输出回路）之间的互动关系，通常应用于自动化控制电路中。它实际上是用小电流去控制大电流运作的一种“自动开关”，故在电路中起着自动调节、安全保护、转换电路等作用。继电器工作示意图如图 3 - 9 所示。

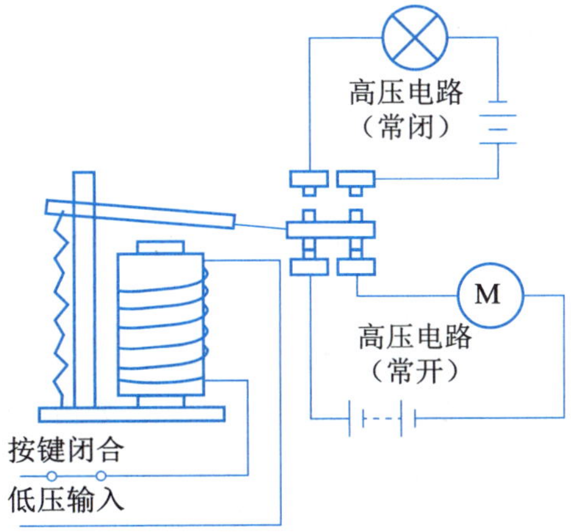

图 3 - 9 继电器工作示意图

2. 继电器的作用

继电器一般都有能反映一定输入变量（如电流、电压、功率、阻抗、频率、温度、压力、速度、光等）的感应机构（输入部分）；有能对被控电路实现“通”“断”控制的执行机构（输出部分）；在继电器的输入部分和输出部分之间，还有对输入量进行耦合隔离、功能处理和对输出部分进行驱动的中间机构（驱动部分）。

作为控制元件，继电器有如下一些作用：

（1）扩大控制范围。例如，多触点继电器控制信号达到某一定值时，可以按触点组的不同形式同时换接、开断、接通多路电路。

（2）放大信号。例如，灵敏型继电器、中间继电器等用一个很微小的控制量，可以控制很大功率的电路。

（3）综合信号。例如，当多个控制信号按规定的形式输入多绕组继电器时，经过比较综合，达到预定的控制效果。

（4）自动、遥控、监测。例如，自动装置上的继电器与其他电器一起可以组成程序控制线路，从而实现自动化运行。

3. 继电器的种类

继电器的种类很多，其分类有多种方式。

（1）按输入量分类：电压继电器、电流继电器、时间继电器、速度继电器、压力继电器等。

（2）按工作原理分类：电磁式继电器、感应式继电器、电动式继电器、电子式继电器等。

（3）按用途分类：控制继电器、保护继电器等。

（4）按输入量变化形式分类：有无继电器、量度继电器。

有无继电器是根据输入量的有或无来作出动作的，无输入量时继电器不作出动作，有输入量时继电器作出动作，如中间继电器、通用继电器、时间继电器等。

量度继电器是根据输入量的变化来作出动作的，工作时其输入量是一直存在的，只有当输入量达到一定值时继电器才作出动作，如电流继电器、电压继电器、热继电器、速度继电器、压力继电器、液位继电器等。

4. 电磁式继电器

在控制电路中用的继电器大多数是电磁式继电器。电磁式继电器具有结构简单、价格低廉、使用维护方便等特点，在低压控制系统中应用广泛。常用的电磁式继电器有电流继电器、电压继电器、中间继电器以及各种小型通用继电器等。

电磁式继电器的结构和工作原理与接触器相似，主要由电磁部件和触点组成。电磁式继电器有直流和交流两种。在线圈两端加上电压或通入电流，将产生电磁力。当电磁力大于弹簧反力时，吸动衔铁使常开常闭接点作出动作；当线圈的电压或电流下降或消失时衔铁释放，接点复位。其结构如图 3 - 10 所示。

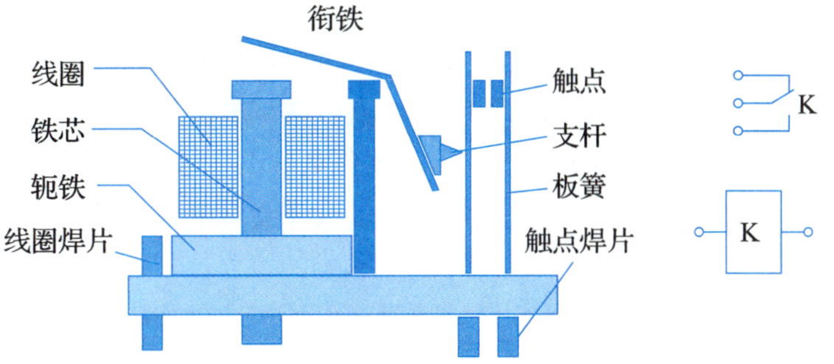

（a）结构　　（b）符号

图 3-10　电磁式继电器的结构和符号

5. 继电器主要产品技术参数

（1）额定工作电压。

额定工作电压是指继电器正常工作时线圈所需要的电压。根据继电器的型号不同，工作电压可以是交流电压，也可以是直流电压。

（2）直流电阻。

直流电阻是指继电器中线圈的直流电阻，可以通过万用表测量。

（3）吸合电流。

吸合电流是指继电器能够产生吸合动作的最小电流。在正常使用时，给定的电流必须略大于吸合电流，这样继电器才能稳定地工作。而对于线圈所加的工作电压，一般不要超过额定工作电压的 1.5 倍，否则会产生较大的电流而把线圈烧毁。

（4）释放电流。

释放电流是指继电器产生释放动作的最大电流。当继电器吸合状态的电流减小到一定程度时，继电器就会恢复到未通电的释放状态，这时的电流远远小于吸合电流。

（5）触点切换电压和电流。

触点切换电压和电流是指继电器允许加载的电压和电流。它决定了继电器能控制电压和电流的大小，使用时不能超过此值，否则很容易损坏继电器的触点。

6. 继电器测试

（1）测量触点电阻。

用万用表的电阻挡，测量常闭触点与动点电阻，其阻值应为 0，而常开触点与动点的阻值为无穷大。由此可以区别出哪个是常闭触点，哪个是常开触点。

（2）测量线圈电阻。

可用万用表的 R×10 挡测量继电器线圈的阻值，从而判断该线圈是否存在开路现象。

（3）测量吸合电压和吸合电流。

用可调稳压电源和电流表给继电器输入一组电压，且在供电回路中串入电流表进行监测。慢慢调高电源电压，听到继电器吸合的声音时，记录吸合电压和吸合电流。为求准确，可以尝试多次求平均值。

（4）测量释放电压和释放电流。

如上所述连接测试，当继电器发生吸合后，再逐渐降低供电电压，当听到继电器再次发生释放声音时，记下此时的电压和电流，亦可尝试多次而取得平均的释放电压和释放电流。一般情况下，继电器的释放电压为吸合电压的10%～50%。如果释放电压太小（小于1/10的吸合电压），则不能正常使用，这样会对电路的稳定性造成威胁，使工作不可靠。

7. 继电器的驱动

（1）晶体管驱动继电器。

继电器线圈需要流过较大的电流（约50mA）才能使继电器吸合，一般的集成电路不能提供这样大的电流，因此必须进行扩流，即驱动。

图3-11为用NPN型三极管驱动继电器的电路图，图中虚线部分为继电器电路，继电器线圈作为集电极负载而接到集电极和正电源之间。当输入电压为0V时，三极管截止，继电器线圈无电流流过，则继电器释放（OFF）；相反，当输入电压为$+V_{CC}$时，三极管饱和，继电器线圈有电流流过，则继电器吸合（ON）。

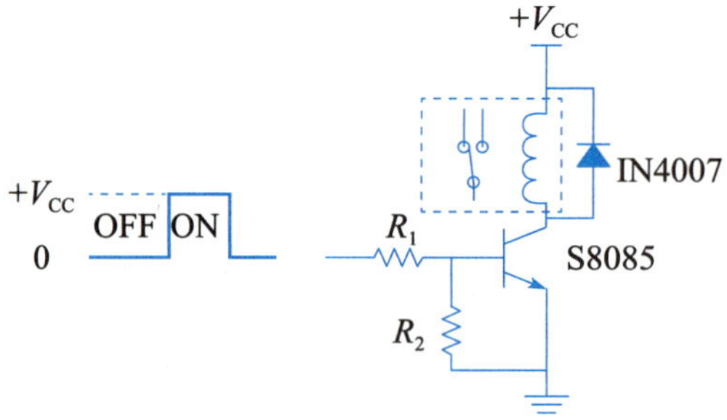

图3-11 NPN驱动继电器

图3-11中续流二极管起保护作用，当输入电压由$+V_{CC}$变为0V时，三极管由饱和变为截止，此时继电器电感线圈中的电流突然失去了流通通路，若无续流二极管的存在，则将在线圈两端产生较大的反向电动势，极性为下正上负，电压值可达100多伏，这个电压加上电源电压作用在三极管的集电极上，足以损坏三极管。反向电动势可以通过续流二极管导通放电使三极管集电极对地的电压最高不超过$+V_{CC}+0.7V$。

图3-11中电阻R_1和R_2的取值必须能让输入为$+V_{CC}$时的三极管可靠地饱和，即有

$$\beta I_B > I_{CE} \tag{3-5}$$

在上图中假设$V_{CC}=5V$，$I_{CE}=50mA$，$\beta=100$，则有$I_B>0.5mA$时三极管饱和，而

$$I_B=(V_{CC}-V_{BE})/R_1-V_{BE}/R_2 \tag{3-6}$$

若取$R_2=4.7k\Omega$，则要求$R_1<6.63k\Omega$。为了使三极管有一定的饱和深度和兼顾三极管电流放大倍数的离散性，一般取$R_1=3.6k\Omega$左右即可。

若取 R_1=3.6kΩ，当集成电路控制端为+V_{CC} 时，应能至少提供 1.2mA 的驱动电流（流过 R_1 的电流）给本驱动电路，而许多集成电路（如标准 8051 单片机）输出的高电平不能达到这个要求，但它的低电平驱动能力却比较强，例如标准 8051 单片机 I/O 口输出低电平能提供 20mA 的驱动电流（这里说的是漏电流），则应该用如图 3－12 所示的电路来驱动继电器。

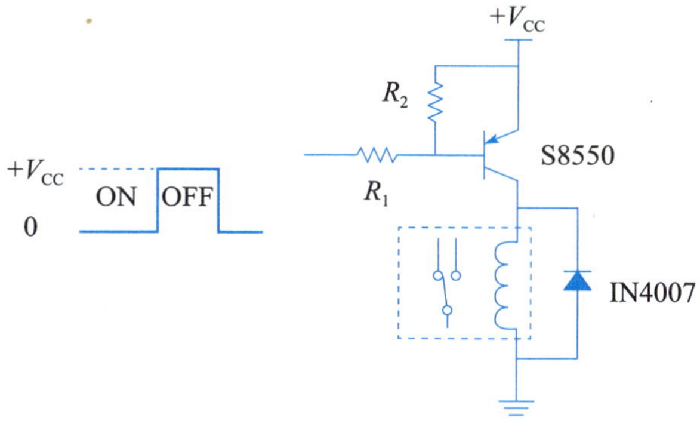

图 3－12　PNP 驱动继电器

图 3－12 中 R_2 起到上拉作用，这里将 NPN 三极管变为 PNP 三极管，电流方向、电压极性和继电器逻辑都应有所变化。当输入电压为 0V 时，三极管饱和，从而使继电器线圈有电流流过，继电器吸合；相反，当输入电压为+V_{CC} 时，三极管截止，继电器释放。

（2）集成电路驱动器 ULN2003A。

集成电路驱动器 ULN2003A 的引脚如图 3－13 所示。

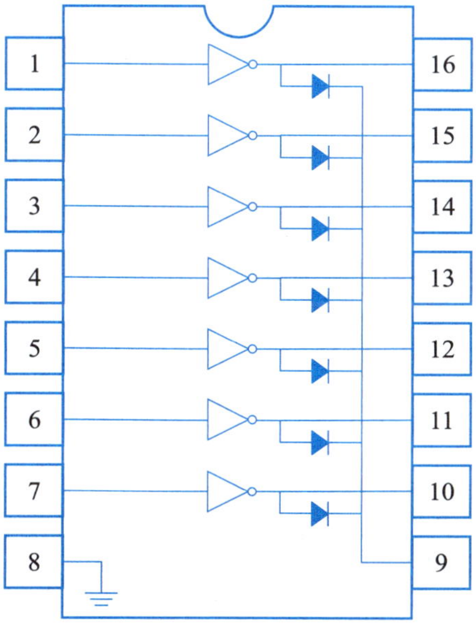

图 3－13　ULN2003A 引脚

ULN2003A 的单元结构原理如图 3－14 所示。

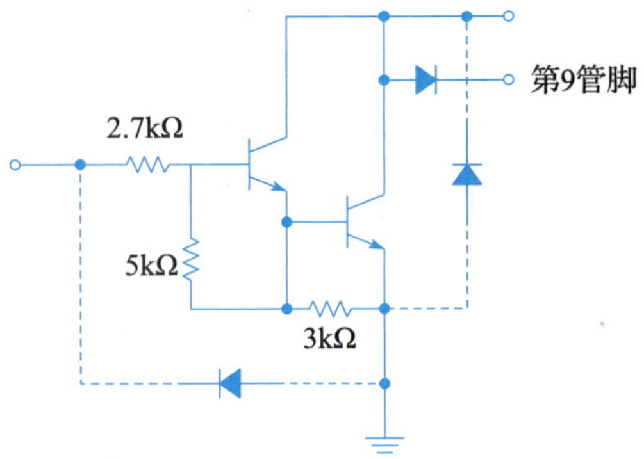

图 3-14 ULN2003A 单元结构原理图

根据集成电路驱动器 ULN2003A 的输入输出特性，有人把它简称为“驱动器”“反向器”“放大器”等。当 ULN2003A 输入端为高电平时，对应的输出口输出低电平，继电器线圈通电，继电器触点吸合；当 ULN2003A 输入端为低电平时，继电器线圈断电，继电器触点断开。在 ULN2003A 内部已集成反向续流作用的二极管，因此可直接用它驱动继电器。

知识补充

可控硅也被称为晶闸管，具有双向导通特性，可以在单个触发脉冲下完成开关操作，并且具有耐高压、耐高温等优点。可控硅配合其他类型的半导体器件，如电阻器、晶体管等，可以组成固态继电器。固态继电器作为一种电子开关装置，使用半导体器件代替传统机械式继电器的机械触点进行控制，能实现电气信号的隔离和放大，通过它可以将低电压、低电流的控制信号转换成高电压、高电流的输出信号，从而隔离控制电路和被控制电路，有效提高系统的可靠性、稳定性和寿命。

二、光耦输出

1. 光耦用于输出

以 EL357N 光耦为例，其可以用于隔离输入，也可以用于隔离输出。光耦的典型电路如图 3-15 所示。

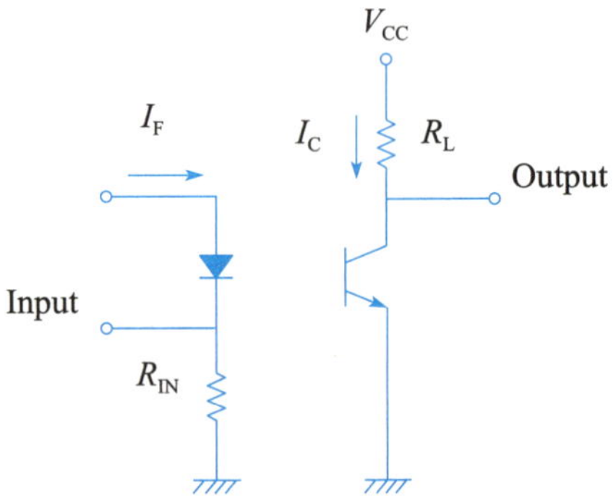

图 3-15 参考电路

2. 光耦驱动 MOS 管

使用光耦作为输出电路的隔离器件，配合隔离电源的使用，可以让输出端与控制系统完全隔离，这样外部输出就不会影响控制系统的工作。在光耦的输出端加上 NMOS 管，可实现输出端控制较大功率的器件，其参考电路如图 3－16 所示。

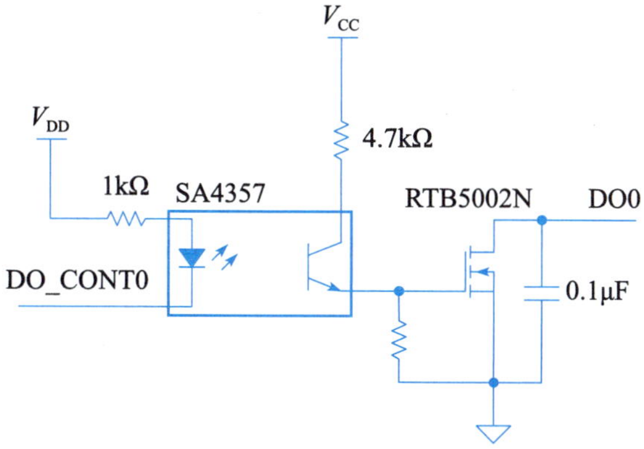

图 3－16　光耦输出

电路中与光耦配合的电阻可以自己简单计算，这里给出的值是在特定条件下的取值，在实际使用时需要依据实际电路进行调整，具体计算可以参考上个任务的内容。这里电路中的 DO _ CONT0 可以接入微控制单位（Micro Control Unit，MCU），DO0 接外部输出端子，DO0 的输出驱动能力要参考 MOS 管的相关参数。

项目小结

本项目学习了隔离输入输出电路的工作原理，认识了光耦和继电器在隔离电路中的应用，并针对隔离控制器设计了基于光耦的开关量输入输出电路，实现了隔离控制器的核心基础功能。

课后习题

一、填空题

1. 在使用光耦进行输入输出时，其具有__________、__________和__________等优点。

2. 光耦是一种能够实现电气隔离的器件，其主要由发光二极管和__________两部分组成。

3. 继电器在实际应用中，通常需要注意其__________、__________和__________等方面的问题。

二、简答题

1. 光耦是什么？它有什么作用？

2. 为什么需要使用光耦来连接输入电路和输出电路？

3. 电磁继电器是什么？它有什么作用？

项目 4 控制电路设计

项目引入

本项目旨在设计一个基于 STM32 微控制器的控制电路。STM32 是由意法半导体公司生产的 32 位微控制器，它具有高性能、低功耗和丰富的外设等特点，非常适合用于嵌入式系统中。本项目的目标是设计一个可靠、高效、稳定的控制电路，应用于隔离控制器。该控制电路的设计需要考虑到实现必要的控制逻辑和通信协议，完成实现隔离控制器的核心功能。

学习目标

知识目标

理解 STM32 微控制器最小系统电路的结构和特点；

掌握控制电路设计中常用的元器件及其性能参数；

熟悉 RS-485 通信电路的结构和特点；

了解控制电路设计的相关标准和规范。

技能目标

能够独立完成基于 STM32 微控制器的控制电路设计；

能够根据实际需求选择合适的通信电路；

能够运用所学知识解决控制电路设计中遇到的问题。

素养目标

培养自我学习和不断创新的意识和能力；

建立团队合作和沟通协作的能力和意识；

培养责任心和社会责任意识，将技术应用于社会生产和人民生活中，为社会发展做出贡献。

任务1 MCU核心电路设计

任务描述

本任务旨在完成 MCU 的核心电路设计，使其具有稳定可靠、高性能等特点。任务中考虑到 MCU 模块的电源管理、时钟管理、复位电路、外设的接口电路等方面的要求，并且保证电路布局合理，信号传输良好，抗干扰能力强。电路需要选择适合 MCU 的时钟源，并设计合理的时钟电路；设计利用前期项目中完成的供电电路保障核心控制电路稳定工作；设计稳定可靠的复位电路，确保 MCU 在异常情况下可以正常运行；还需要考虑到固件烧写和调试接口。

知识储备

一、STM32F103RBT6 芯片介绍

1. Cortex 内核（ARM 内核）

ARM 公司是微处理器行业的一家知名企业，公司本身并不制造或出售处理器芯片，而是将设计的处理器架构授权给有兴趣的厂家。其在经典处理器 ARM11 后研发的产品改用 Cortex 命名，并分成 A、R 和 M 三类，旨在为不同的市场提供服务。目前全世界超过 95%的智能手机和平板电脑都采用 ARM 架构。

Cortex 系列属于 ARMv7 架构，它是 2010 年 ARM 公司最新的指令集架构。ARMv7 架构定义了三大分工明确的系列："A" 系列面向高性能的基于虚拟内存的操作系统和用户应用，"R" 系列面向实时操作系统，"M" 系列面向微控制器。

知识补充

ARM（Advanced RISC Machines）是一种基于精简指令集（RISC）架构的处理器技术，最初由英国公司 ARM Holdings 开发和推广。意法半导体（STMicroelectronics，ST）是一家总部位于瑞士的全球性半导体公司。意法半导体公司与 ARM 公司合作已超过 20 年，其持有 ARM 架构的许可证，可以使用 ARM 架构的核心及相关技术来设计和生产各种芯片产品，包括微控制器、数字信号处理器和其他特定用途集成电路等。STM32 是意法半导体公司生产的一系列 32 位微控制器产品，它采用 ARM Cortex - M 内核，并提供丰富的外设和通信接口。

2. ST 意法半导体的产品命名

隔离控制器的主控芯片选择 STM32F103RBT6，它是意法半导体公司在 MCU 领域推出的非常经典的芯片系列。因其强大的功能和丰富的内部资源，以及众多的使用者和学习资料，该芯片可以作为入门的芯片，在嵌入式领域应用极广。

意法半导体公司的 MCU 系列种类繁多，仅芯片选型手册就有几十页。该公司有一套命名规则，用来帮助使用者合理、高效地进行芯片的选择。意法半导体公司的芯片产品命名规则示例如图 4 - 1 所示。

实例： STM32 F 103 R B T 6

产品系列

STM32=基于ARM核心的32位微控制器

产品类型

F=通用类型

产品子系列

101=基本型

102=USB基本型，USB2.0全速设备

103=增强型

105或107=互联型

引脚数目

T=36脚

C=48脚

R=64脚

V=100脚

Z=144脚

闪存存储器容量

4=16K字节的闪存存储器

6=32K字节的闪存存储器

8=64K字节的闪存存储器

B=128K字节的闪存存储器

C=256K字节的闪存存储器

D=384K字节的闪存存储器

E=512K字节的闪存存储器

封装

H=BGA

T=LQFP

U=VFQFPN

Y=WLCSP64

温度范围

6=–40℃ ~ 85℃工业级温度范围

7=–40℃ ~ 105℃工业级温度范围

图 4－1 STM32 芯片命名规则

3. STM32F103RBT6 技术规格书

意法半导体公司提供了技术规格书和使用手册，其中芯片技术规格书封面如图 4－2 所示。

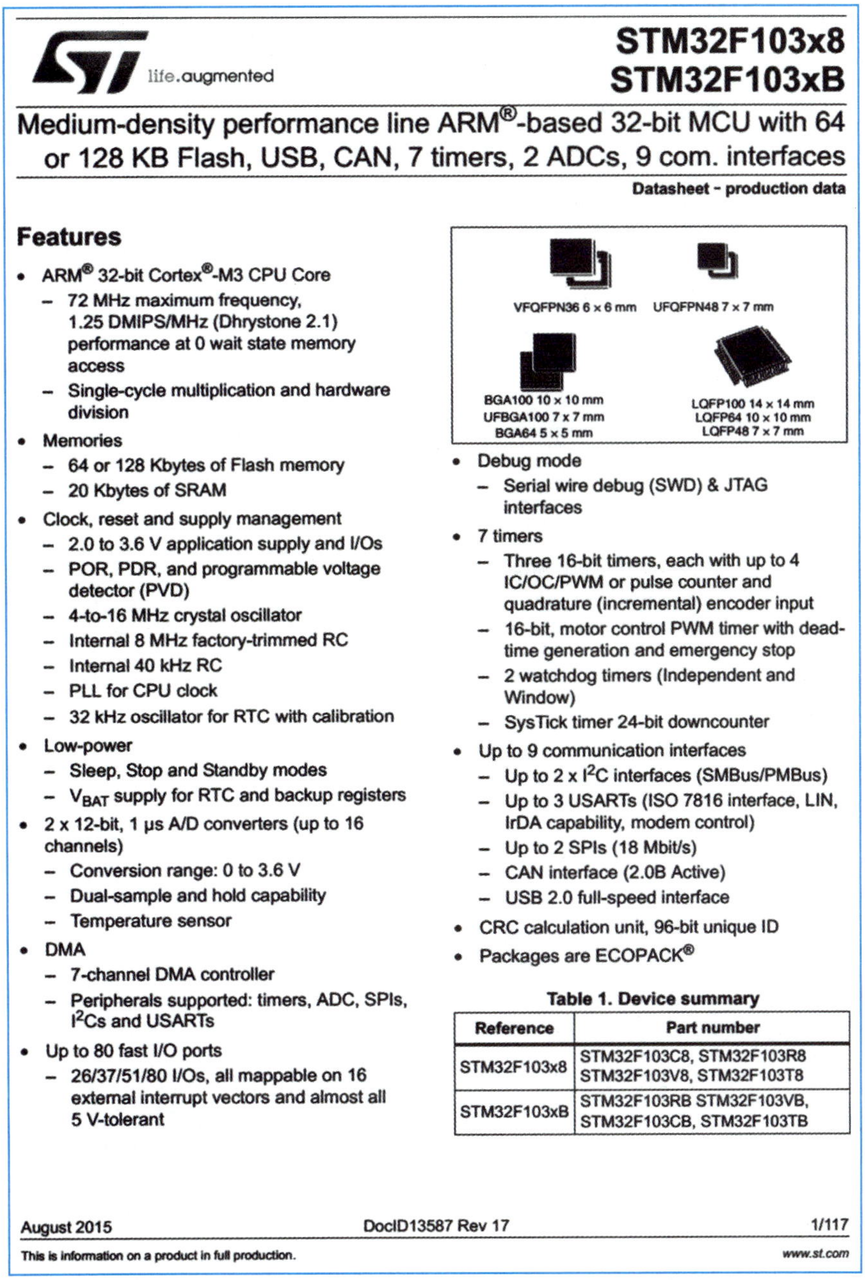

life.augmented

STM32F103x8
STM32F103xB

Medium-density performance line ARM®-based 32-bit MCU with 64 or 128 KB Flash, USB, CAN, 7 timers, 2 ADCs, 9 com. interfaces

Datasheet - production data

Features

- ARM® 32-bit Cortex®-M3 CPU Core
  - 72 MHz maximum frequency, 1.25 DMIPS/MHz (Dhrystone 2.1) performance at 0 wait state memory access
  - Single-cycle multiplication and hardware division
- Memories
  - 64 or 128 Kbytes of Flash memory
  - 20 Kbytes of SRAM
- Clock, reset and supply management
  - 2.0 to 3.6 V application supply and I/Os
  - POR, PDR, and programmable voltage detector (PVD)
  - 4-to-16 MHz crystal oscillator
  - Internal 8 MHz factory-trimmed RC
  - Internal 40 kHz RC
  - PLL for CPU clock
  - 32 kHz oscillator for RTC with calibration
- Low-power
  - Sleep, Stop and Standby modes
  - V_{BAT} supply for RTC and backup registers
- 2 x 12-bit, 1 μs A/D converters (up to 16 channels)
  - Conversion range: 0 to 3.6 V
  - Dual-sample and hold capability
  - Temperature sensor
- DMA
  - 7-channel DMA controller
  - Peripherals supported: timers, ADC, SPIs, I^2Cs and USARTs
- Up to 80 fast I/O ports
  - 26/37/51/80 I/Os, all mappable on 16 external interrupt vectors and almost all 5 V-tolerant

- Debug mode
  - Serial wire debug (SWD) & JTAG interfaces
- 7 timers
  - Three 16-bit timers, each with up to 4 IC/OC/PWM or pulse counter and quadrature (incremental) encoder input
  - 16-bit, motor control PWM timer with dead-time generation and emergency stop
  - 2 watchdog timers (Independent and Window)
  - SysTick timer 24-bit downcounter
- Up to 9 communication interfaces
  - Up to 2 x I^2C interfaces (SMBus/PMBus)
  - Up to 3 USARTs (ISO 7816 interface, LIN, IrDA capability, modem control)
  - Up to 2 SPIs (18 Mbit/s)
  - CAN interface (2.0B Active)
  - USB 2.0 full-speed interface
- CRC calculation unit, 96-bit unique ID
- Packages are ECOPACK®

Table 1. Device summary

Reference	Part number
STM32F103x8	STM32F103C8, STM32F103R8 STM32F103V8, STM32F103T8
STM32F103xB	STM32F103RB STM32F103VB, STM32F103CB, STM32F103TB

August 2015　DocID13587 Rev 17　1/117

This is information on a product in full production.　www.st.com

图 4－2　STM32F103xB 芯片技术规格书封面

技术规格书中提供了很多有用信息，包括芯片的电气特性、机械封装等。除了技术规格书，官方还提供了与应用开发相关的一系列资料，其中最重要的是用户手册，如图 4－3 所示。

RM0008
Reference manual

STM32F101xx, STM32F102xx, STM32F103xx, STM32F105xx and STM32F107xx advanced ARM-based 32-bit MCUs

Introduction

This reference manual targets application developers. It provides complete information on how to use the STM32F101xx, STM32F102xx, STM32F103xx and STM32F105xx/STM32F107xx microcontroller memory and peripherals. The STM32F101xx, STM32F102xx, STM32F103xx and STM32F105xx/STM32F107xx will be referred to as STM32F10xxx throughout the document, unless otherwise specified.

The STM32F10xxx is a family of microcontrollers with different memory sizes, packages and peripherals.

For ordering information, mechanical and electrical device characteristics please refer to the low-, medium-, high- and XL-density *STM32F101xx and STM32F103xx* datasheets, to the low- and medium-density STM32F102xx datasheets and to the STM32F105xx/STM32F107xx connectivity line datasheet.

For information on programming, erasing and protection of the internal Flash memory please refer to:

- *PM0075, the Flash programming manual for low-, medium- high-density and* connectivity line *STM32F10xxx devices*
- *PM0068, the Flash programming manual for XL-density STM32F10xxx devices.*

For information on the ARM Cortex™-M3 core, please refer to the *STM32F10xxx Cortex™-M3 programming manual* (PM0056).

Related documents

Available from *www.st.com*:

- *STM32F101xx, STM32F102xx, STM32F103xx, STM32F105xx/STM32F107xx and datasheets*
- *STM32F10xxx Cortex™-M3 programming manual* (PM0056)
- *STM32F10xxx Flash programming manual (PM0075)*
- *STM32F10xxx XL-density Flash programming manual (PM0068)*

图 4-3 STM32F10xxx 用户手册

当用户在 STM32F10xxx 芯片上开发控制程序时就需要参考上图的手册。用户手册由官方提供，手册中包括同一系列芯片的使用方法，可以看出 STM32 系列芯片有很好的通用性，给用户提供了很灵活的选择。

4. 电路参考

意法半导体公司同样提供了芯片硬件设计的参考手册，如图 4-4 所示。

AN2586
Application note

STM32F10xxx hardware development: getting started

Introduction

This application note is intended for system designers who require a hardware implementation overview of the development board features such as the power supply, the clock management, the reset control, the boot mode settings and the debug management. It shows how to use the STM32F10xxx product family and describes the minimum hardware resources required to develop an STM32F10xxx application.

Detailed reference design schematics are also contained in this document with descriptions of the main components, interfaces and modes.

图 4-4 硬件设计手册

手册中给出了硬件电路设计的建议，同时给出了参考电路。参考电路不包括外围接口电路，但对外围电路同样给出了设计建议。用户可以依据手册中给出的“最小系统”画出芯片工作的最简电路，并在此基础上加上具体应用的外围电路。手册中给出的最小电路如图 4－5 所示。

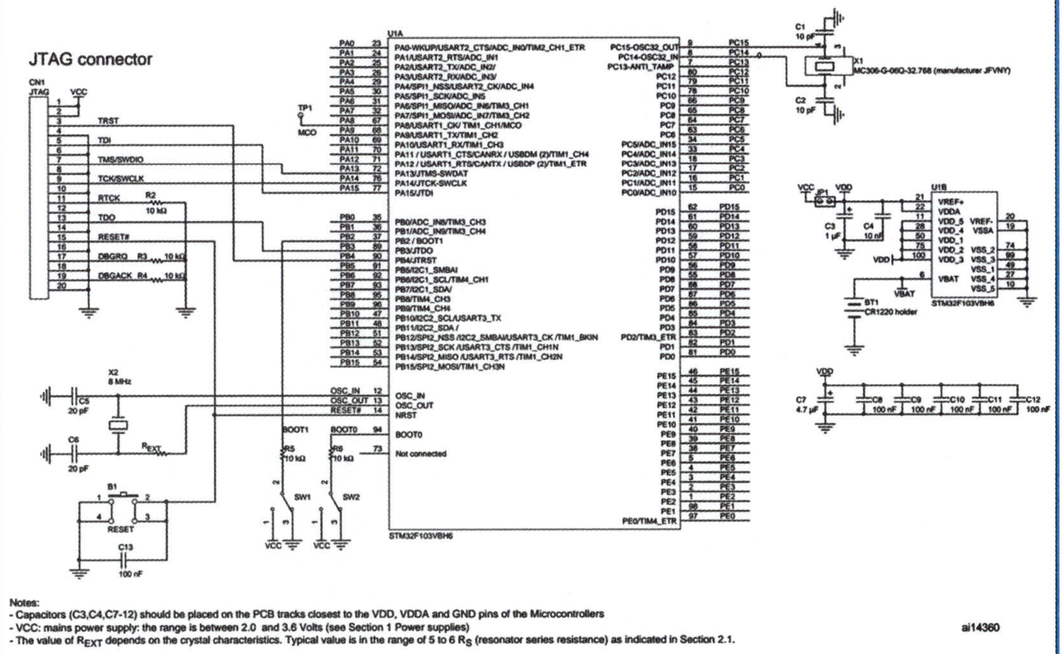

图 4－5　最小系统参考电路

图 4－5 中使用的芯片是 STM32F103VBH6，如果使用其他规格芯片，可以参考其电路设计，设计图中细节部分在手册的相关章节中都有详细描述，包括供电、编程接口、晶振、复位等。

二、核心控制电路设计

隔离控制器电路中，除了供电电路、隔离输入输出电路外，核心控制电路是必不可少的，也是整个电路图最关键的部分，如图 4－6 所示。

图中包括 STM32 的核心控制电路，包括芯片供电、外围时钟电路、复位电路等。此外，由于电路设计稿排版问题，编程接口电路没有在图 4－6 中出现，稍后在下文中给出。

注意：图中芯片为 LQFP64 封装，在芯片技术规格书中可以找到该芯片的封装参数，如图 4－7 所示。

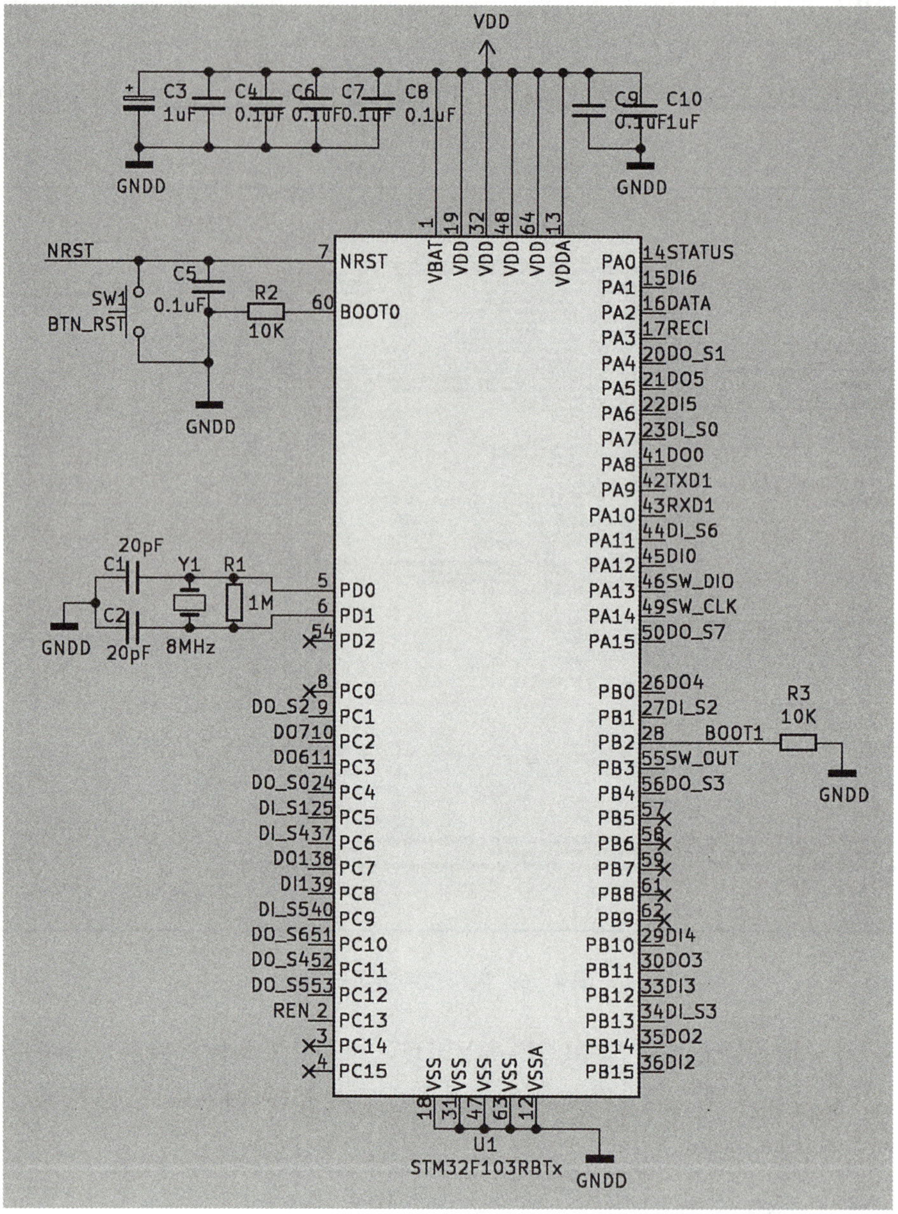

图 4-6　隔离控制器核心控制电路

芯片的供电部分在前述 DC-DC 设计中已有，但芯片的供电引脚有多个，具体可以参考技术规格书的引脚说明，在硬件设计手册中也有相关描述。需要注意的是，每个供电引脚附近应当依照手册建议给出旁路滤波电容。在绘制原理图时，出于方便可将这些电路绘制在一起，但具体布线时，需要将电容部署在靠近引脚的地方。部分滤波电容如图 4-8 所示。

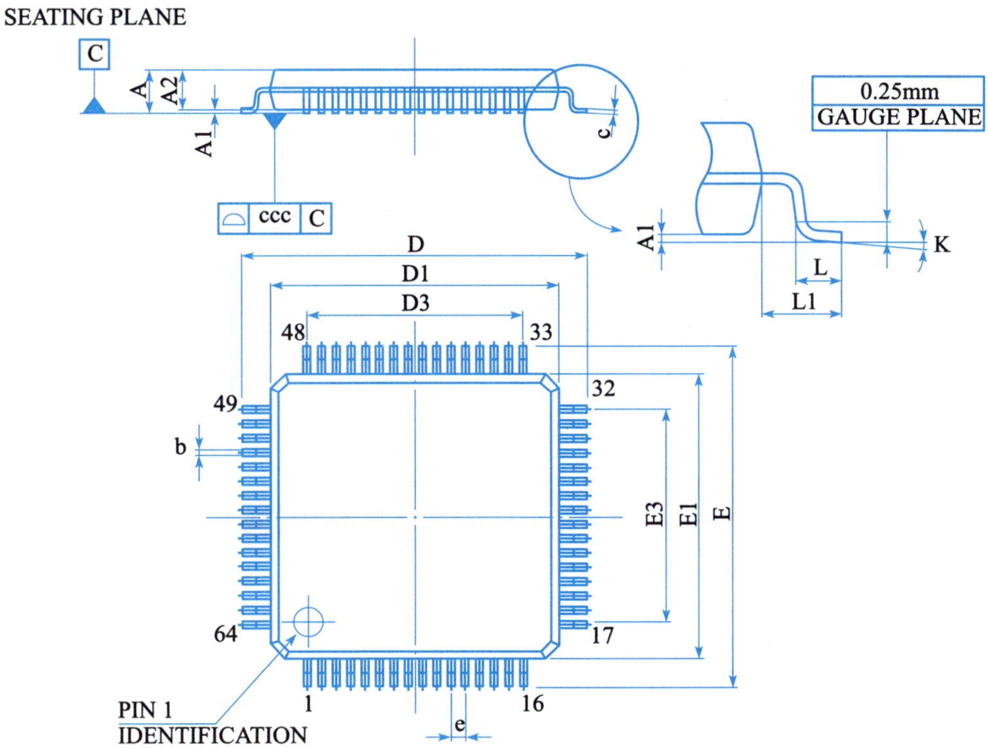

图 4-7 LQFP64 封装

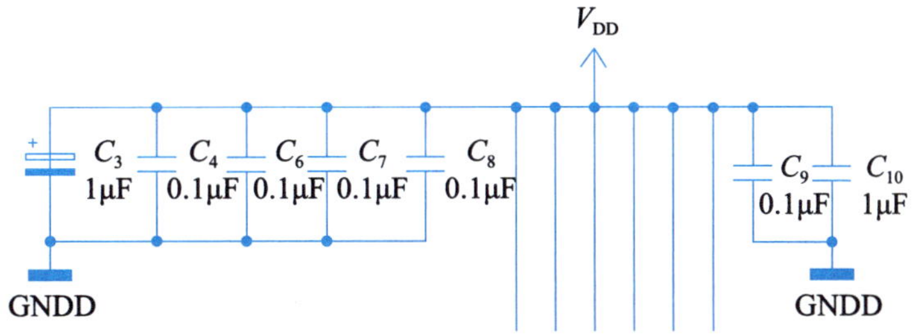

图 4-8 滤波电容

芯片外围电路中设计有复位电路，当芯片上电时，会产生复位信号，当复位信号稳定时，芯片开始稳定运行，如果需要，可以在芯片运行过程中触发复位信号，这会让芯片重新启动运行，所以复位电路往往设计有按键或拨码开关，帮助用户在需要时可以将设备复位重启。有关复位电路的作用和其中元件的选择，在官方的硬件设计手册中都有具体的说明。电路中复位部分如图 4-9 所示，图中 BOOT0 的配置会在下文说明。

一般 STM32 芯片运行需要有一个运行时钟，稳定的时钟脉冲可以协调芯片各个部件依程序设定运行，此运行时钟脉冲可以由多个途径提供，在芯片内部就有 RC 时钟，但此时钟提供的运行精度不如外部的硬件晶振，而使用外部晶振需要额外的旁路电容，如图 4－10 所示。

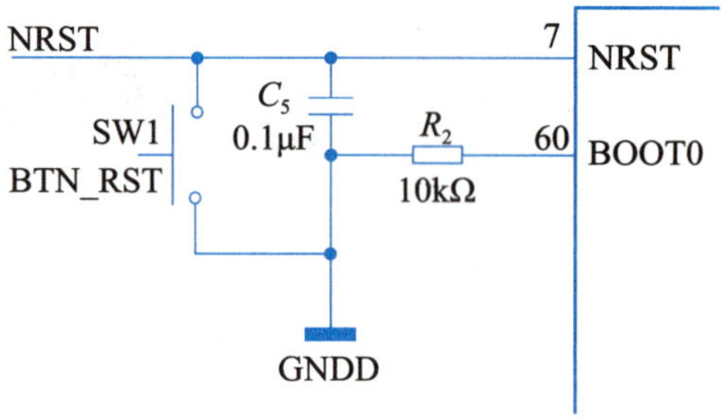

图 4－9　复位电路

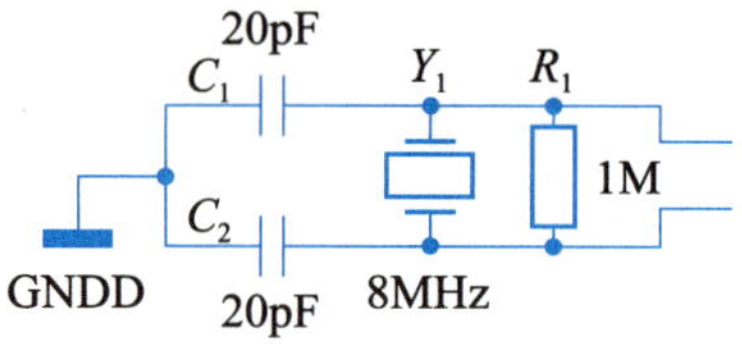

图 4－10　晶振电路

STM32 的芯片需要写入程序才能工作，烧写程序需要工具和接口。工具是烧写电缆，接口可以选择多种，具体有 3 种：串口、JTAG、SWD。这三种接口的说明可以参看用户手册，在这里我们选择 SWD 接口，这种接口需要占用的 STM32 引脚较少，电路简单。具体接口电路如图 4－11 所示。

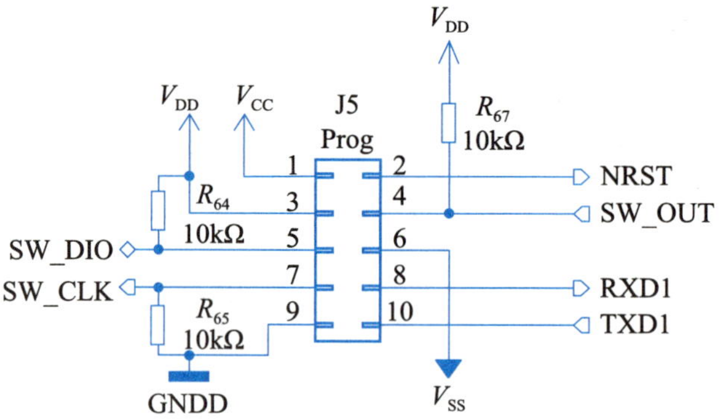

图 4－11　编程接口

图中标注为 J5 的接插件是排针间距为 2.54mm 的牛角座，SW_DIO 是 SWD 接口中的 SWD 信号线，SW_CLK 是 SWD 接口中的 CLK 信号线，SW_OUT 是 SWD 接口中的 SWO 信号线，V_{CC} 是 5V 的供电口，V_{DD} 是 3.3V 的供电口，NRST 是复位信号线，GNDD 和 V_{SS} 是接地信号线，TXD1 和 RXD1 是串口通信信号线。

实际上，如果只是给芯片编程，使用这里的 V_{DD}、SW_DIO、SW_CLK、GNDD 就可以，图中提供的 TXD1 和 RXD1 是为了后期程序开发时方便调试输出信息，SW_OUT 则是 SWD 接口输出信息所用。

值得注意的是，STM32 可以通过串口烧写程序，但需要通过 BOOT0 和 BOOT1 口线的设置来配合。STM32 的串口编程或正常运行需要考虑这两根口线的配置，其配置方式在相关手册中有说明，见表 4－1。

表 4－1　BOOT 模式

BOOT mode selection pins		Boot mode	Aliasing
BOOT1	BOOT0		
×	0	User Flash memory	User Flash memory is selected as boot space
0	1	System memory	System memory is selected as boot space
1	1	Embedded SRAM	Embedded SRAM is selected as boot space

当需要通过串口烧写程序时，可以将 BOOT1 设置为 0，将 BOOT0 设置为 1；如果在开发程序时需要将程序载入 SRAM，并让芯片直接从 SRAM 启动，可以将 BOOT1 和 BOOT0 都设置为 1；当程序通过串口或其他途径写入芯片后，芯片上电启动时如果要正常执行写入的程序，就需要将 BOOT0 设置为 0，此时 BOOT1 可以任意设置，前文图 4－9 中有 BOOT0 的连接。

任务2　RS-485接口电路设计

任务描述

本任务要求设计用于 RS－485 通信的接口电路。作为一种应用广泛的串行通信标准，RS－485 接口常用于远距离高速数据传输。任务的目的是设计一种能够稳定、可靠地进行通信的电路应用于隔离控制器与上位机的通信，并且要符合特定的技术规范和性能要求。

知识储备

一、串行通信

1. 串行通信简介

串行通信技术是指通信双方按位进行、遵守时序的一种通信方式。串行通信中，将数据按位依次传输，每位数据占据固定的时间长度，即可使用少数几条通信线路完成系统间交换信息，特别适用于计算机与计算机、计算机与外设之间的远距离通信。串行通信多用于系统间通信（多主控制系统）以及设备间（主控设备与附属设备）、器件间（主控 CPU 与功能芯片）数据的串行传送，实现数据的传输与共享。

2. 串行通信的特点

数据在单条一位宽的传输线上，一比特接一比特地按顺序传送的方式称为串行通信。在并行通信中，一个字节（8 位）数据是在 8 条并行传输线上同时由源节点传到目标节点；而在串行通信方式中，数据是在单条一位宽的传输线上一位接一位地按顺序传送。这样一个字节的数据要分 8 次由低位到高位按顺序一位一位地传送。由此可见，串行通信的特点如下：

（1）节省传输线。尤其是在远程通信时，此特点尤为重要。这也是串行通信的主要优点。

（2）数据传送效率低。与并行通信相比，这是显而易见的。这也是串行通信的主要缺点。

串行通信和并行通信分别如图 4－12 和图 4－13 所示，可以看出它们之间的区别。

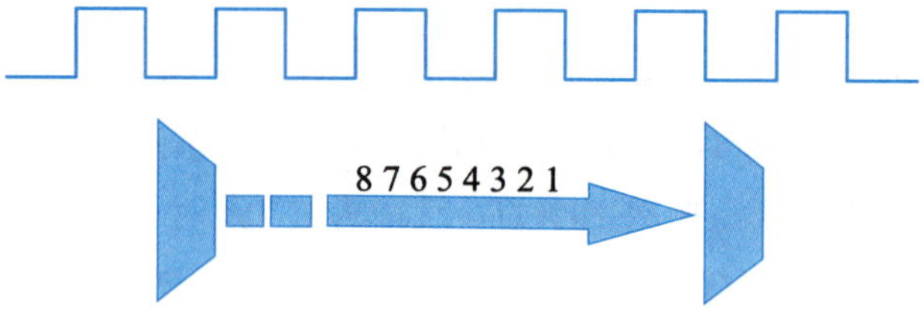

图 4－12　串行通信

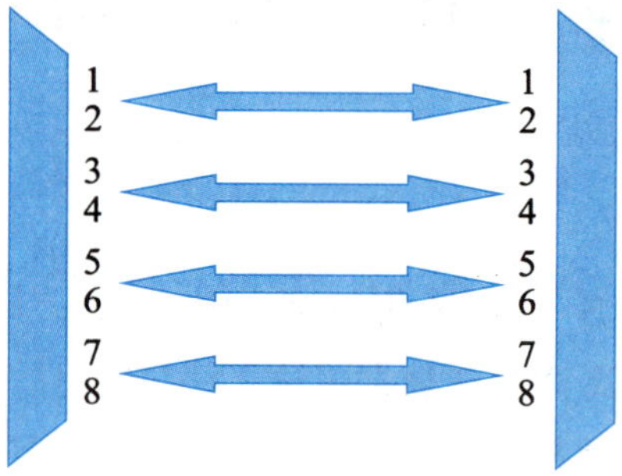

图 4－13　并行通信

串行通信和并行通信比较见表 4－2。

表 4－2　串行通信与并行通信比较

	串行通信	并行通信
通信距离	远	近
抗干扰能力	高	低
传输速度	慢	快
成本	低	高

3. 串口通信电平

串行接口有同步串口（Universal Synchronous Receiver/Transmitter，USRT）和异步串口（Universal Asynchronous Receiver/Transmitter，UART）。

UART 负责处理数据总线和串行口之间的串/并、并/串转换，并规定了帧格式。通信双方只要采用相同的帧格式和波特率，就能在未共享时钟信号的情况下，仅用两根信号线（Rx 和 Tx）完成通信过程。

UART 通信时可以有不同的电平标准，常用的电平标准有 TTL、RS-232、RS-422、RS-485 等。电平标准（电信号）并非通信协议，仅是关于 UART 通信的一个机械和电气接口标准（最多是网络协议中的物理层面）。MCU 等控制器执行 UART 程序，串行数据会通过硬件电路在设备间进行收发，硬件电路要遵循一个电平标准才能实现设备间的交互。

从机械接口标准上看，RS-232、RS-422、RS-485 如图 4-14 所示。

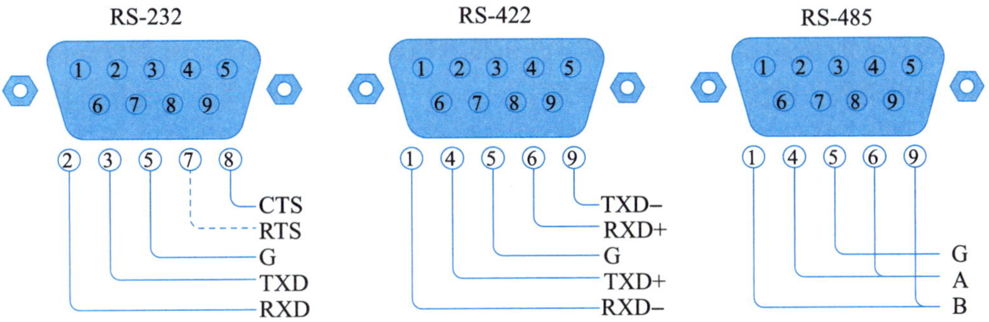

图 4-14 RS-232、RS-422、RS-485 接口

（1）TTL 电平。

TTL 电平规定，+5V 等价于逻辑“1”，0V 等价于逻辑“0”。这样的数据通信及电平规定方式被称作 TTL（晶体管-晶体管逻辑电平）信号系统。TTL 电平往往用于短距离的数据交换，抗干扰能力差。

（2）RS-232。

RS-232 是美国电子工业协会（Electronic Industry Association，EIA）制定的一种串行物理接口标准。RS 是英文“Recommend Standard”（推荐标准）的缩写，232 为标识号。

RS-232 是对电气特性和物理特性的规定，只作用于数据的传输通路上，并不内含对数据的处理方式。RS-232 标准是逻辑“1”为−3V～−15V，逻辑“0”为+3V～+15V。在通信上，RS-232 标准的传输距离和抗干扰能力都要优于 TTL 电平标准。

（3）RS-485。

RS-232 接口可以实现点对点的通信方式，但这种方式不能实现联网功能，RS-485 被设计为可实现多设备联网。

RS-485 的数据信号采用差分传输方式，也称作平衡传输，它使用一对双绞线，将其中一线定义为 A，另一线定义为 B。发送驱动器 A、B 之间的正电平在+2V～+6V，是一个逻辑状态，负电平在−2V～−6V，是另一个逻辑状态，信号地为 G。

在 RS-485 中还有一个“使能”端，而在 RS-422 中这是可以不用的。

（4）RS-422。

RS-422 的电气性能与 RS-485 完全一样，主要的区别在于：RS-422 有 4 根信号线，其中两根发送、两根接收。

由于 RS-422 的收与发是分开的，因此可以同时收和发（全双工）。也正因为全双工要求收和发要有单独的信道，所以 RS-422 适用于两个站之间的通信，以及星型网、环网，不可用于总线网。RS-485 只有两根信号线，所以只能工作在半双工模式，常用于总线网。

二、RS-485 通信

1. RS-485 简介

智能仪表随着 20 世纪 80 年代初单片机技术的成熟而发展起来。智能仪表满足了企业信息化的需要，而企业在选择仪表时，其中的一个必要条件就是仪表具有联网通信接口。

仪表常用接口是 RS-232 接口，但这种接口只能实现点对点的通信方式，不能很好地支持联网，随后出现的 RS-485 解决了这个问题。

RS-232 和 RS-485 之间是可以通过器件转换的，如图 4-15 所示。

图 4-15　RS-232 转 RS-485 接口

美国电子工业协会于 1983 年在 RS-422 工业总线标准的基础之上，制定并发布了 RS-485 总线工业标准。标准能够有效支持多个分节点，且具有通信距离远、接收灵敏度高等特性。RS-485 又名 TIA-485-A、ANSI/TIA/EIA-485 或 TIA/EIA-485，一般主要用于与外部各种工业设备进行信息传输和数据交换，具备有效抑制噪声的能力，其数据传输速率高、可靠性好，并且通信电缆的长度可扩展。

RS-485 总线在多个领域得到了广泛的应用，如工业控制领域、交通的自动化控制领域和现场总线通信网络等。

2. RS-485 连接

RS-485 有两线制和四线制接线方式。四线制接线方式只能实现点对点的通信方式，现很少采用，多采用的是两线制接线方式，这种接线方式为总线式拓扑结构，在同一根总线上最多可以挂接 32 个节点。

在 RS-485 通信网络中一般采用的是主从通信方式，即一个主机带多个从机。连接

RS－485 通信链路用一对双绞线将各个接口的“A”“B”端连接起来。很多情况下，只连接 A 线和 B 线，地线 G 往往被忽略，这样也能工作。

在使用 RS－485 通信时，如果忽略了信号地的连接，会有很大的隐患。

（1）共模干扰。

RS－485 接口由于采用差分方式传输信号，并不需要相对于某个参照点来检测信号，因此系统只需要检测两线之间的电位差就可以了，但容易忽视收发器有一定的共模电压范围。RS－485 收发器共模电压范围为－7V 到＋12V，只有满足上述条件，整个网络才能正常工作；当网络线路中共模电压超出此范围时，就会影响通信的稳定可靠，甚至损坏接口。

（2）EMI（Electromagnetic Interference）的问题。

发送驱动器输出信号中的共模部分是需要一个返回通路的，如果没有一个低阻的返回通道（信号地），就会以辐射的形式返回源端，整个总线就会像天线一样向外辐射电磁波。

通常情况下，RS－485 通信可以使用三种电缆：在低速、短距离、无干扰的场合可以采用普通的双绞线，如图 4－16 所示；在高速、长线传输时，则必须采用阻抗匹配（一般为 120Ω）的 RS－485 专用电缆；在干扰严重的环境下还应采用铠装双绞屏蔽电缆。

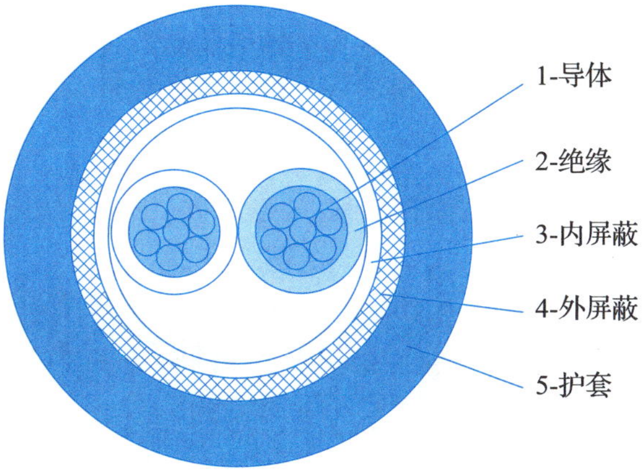

图 4－16　双绞线电缆

从传输距离上看，在使用 RS－485 接口时，对于特定的传输线路，从 RS－485 接口到负载，其数据信号传输所允许的最大电缆长度与信号传输的波特率成反比，这个长度数据主要受信号失真及噪声等因素影响。理论上，通信速率在 100kbps 及以下时，RS－485 的最长传输距离可达 1 200 米，实际应用中传输的距离也因芯片及电缆的传输特性而有所差异。实际上，在传输过程中可以采用增加中继的方法放大信号，以增加传输距离。

RS－485 的网络拓扑一般采用终端匹配的总线型结构，其网络如图 4－17 所示。

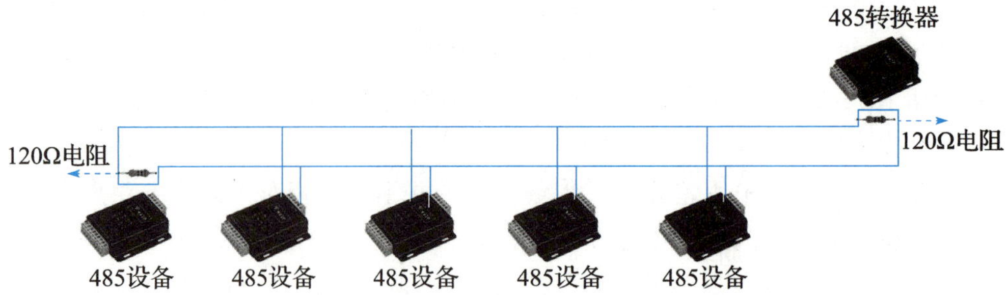

图 4-17　RS-485 网络

在构建网络时，应注意以下几点：

（1）采用一条双绞线电缆作总线，将各个节点串接起来，从总线到每个节点的引出线长度应尽量短，以便使引出线中的反射信号对总线信号的影响最低。

（2）应注意总线特性阻抗的连续性，在阻抗不连续点就会发生信号的反射。应该提供一条单一、连续的信号通道作为总线。

（3）终端负载电阻问题。在设备少、距离短的情况下不加终端负载电阻，整个网络能很好地工作，但随着距离的增加，性能将降低。

一般终端匹配采用终端电阻方法，RS-485 应在总线电缆的开始和末端都并接终端电阻，终端电阻可取 120Ω（此外也有 RC 匹配或二极管匹配的方式）。理论上，在每次接收数据信号采样时，只要反射信号在开始采样时衰减到足够低就可以不考虑匹配。实际上，当信号的转换时间（上升或下降时间）超过电信号沿总线单向传输所需时间的 3 倍以上，就可以不加匹配电阻。

3. RS-485 的特性总结

（1）电气特性。

逻辑“1”以两线间的电压差为＋2V～＋6V 表示，逻辑“0”以两线间的电压差为－2V～－6V 表示。接口信号电平比 RS-232-C 降低了，就不易损坏接口电路的芯片，且该电平与 TTL 电平兼容，可方便与 TTL 电路连接。

（2）通信速率。

数据最高传输速率为 10Mbps，抗噪声干扰性好。

（3）传输距离。

最大传输距离标准值为 1 200 米，实际上可达 3 000 米（理论上的数据，在实际操作中，极限距离仅达 1 200 米左右）。

（4）设备数量。

总线上允许连接多达 128 个收发器，即具有多站能力，这样用户可以方便地建立起设备网络。

RS-485 接口具有良好的抗噪声干扰性、长的传输距离和多站能力等优点，故成为首选的串行接口。RS-485 接口组成的半双工网络一般只需要两根连线，所以 RS-485

接口习惯采用屏蔽双绞线传输。

课堂思考

RS－485 总线上能否接上全部 128 个收发器？设备数量可能受什么条件制约？

三、RS－485 收发器电路设计

常见的串口 RS－232 标准因为通信距离短、速率低，所以不适于部分通信系统，而 RS－485 标准则很好地弥补了这方面的缺陷。

在 RS－485 通信网络中，通常会使用 485 收发器来转换 TTL 电平和 RS－485 电平。如图 4－18 所示，是 RS－485 收发芯片 6LB184 的逻辑框图。

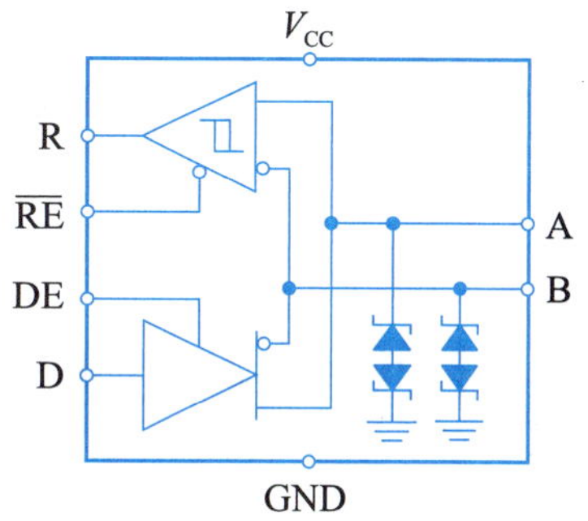

图 4－18　6LB184 逻辑框图

RS－485 收发器有 2 个使能端（$\overline{RE}$，DE），将接收使能端接地，发送使能端由 MCU 控制，主机空闲时一直处于接收状态，而当需要发送数据的时候使能发送端即可。为了实现总线的监听，可将串口接收端通过施密特触发器接至 MCU 的外部中断引脚，这样可通过中断来判断总线是否忙。节点中的串口控制器使用 RX 与 TX 信号线连接到 485 收发器上（R、D），而收发器通过差分线（A、B）连接到网络总线。

串口控制器与收发器之间一般使用 TTL 信号传输，收发器与总线之间则使用差分信号来传输数据。发送数据时，串口控制器的 TX 信号经过收发器转换成差分信号传输到总线上；接收数据时，收发器把总线上的差分信号转化成 TTL 信号，通过 RX 引脚传输到串口控制器中。通常在这些节点中只能有一个主机，剩下的全为从机。

在总线的起止端分别加一个 120Ω 的匹配电阻，以保证数据传输质量，如图 4－19 所示。

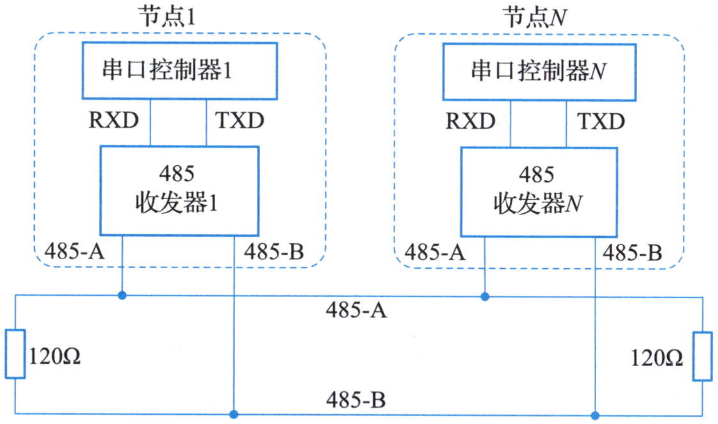

图 4－19　RS－485 总线

隔离控制器中使用 6LB184 作 RS－485 转换器，电路如图 4－20 所示。

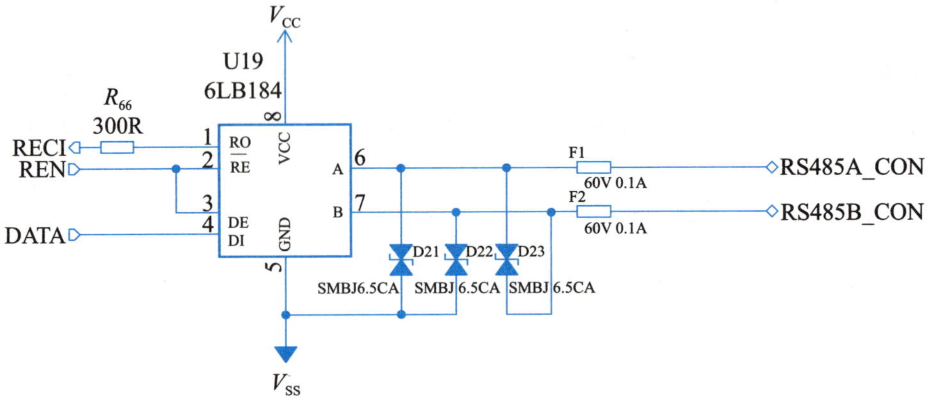

图 4-20 TTL 转 RS-485

图中使用 6LB184 作 MCU 与 RS-485 总线通信的接口芯片。图中 F1 和 F2 是自恢复保险丝，可以用 120mA 的规格，D21、D22、D23 是单向瞬态二极管，可以用 SMBJ6.5CA，都是用于保护转换芯片的。REN 信号线用于使能接收；RECI 为数据接收线，数据由此送入 MCU；DATA 为数据发送线，MCU 的数据由此送入 485 总线。

项目小结

本项目完成了隔离控制器核心控制电路的设计，包括 STM32 最小系统和 RS-485 通信部分的电路。隔离控制器的核心电路需要具备高度的稳定性和可靠性，以确保系统正常运行并避免故障；RS-485 通信电路应具有良好的抗干扰性和可靠性，以确保信号传输的精确性和可靠性。项目中所设计的电路能否可靠工作，还需要依赖后续加工和检测相关的项目来验证。

课后习题

一、填空题

1. STM32 最小系统是一种包含主控芯片、时钟源、__________、__________、__________等部分的基本电路。

2. RS-485 通信电路中，差分信号具有__________、__________的特性。

二、简答题

1. 在 STM32 最小系统电路中，常用的晶振频率有哪些？

2. 在 STM32 最小系统电路中，为什么要加上稳压电路？

3. 在 STM32 最小系统电路中，为什么要加上复位电路？

4. 在 RS485 通信电路中，为什么需要加上终端电阻？

5. 在 STM32 最小系统电路中，为什么要增加外部晶振电容？

项目 5　电路PCB设计

项目引入

电路 PCB 设计任务是一个涉及电子电路设计和 PCB 布局的项目，旨在设计并开发一个电路板。该电路板包含所有必要的元器件、连接和电路路径，以实现特定功能或满足特定需求。在完成这个任务时，我们需要考虑一些关键问题，以确保 PCB 符合设计规范和标准。此外，我们还需要进行必要的测试和验证工作，以确保电路 PCB 的性能和功能符合预期。本项目以隔离控制器电路为例，实践完成从原理图到 PCB 布板的设计工作。

学习目标

知识目标

掌握电子元器件的选型、布局和连接；

了解 PCB 的尺寸、材料和层数的选择；

熟悉常见的 PCB 设计软件的使用方法等。

技能目标

能够独立完成电路 PCB 设计；

能够解决电路 PCB 设计中出现的问题；

能够灵活运用现有的工具和知识进行创新性设计。

素养目标

培养勇于创新的精神，不断尝试新的方法和技术，追求更好的设计方案；

培养团结协作的意识，与他人合作完成设计任务，共同进步；

注重保护环境，采用低功耗、高效率和可持续发展的设计方案，践行绿色发展理念。

任务1　PCB加工工艺认知

任务描述

本任务旨在让学生了解 PCB（Printed Circuit Board，印刷电路板）的制造过程中所涉及的一些关键技术和工艺。通过学习本任务，读者可以了解 PCB 制造的基本流程、常用的材料和工具，以及如何进行 PCB 布板和元件安装等方面的知识。通过学习本任务，读者还能了解 PCB 加工中可能遇到的一些常见问题及其解决方法。掌握这些知识将有助于读者更好地理解和运用 PCB 技术，从而设计和生产出更高质量的电路板。

知识储备

一、什么是 PCB 制造

PCB 由电子印刷制成，其不仅是重要的电子部件，而且是电子元器件的支撑和电子元器件电气连接的载体。实际的 PCB 电路板示例如图 5 - 1 所示。

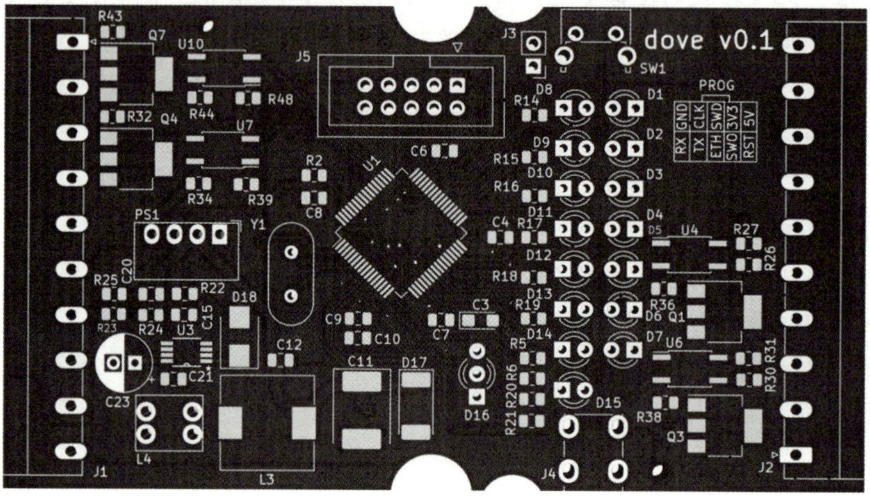

图 5 - 1　PCB 电路板

目前，几乎所有的集成电路等元件都会使用 PCB 实现各个元件之间的电气互连。实际应用中，从电子手表到军用武器系统，均涉及 PCB。PCB 的组成部分主要为绝缘底板、连接导线和装配焊接电子元件的焊盘，减少了传统方式布线的工作量，使电子产品的组装和焊接更简单，同时，也缩小了产品的体积，产品成本有所降低，最重要的是，提高了设备的质量与可靠性。制作 PCB 时，采用标准化设计，使得产品具有良好的一致性，也更有利于生产过程的自动化。除此以外，整块 PCB 可以作为一个独立的元件，有利于后续的维修与更换。

二、PCB 加工工艺

1. 电子产品中的 PCB

PCB 是承载电路元件连接的基础，在此可以完成包括集成电路芯片在内的各种电子元件的连接，组成具有特定功能的模块或产品，如图 5 - 2 所示。若产品的功能出现问题，首先就要考虑PCB是否可靠。此外，由于PCB的加工工艺较为复杂，因此在生产时需要进行严格的质量控制。

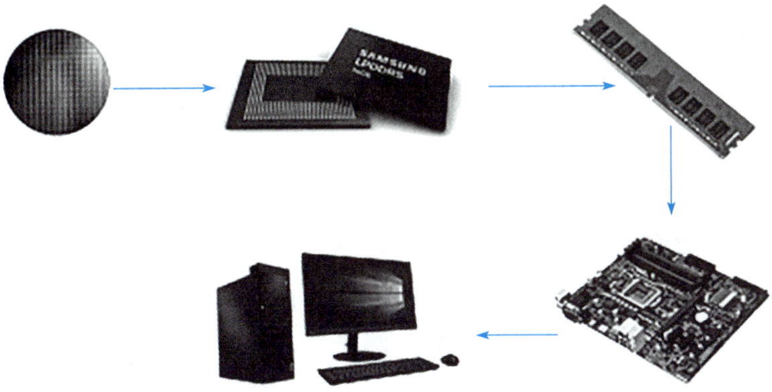

图5-2 电子设备制造层次

2. PCB的演变

阿尔伯特·汉森（Albert Hanson）在1903年申请了一项专利，首次提出了“线路”这个理念。线路导体由金属箔切割而成，然后粘于石蜡纸上，石蜡纸上还粘贴了一层石蜡纸，最终成为如今PCB的构造雏形，如图5-3所示。

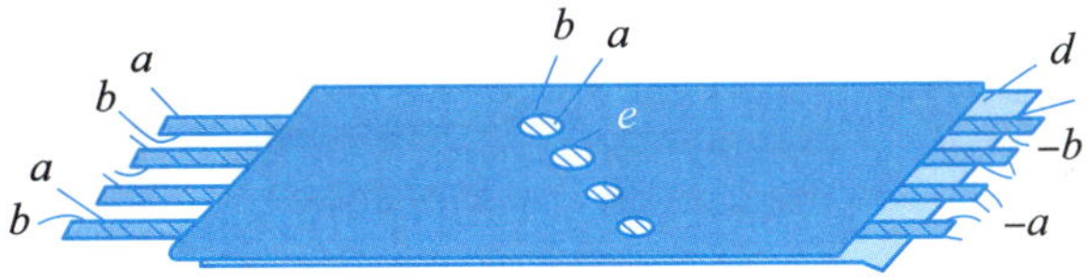

图5-3 PCB雏形

课堂思考

阿尔伯特·汉森的专利中，在线路交叉处设置过孔，这里过孔的作用是什么？

3. PCB的分类

PCB在材料、层数和工艺上呈现多样化，可以满足不同电子产品及其特殊需求。因此，PCB的种类也繁多。

（1）根据材料分为有机材料板与无机材料板。有机材料板包含用酚醛树脂、玻璃纤维/环氧树脂、聚亚酰胺树脂、双马来酰亚胺三嗪树脂等制作的板；无机材料板包含有利于散热的铝基板、铜基板、陶瓷基板等。

（2）根据成品软硬可分为硬板、软板、软硬结合板。

（3）根据结构可分为单面板、双面板、多层板。

4. PCB工艺流程

PCB多层板的工艺流程中，图形电镀工艺的具体过程如图5-4所示。

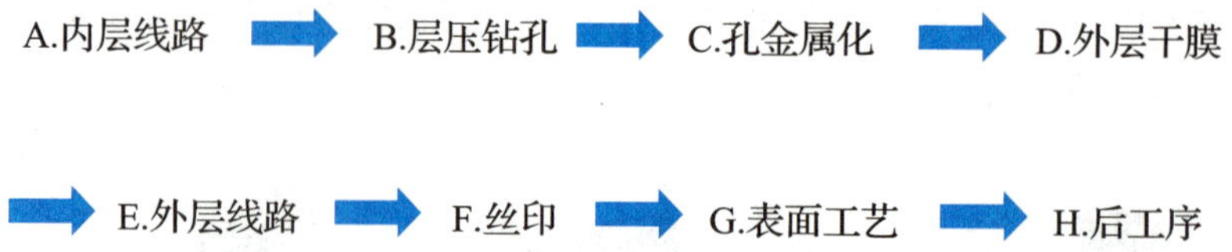

图 5-4　PCB 加工流程中的图形电镀工艺过程

图中：

内层线路的具体流程：开料→前处理→压膜→曝光→前处理→DES→冲孔。

层压钻孔的具体流程：棕化→铆合→叠板→压合→后处理→钻孔。

孔金属化的具体流程：去毛刺→去胶渣→化学铜→一次镀铜。

外层干膜的具体流程：前处理→压膜→曝光→显影。

外层线路的具体流程：二次镀铜→镀锡→退膜→线路蚀刻→退锡。

丝印的具体流程：火山灰磨板→阻焊→显影→字符→固化。

表面工艺：传统的 PCB 都附有铜层，若铜层被氧化或者损坏，会极大地影响后续的焊接。为避免出现此问题，常利用不同的保护层，最普遍的有热风整平、有机涂覆、电镀镍金、化学沉镍金、金手指、沉银和沉锡等。

后工序的具体流程：铣外形→电测→终检/实验室。

PCB 加工工艺如图 5-5 所示。

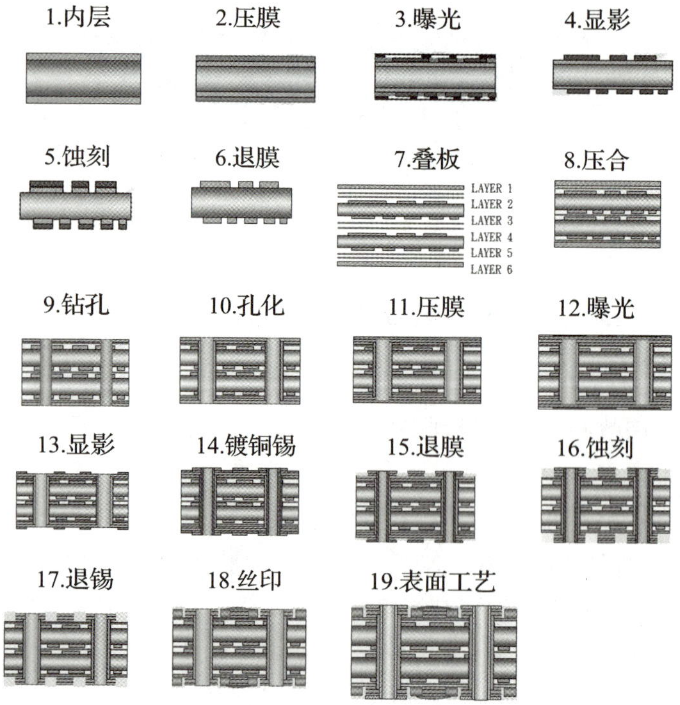

图 5-5　PCB 加工工艺

任务2 原理图的绘制

任务描述

本任务使用 KiCad 来绘制电路原理图。在绘制原理图时，需要理解并准确表达电路的功能和连接关系，包括各个元件的类型、数量、引脚连接方式以及信号流动方向等。本任务以隔离控制器电路为例，在完成其原理图绘制后，还需要对其进行验证和修改，以确保设计的正确性和可靠性。

知识储备

一、KiCad 的工程创建

目前，设计 PCB 的辅助设计工具有很多，这些软件基本都包含原理图绘制与 PCB 布局布线两大主要功能。为了满足设计需求，不少软件陆续开发了电器规则检查、设计规则检查等辅助性功能。KiCad 是一款开源软件，功能齐全，无须额外付费，在官网中便可以直接下载、安装和使用。其包含有基础的电路和 PCB 设计工具，除此之外，PCB 计算器可以用来确定电路的结构特性、Gerber 查看器可以用于检查制造文件、3D 查看器用于以可视化方式确定成品效果、集成的仿真器可以用来模拟电路行为。KiCad 支持多平台，在 Windows、Linux 和 Mac 系统中均能运行。

KiCad 简介

KiCad 的工作流程主要包括绘制原理图和布局 PCB。原理图包含每个元器件的符号与引脚连接，其中，原理图符号是元器件的简单图形表示。而 PCB 则是原理图的物理实现，将元器件的封装放置在图中，利用铜线进行引脚连接，在后期 PCB 板被制造和组装时，对应的元器件将会被焊接在 PCB 对应的封装位置上。

KiCad 工程包含工程文件、原理图、PCB 布局等文件夹，也支持选择和添加符号、封装库、仿真数据、采购信息等其他相关文件夹。为避免设计信息的丢失，所有工程文件应当存于同一位置。

设计之初，需要新建工程，打开 KiCad，点击文件→新建工程即可，如图 5-6 所示，选择要保存文件路径，并命名工程，如“test”。需要注意的是，确保勾选“为工程创建一个新目录”，再进行保存。另外，工程文件的保存路径中不能有中文、空格以及“、”等符号，否则会出错。

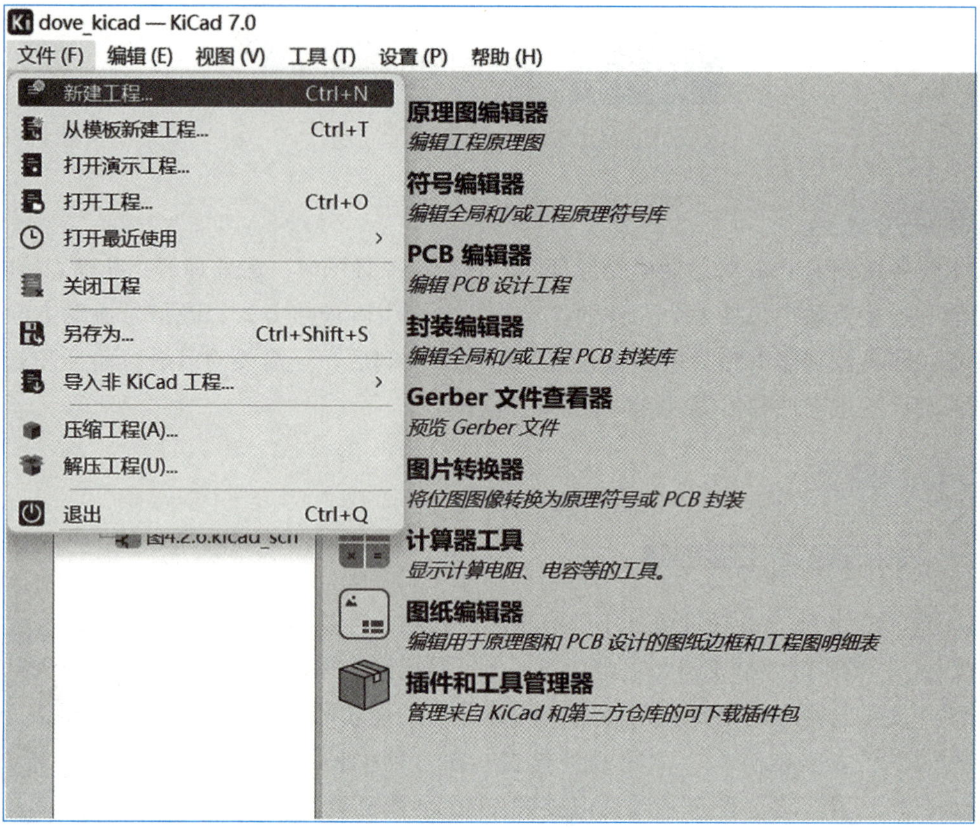

图 5 - 6　KiCad 新建工程

工程创建完毕后，文件窗将列出当前新工程所包含的文件，如图 5 - 7 所示。其中，KiCad 的工程文件扩展名为“. kicad _ pro”，PCB 文件的扩展名为“. kicad _ pcb”，原理图文件的扩展名为“. kicad _ sch”。后续将在对应的文件中进行 PCB 或原理图设计。

二、原理图的绘制

原理图在整个产品的设计中起着极其重要的作用。若原理图的设计出现问题，会影响后续 PCB 布板，最坏的情况下，整个产品会无法按照预想正常工作。因此，设计者需要在确定好设计方法、功能模块框图、元器件选型、模块之间的联系等后，再绘制原理图。一个好的产品原理图，不仅需要设计者能看懂，也要让别人阅读轻松。

1. 页面设置

合适的页面不仅方便布局，提高工作效率，也能降低绘制出错的概率。点击文件→页面设置，或双击页边，即可打开页面设置，选择合适的页面大小、页面的横/纵向等，如图 5 - 8 所示。

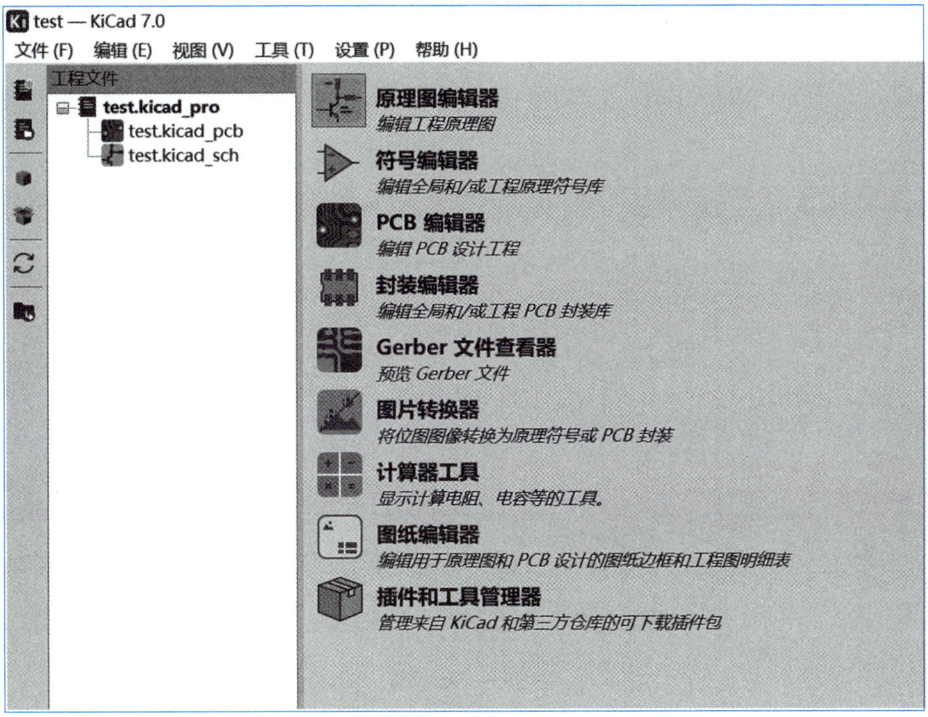

图 5－7　工程文件框架

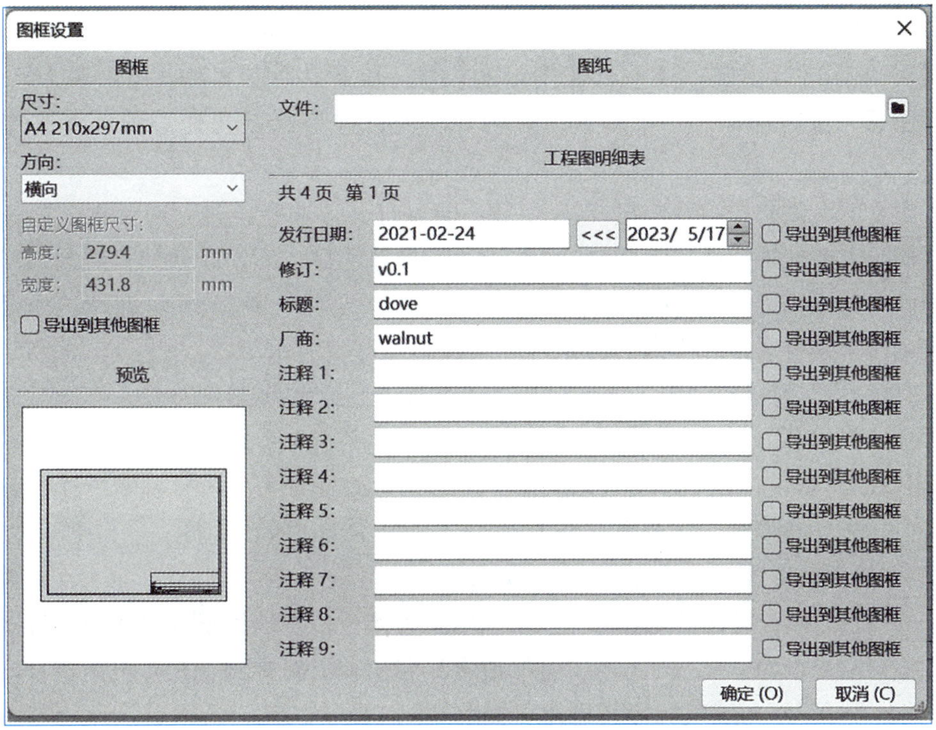

图 5－8　原理图页面设置

在进行实际项目开发时，常出现多人协同操作的情况，为了便于后续修改，需要对页面右下角的标题块（常称为 title block）进行统一规范。标题块内容包括发行日期、修订、标题、厂商、注释等内容，在页面设置中填入相关内容，最终如图 5－9 所示。

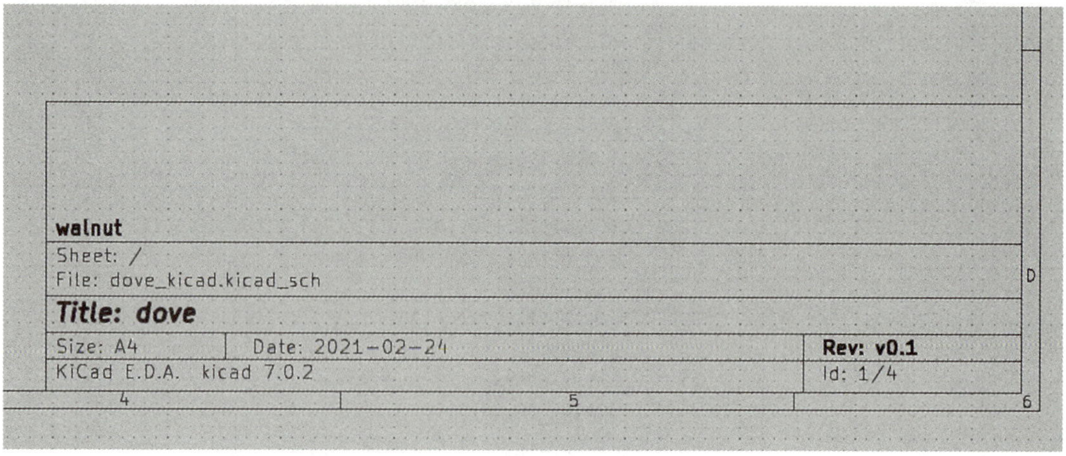

图 5－9 标题块

2. 原理图符号的放置

原理图符号能够将元器件以不同的图形进行表现，它是原理图的基本元素。KiCad 有着集成化的元器件库管理平台，其中不仅包含各种元器件的原理图符号，也包含其对应的 PCB 封装，这些存放图形的模块，常称为库。KiCad 提供了 10 000 多个原理图符号进行选择，并对其进行分类，以便设计者可以快速查找，并支持直接搜索。

点击页面右侧添加符号按钮或按 A 键，即可打开“选择符号”对话框。第一次打开对话框，需要配置全局封装库表，KiCad 手册推荐选择“复制默认的全局封装库表”。若出现该选项无法选择的情况，可选择“复制自定义全局封装库表”，在“选择全局封装库表文件”处，选择 fp－lib－table 文件，如图 5－10 所示。

“选择符号”对话框列出了当前可用的符号库及包含的元器件符号。点击对应的元器件符号，不仅可以查看其原理图符号、PCB 封装，还显示了对应元器件的描述。以 STM32F100C8Tx 芯片为例，展开 MCU _ ST _ STM32F1 库，选择对应芯片，可查看其符号、封装与基本信息，例如 64KB flash、8KB RAM 等，如图 5－11 所示，点击“确定”按钮便可将该元器件符号放入原理图中。

KiCad 还支持直接搜索元器件。以添加电阻为例，在顶端搜索框输入 R，将立刻跳出最优搜索结果，如图 5－12 所示。直接搜索 R 将出现 IEC 风格的矩形电阻符号，搜索 R_US 将出现 ANSI 风格的人字形电阻，如图 5－13 所示。

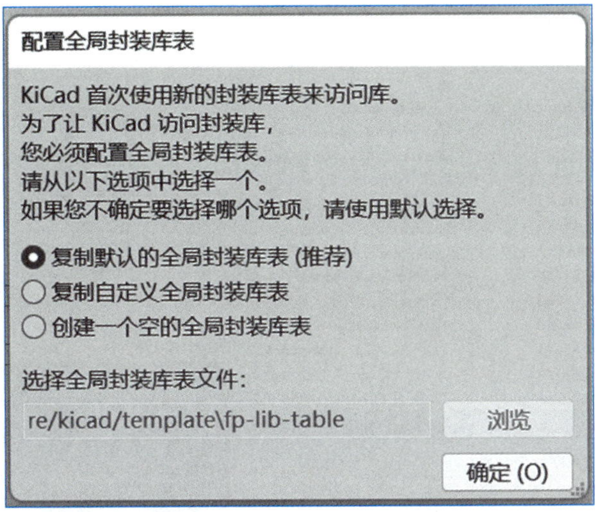

图 5 - 10　配置全局封装库表示意图

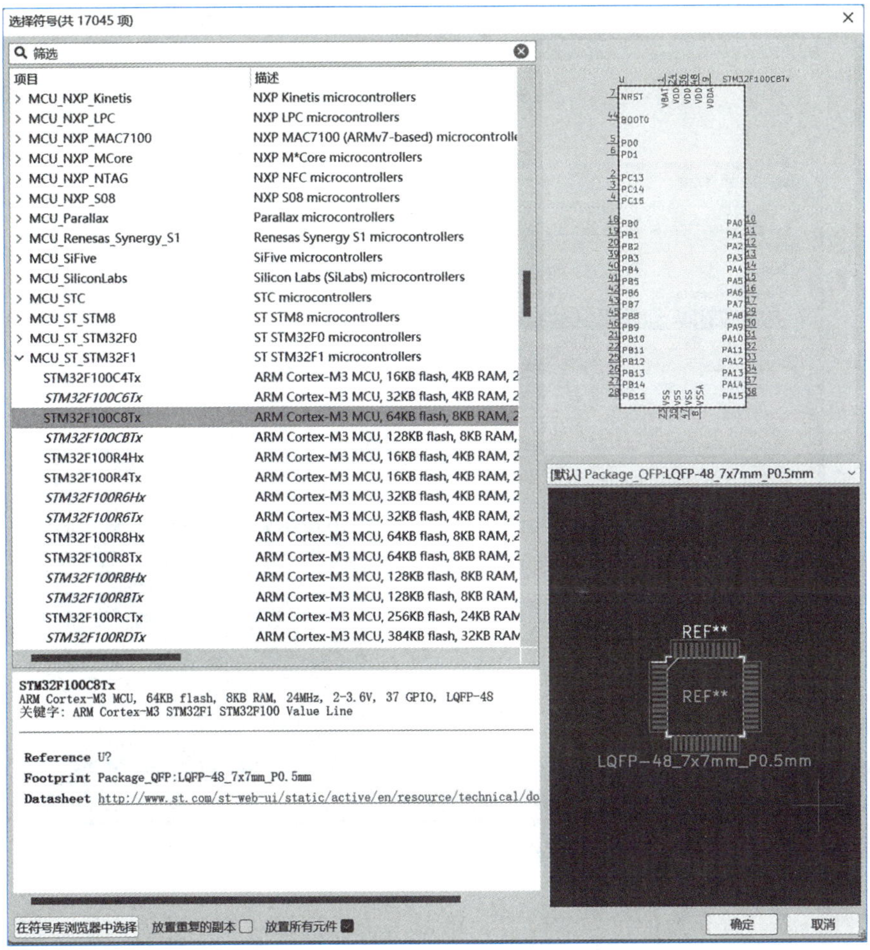

图 5 - 11　原理图库

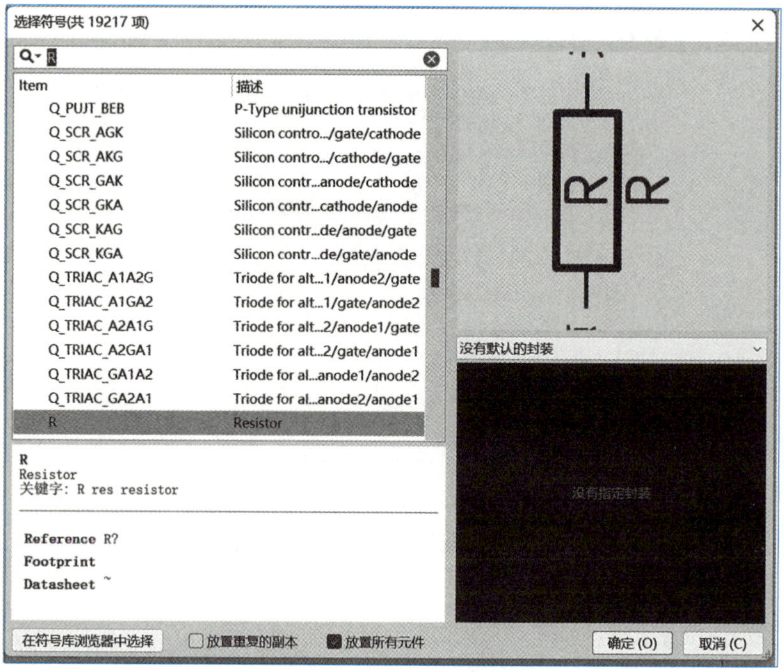

图 5-12　矩形电阻符号

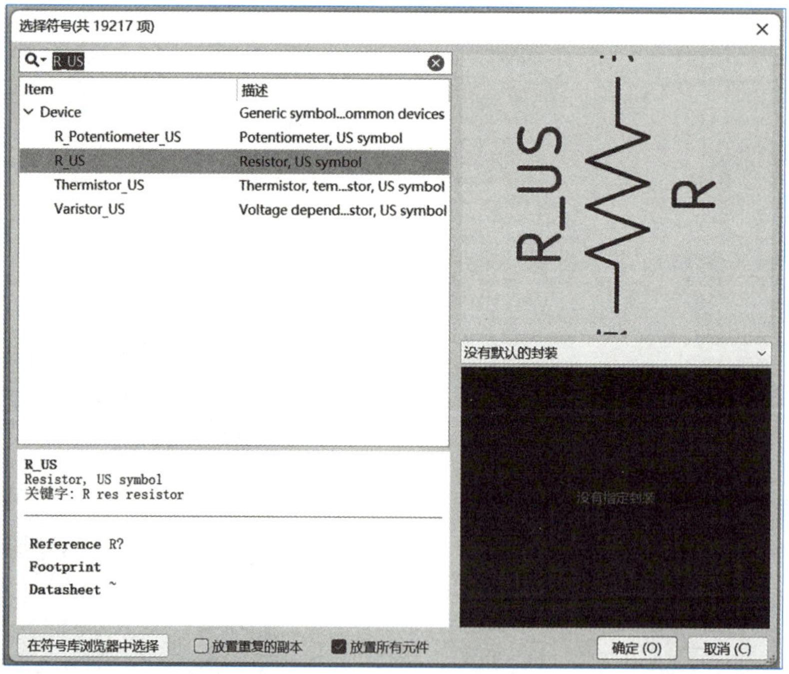

图 5-13　人字形电阻符号

若后续想要更改元器件符号的位置，可单击符号选择对象，然后用鼠标拖动选择被选择的符号进行移动，也可利用快捷键 M 移动选中的对象。选择符号时，建议选择整个符号形状本身，若只选择文本字段，则后续操作将只针对该文本，而不是符号。

原理图符号要求其名字编号、属性（输入、输出、三态等）准确无误。每一个元器件在图中都有着自己独特的“名字”，称为参考标号，通常由字母和数字组合而成。这种方式不仅能够标识元器件的类型，也能够保证命名的唯一性。以图 5－14 中电容为例。

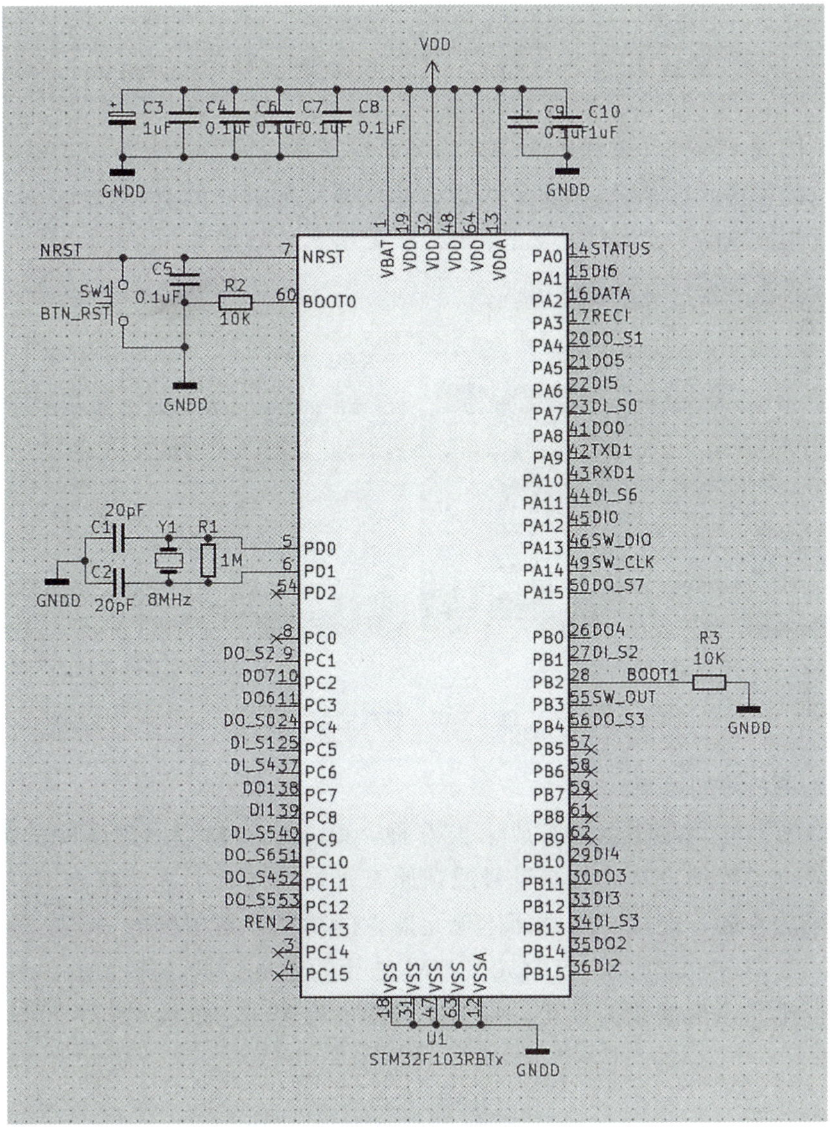

图 5－14　元器件的参考标号

电容的参考标号为 C，整个电路有多个电容元件，将它们按照一定的顺序命名为 C1、C2、C3……需要注意的是，有些元件的参考标号并不是唯一的，例如芯片在有的图中，前缀标识为 U，在有的图中，前缀标识为 IC。但不论是哪种标识，都可以根据其形状和符号来判断出元件所属类型。常用的元器件类型与对应的参考标号见表 5－1。

表 5－1 原理图符号的类型与对应的参考标号

参考标号	元器件类型	参考标号	元器件类型	参考标号	元器件类型
BT	电池	J/P	连接器	R	电阻
C	电容	K	继电器	S/SW	开关
D	二极管	L	电感	U	变压器
F	熔丝	Q	三极管	Y/XTAL	晶体

对于不同的元器件，属性中 Value 的定义也不尽相同，如图 5－15 所示。对于电阻、电容、晶振等元件来说，Value 可以表示元器件的具体的值，如多少欧姆、法拉、赫兹。对于集成电路等元器件，Value 可用于表示芯片的型号。因此，Value 也是原理图符号的一个重要特征。

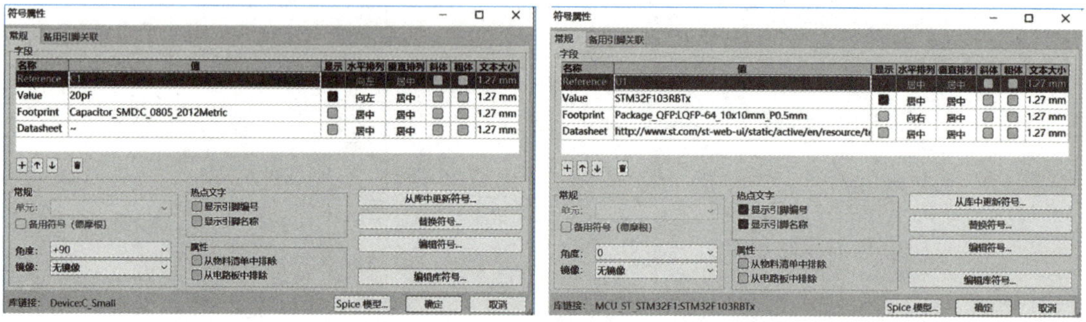

（a）电容的Value设置　　（b）集成电路的Value设置

图 5－15 符号的值

3. 原理图符号的绘制

目前市场上的元器件类型有成千上万种，而 KiCad 自带原理图库的类型有限，因此 KiCad 也支持用户自己绘制符号或在原有符号的基础上进行修改。在绘制时需要注意符号的轮廓，能从一定方面体现元器件的功能，对引脚的命名、编号、属性也要明确。如图 5－16 所示，LM5007MM 芯片的轮廓以长方形表示，每个引脚按照顺序进行排列，根据数据手册，每个引脚的也有着自己的命名，并可以选择标明

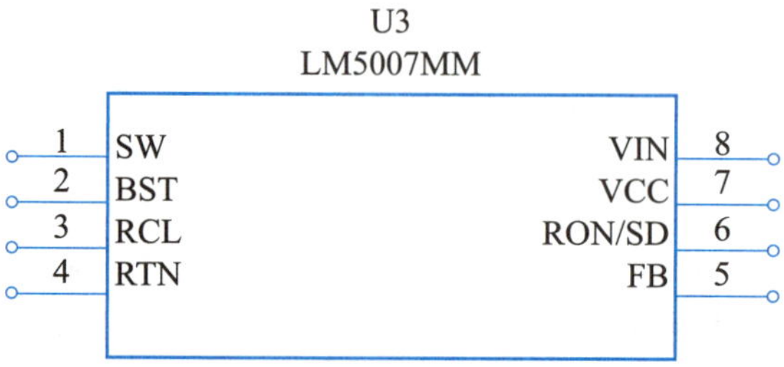

图 5－16 LM5007MM 的原理图符号

其输入/输出，也可以不标注。在绘制完成后，要对照数据手册检查符号，如果其中一个引脚出现问题，整个电路设计都会失败，因此，尤其要注意校对引脚的数量和属性。

随着元器件的集成度越来越高，一些元器件需要拆分为多个符号。在同一个原理图中，同属一个元器件的符号编号应当是一致的。

在 KiCad 的原理图中选择偏好设置→管理符号库，可以查看或编辑原理图库，如图 5-17 所示。库路径为一系列路径变量，用户在迁移库时，便无须修改库表，只要重新定义变量即可。路径替代变量可以点击偏好设置→配置路径进行编辑。${KIPRJ-MOD} 变量为当前工程所在位置，可存储该工程专用库。同时，KiCad 也支持用户导入新库。

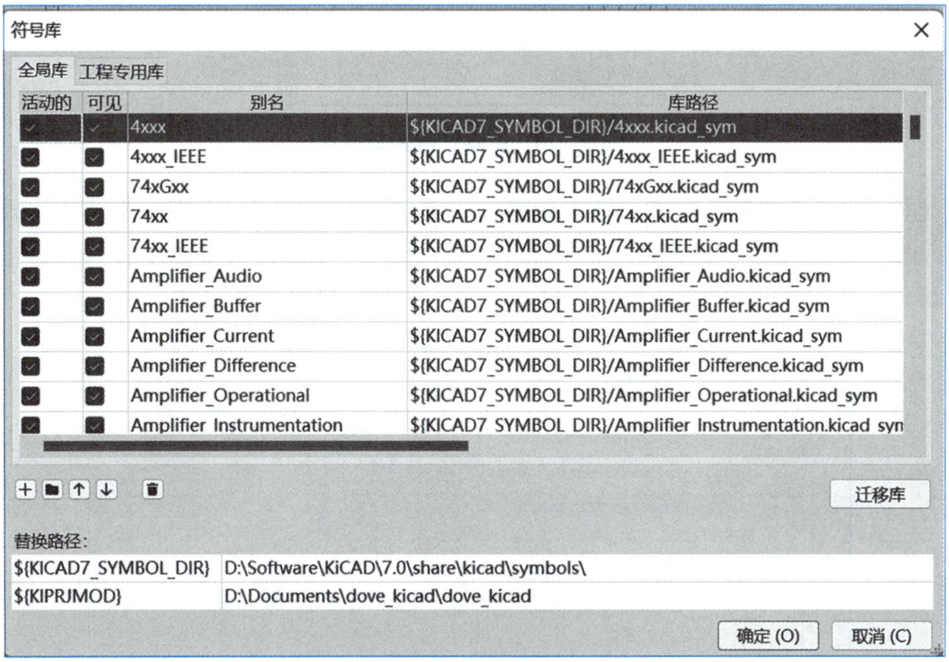

图 5-17　符号库示意图

若设计者需要自定义符号库，则在工程管理中打开符号编辑器，点击文件→新建库，并选择工程，可选择在全局/工程创建新库，并命名库文件，后缀名为“. kicad_sym”。确认后，符号编辑器左侧将会出现新建的库。选择对应的库，单击鼠标右键，点击新建符号，则可以设置元器件的名称、位号等。以芯片 AMS1117 为例，输入芯片名称，同时，芯片的位号应为 U，所以默认位号输入 U，其他字段保持默认，如图 5-18 所示。

在右侧工具栏选择绘制矩形框，画出 AMS1117 芯片符号的大小。点击右侧工具栏上的添加引脚按钮，将会弹出对话框，进行引脚属性的设置。以 1 号引脚为例，通过查阅资料，引脚名称设置为 GND，引脚编号为 1，电气类型选择输入，方向选择向上的选

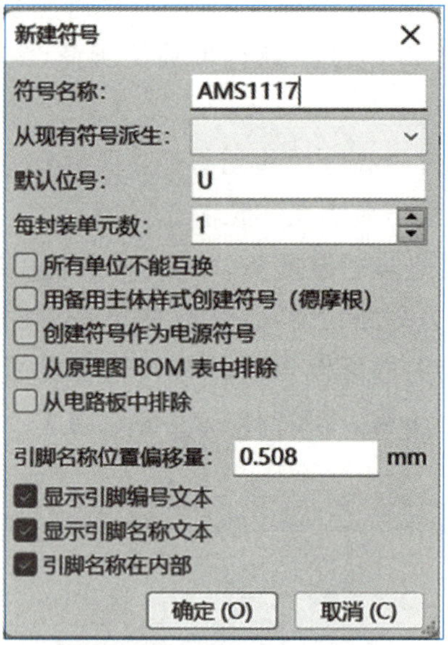

图 5 - 18　新建符号参数设置

项，点击“确定”按钮后，即可返回画布，引脚将跟随光标移动，点击引脚应当摆放的位置，即可摆放到位，如图 5 - 19 所示。若添加第二个引脚，可重复上述操作，也可按快捷键 Insert，新引脚将被添加到符号中，双击引脚可设置相关属性。

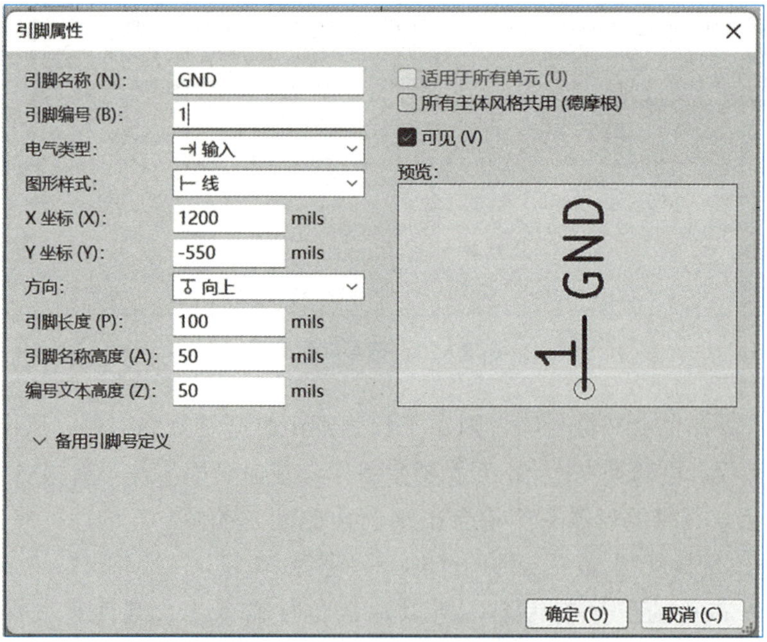

图 5 - 19　AMS1117 引脚设置

画布中符号的移动与网格相关，符号需要放置在网格线上，因此，如果想要符号紧密或移动幅度减小，则需要在网格子菜单中选择更小的网格数据。

点击文件→符号属性可编辑库符号属性，也可直接双击画布。如图 5－20 所示，将值改为 AMS1117，关键字可输入其他内容，也可输入 AMS1117，用于快速搜索该符号。确定以后，查看图形，若值与符号重叠，可移动值的位置。

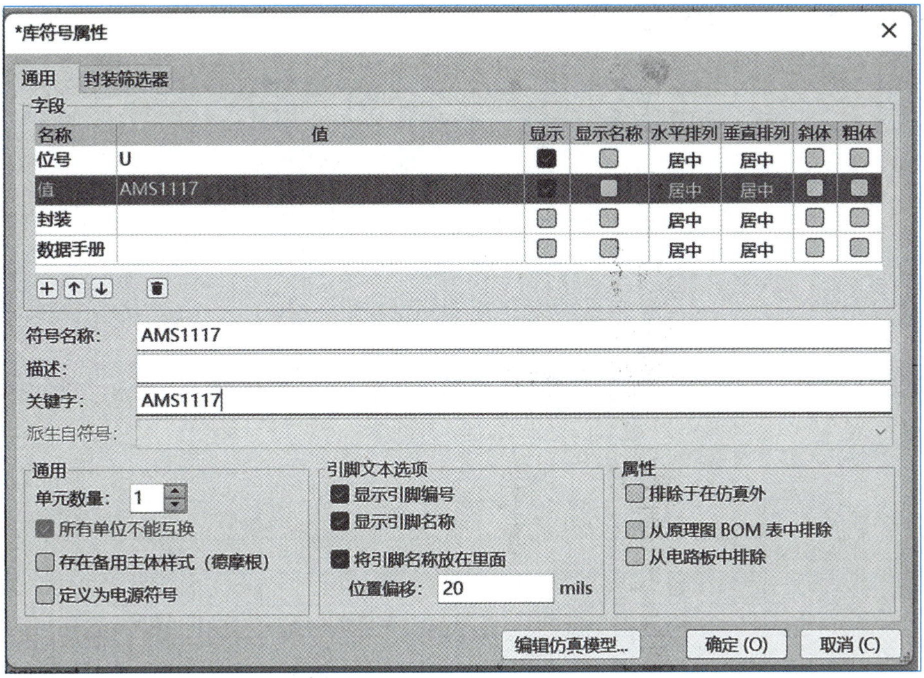

图 5－20　AMS1117 符号属性设置

4. 关联封装

每个元器件都有对应的封装。与原理图符号不同，封装将实际电子元器件的大小、长宽、直插、贴片等参数以图形的方式表现。正如前文所述，以电阻为例，其分为直插式与贴片式，尽管原理图符号相同，但封装图形有所区别，甚至贴片式封装也有着多个标准，如图 5－21 所示。封装的选择会影响后续元器件的采购、焊接，因此需要结合成本、精度综合考量，考虑到元器件采购的难易程度，应尽可能选择常用的封装类型。

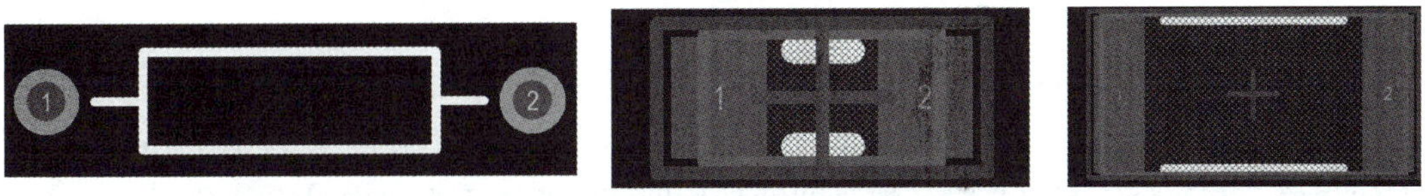

（a）直插式封装　（b）贴片式封装（1）　（c）贴片式封装（2）

图 5－21　电阻的不同封装

同样地，元器件的封装库也支持设计者添加或新建，操作与原理图符号库内容类似，此处不再赘述，主要讲解封装的绘制。新建元器件封装之前，可以创建一个新库，然后在该库中新建封装，并对其命名，注意选择封装类型，可以选择贴片或者通孔。绘制封装之前，需要查阅数据手册，了解元器件的尺寸与排布，所用的 AMS1117 芯片封装数据如图 5－22 所示。

● Type:SOT-223

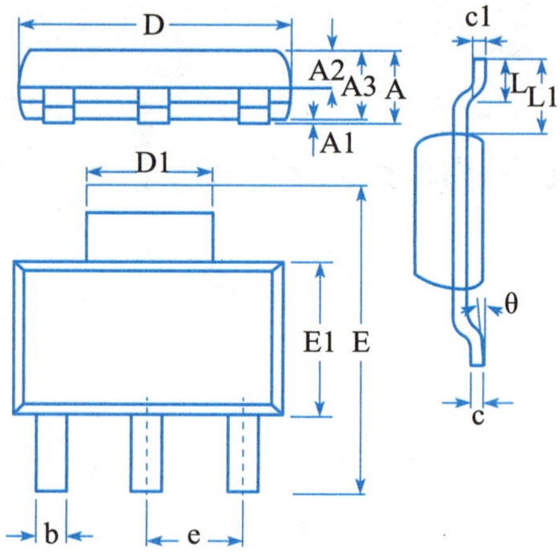

DIM	Millimeters		Inches	
	Min	Max	Min	Max
A	1.48	1.8	0.058 3	0.070 9
A1	0	0.15	0.000 0	0.005 9
A2	0.6	0.95	0.023 6	0.034 7
A3	1.45	1.75	0.057 1	0.068 9
b	0.6	0.82	0.023 6	0.032 3
c	0.2	0.35	0.007 9	0.013 8
D	6.2	6.6	0.244 1	0.259 8
D1	2.9	3.1	0.114 2	0.122 0
E	6.7	7.3	0.263 8	0.278 4
E1	3.3	3.7	0.129 9	0.145 7
e	2.3(TYP)		0.090 6(TYP)	
L	0.76	1.16	0.029 9	0.045 7
L1	1.75(TYP)		0.068 9(TYP)	
θ	0	10°	0.000 0	10°
c1	0.25(TYP)		0.009 8(TYP)	

图 5－22　AMS1117 芯片 SOT－223 封装数据

选择图层 F. Cu，点击右侧工具栏添加焊盘。一般来说，引脚 1 放置于（0，0）处，根据数据手册可知，窄焊盘宽度 b 的大小为 0.6～0.82mm，长度 L 为 1.75mm。为了方便焊接，在实际绘制封装时，焊盘宽度与长度都要略大于手册中对应的数据。双击焊盘设置其属性，编号为 1，位置为（0，0），尺寸 X（对应数据 L 长度）为 2mm，Y（对应数据 b 宽度）为 1.5mm，如图 5－23 所示。按该步骤，依次设置其余焊盘大小。

根据数据手册可知，两焊盘中心距离 e 为 2.3mm，在设置焊盘间距时，一定要精准，避免焊盘与实际引脚无法一一对应。在 KiCad 默认的坐标系中，正 Y 轴的方向是向下的。已知焊盘 1 中心坐标为（0，0），焊盘 2 中心与焊盘 1 中心相距 2.3mm，因

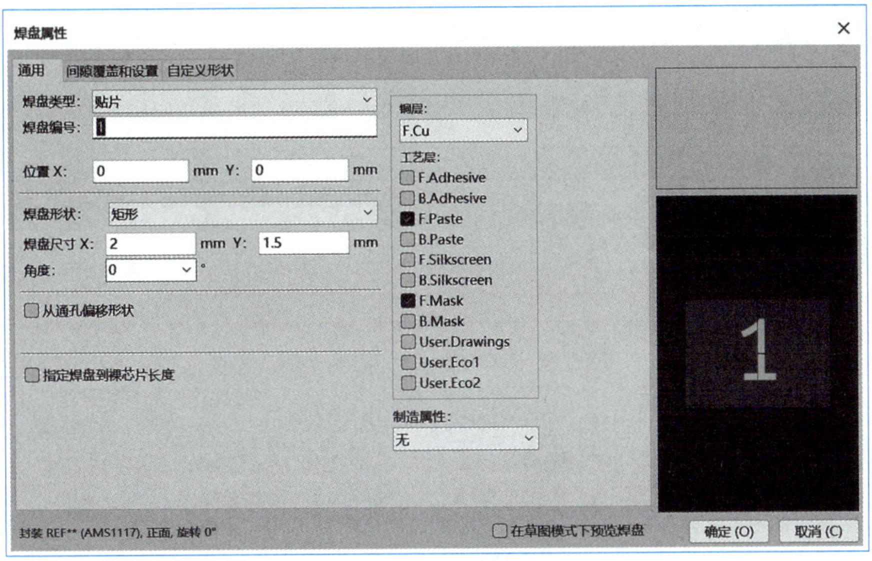

图 5－23　焊盘参数设置

此，焊盘 2 可设置位置参数中的 Y 值为 2.3mm，以此类推，最终效果如图 5－24 所示。

完成焊盘的绘制与位置确定后，选择图层 F.Fab，画出准确的元件边框，根据数据手册中 E1 与 D 的大小，绘制宽 3.7mm、长 6.6mm 的矩形框，放置焊盘之间。选择丝印层 F.Silkscreen，丝网的边框应在元件边框之外，丝印可围绕全元件，也可绘制部分，此处绘制部分丝印，并标明 1 号焊盘，丝网线向外移动 0.11mm 左右。最终选择 F.Courtyard 层，绘制边框以防止后续布局时与其他封装重合，该边框与内部边框之间间隙应为 0.25mm 左右。最终效果如图 5－25 所示。

图 5－24　焊盘间距排列效果图

图 5－25　AMS1117 封装结果图

封装完成以后，回到符号编辑器中，打开芯片封装，可编辑符号属性，点击封装字段和封装旁的库图标，找到新建的封装库与绘制的封装，双击以选择该封装，然后保存设置，如图 5－26 所示。此时，原理图符号与封装符号已相关联，后续添加该原理图符号时将会默认分配所选封装。

封装绘制步骤较为复杂，需要查阅相关数据手册与数学计算，容易造成失误，因此如有可能，建议搜索已有封装，将其添加入库中，进行关联。

在 KiCad 中，可统一进行所有符号的封装管理，选择相应的封装。而软件本身自带的封装库数量有限，有些元器件的封装不在库当中。此时，可以自己根据数据手册绘制封装，也

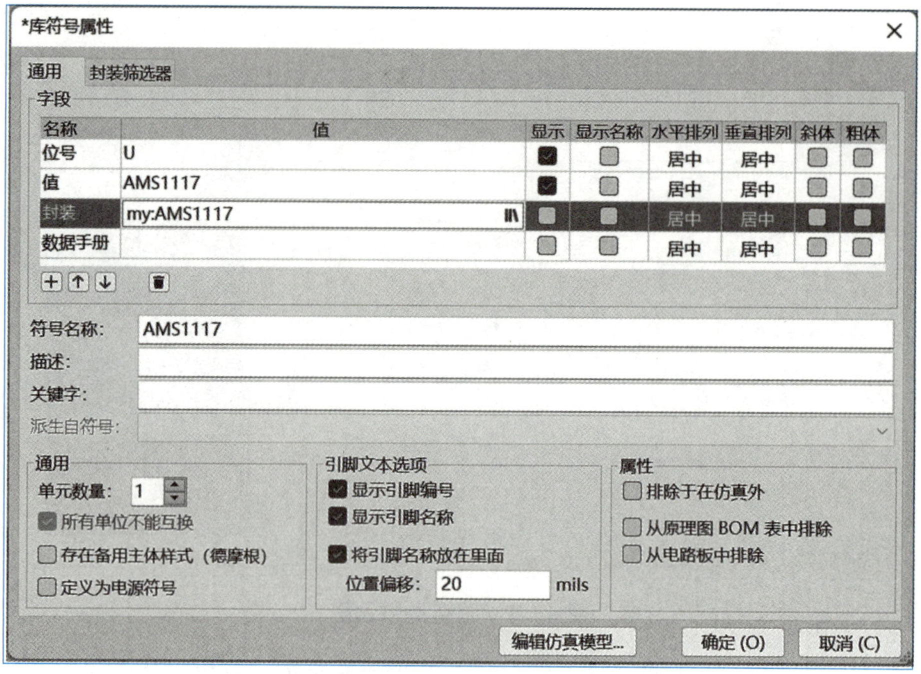

图 5－26　原理图符号与封装符号的关联设置

可以上网搜索元器件的封装，在软件中配置好封装库的路径，再进行选择，如图 5－27 所示。

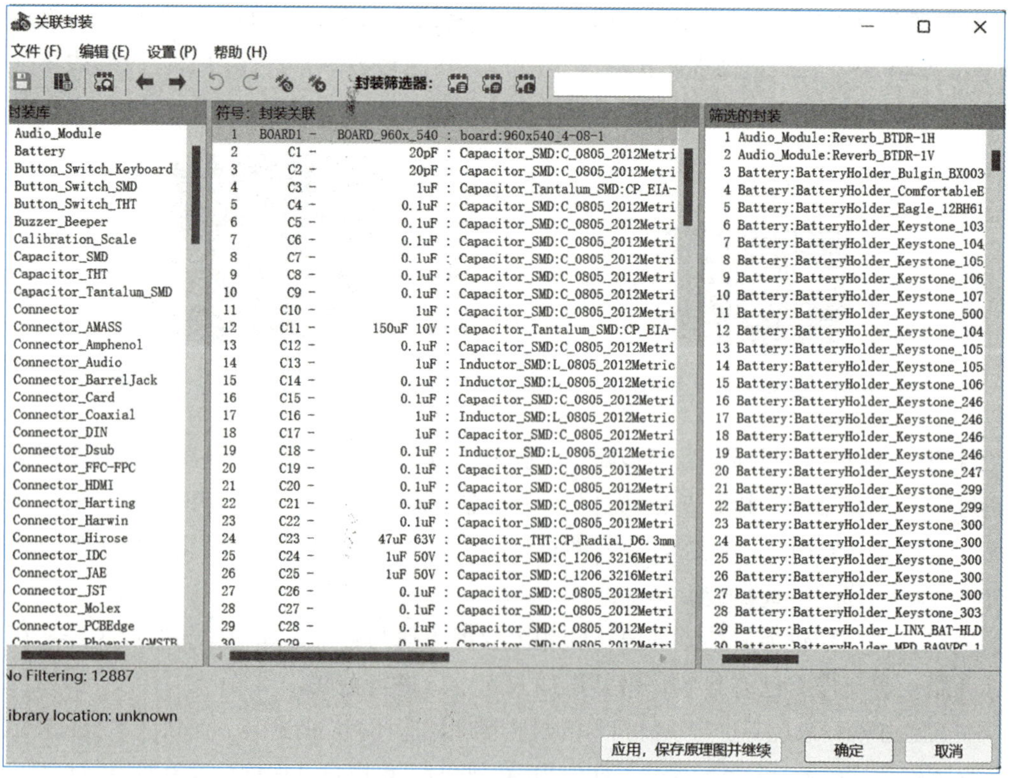

图 5－27　封装管理示意图

5. 原理图的布线

在原理图中，元器件的引脚只要连接在一起，便可视为一个网络标号（Net）。目前，常用两种方法实现连接：（1）采用直线将相应的引脚进行连接；（2）对引脚标注 Net Name，即使引脚间没有用直线连接，系统也会默认同一 Net 下的引脚之间相互连接。如图 5－28 所示，原理图模块内的元器件采用直线连接，模块间的连接关系使用 Net 标注，以免整个原理图显示杂乱而不利于后续修改。

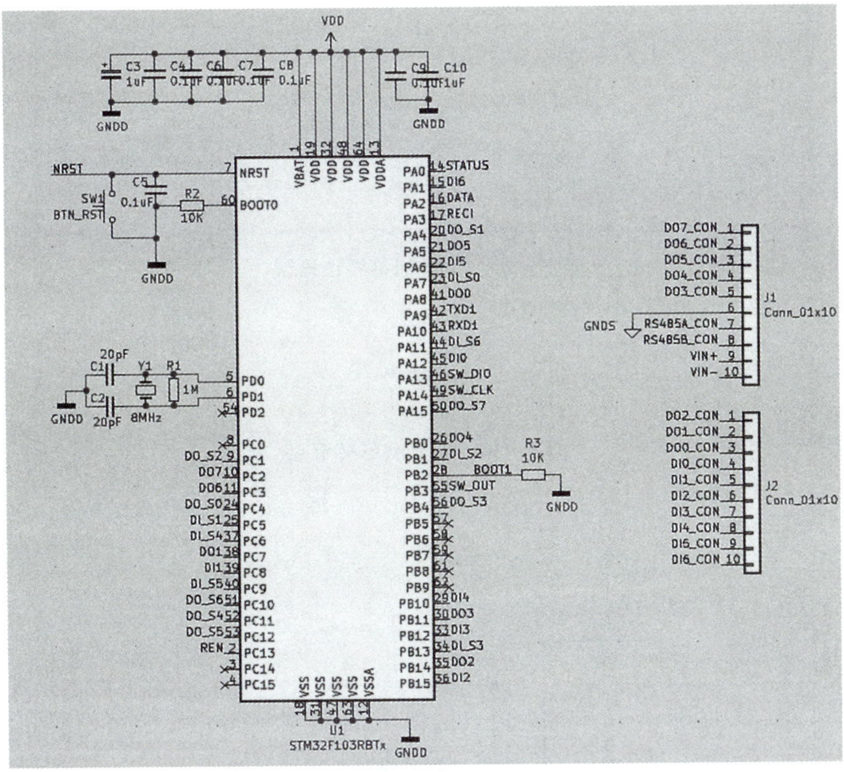

图 5－28 原理图用线和网络组合命名

若利用 Net 标签进行连接，则需要采用字母和数字的组合对 Net Name 命名。在进行标注时，命名要易懂，尤其注意拼写是否正确，如图 5－29 所示。点击右侧工具栏的网络标签，输入标签名称，点击“确定”后，将标签左下角的方形连接点与导线重合后，即可放入原理图中。

若利用直线进行连接，则点击右侧工具栏上的添加导线或按快捷键 W，通过单击对应的符号引脚或双击任何地方完成画导线。除此以外，将鼠标悬停在未连接的引脚后，光标若发生变化，则代表可从该引脚进行导线的绘制，点击后便会自动画导线。

利用直线可以将多个元器件端子直接连接在一起，并形成带有实心圆点的十字交叉，这个实心圆点称为节点，如图 5－30 所示。穿过这个节点的直线都是相互连接的，如图 5－31 所示，U19 芯片的 2 号引脚与 3 号引脚之间连接，同时，2 号引脚还将与其他元器件连接。

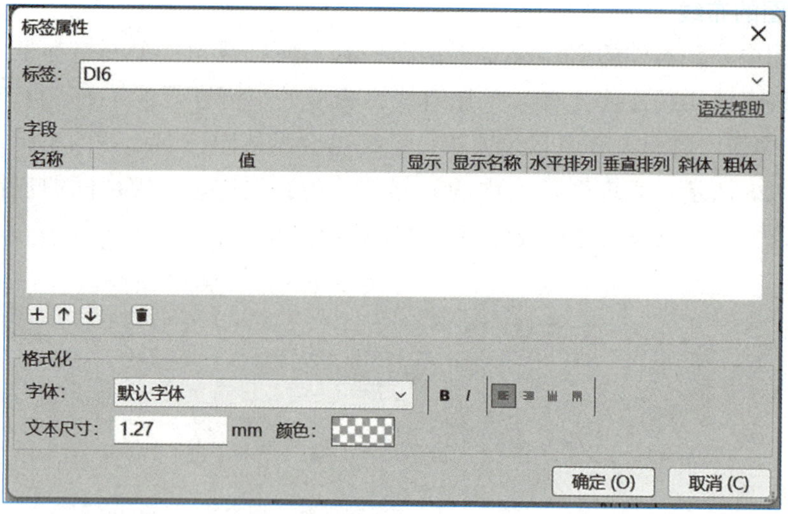

图 5－29　符号标签属性设置

图 5－30　无节点与有节点

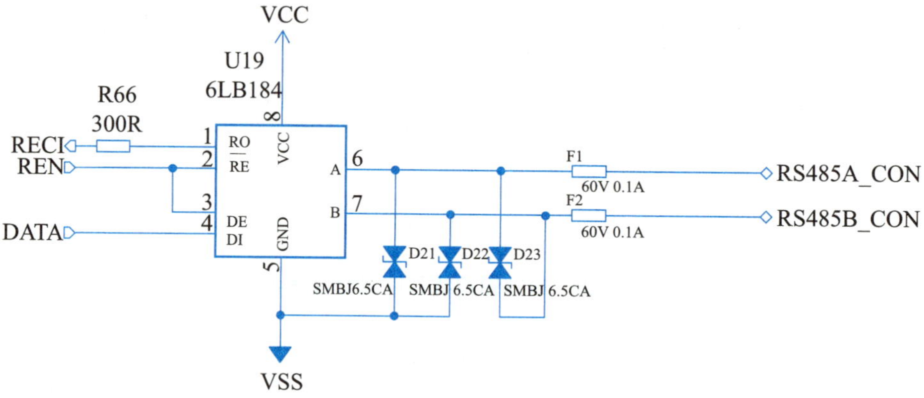

图 5－31　连接示意图

如果两条线的十字交叉没有节点，则认为连接线都是相互独立的，未形成任何类型的连接。如图 5－31 所示，D21 的一端与 VSS 连接，另一端与 U19 的 6 号引脚连接，与 7 号引脚无任何连接关系。同理，D23 的一端与 6 号引脚连接，与 7 号引脚相互独立，另一端与 7 号引脚和 F2 连接。

6. 层级设计

对于简单的电路，往往一张原理图纸就足以放置，这种原理图称为平坦式电路图。但是，如果电路系统复杂，就不得不扩展图纸覆盖区域来放置元器件的连接。尽管 KiCad 允许用户自定义图纸，但整个图纸会显得比较杂乱，后续绘制、修改也很麻烦，更不利于实际打印。而 KiCad 在同一工程下只允许添加一个原理图，因此，常采用软件自带的原理图分层功能，这种原理图称为层级式电路图。

如图 5－32 所示，利用分层设计方式绘制电路图时，按模块功能进行层级设计，分层的名称不可重复，并且通俗易懂。每个层级式电路图只有一个根目录，可称为父工作表，其可以拥有多个子工作表。

图 5－32　层级式电路的显示结构

父工作表和子工作表可以利用全局标签和层次标签来建立不同层次的电气连接，图 5－33 为父工作表，以 communicate 为例，绘制好分层图框后双击，将会进入新的界面，便可绘制子工作表的内容。

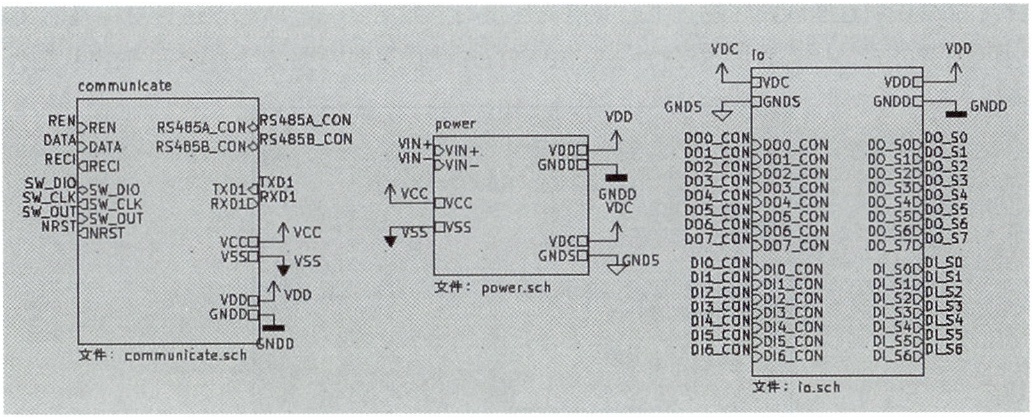

图 5－33　父工作表示意图

在子工作表中，可以相应放置元件进行连接。如图 5－34 所示，以 communicate 子工作表为例，若要与父工作表建立不同层次之间的电气连接，还需要放置标签。标签可分为全局标签与层次标签，前者可连接所有层次结构中的信号，后者仅在工作表内连接信号，并连接到父工作表的引脚。为了凸显分层原理图的工作表框架清晰明了，很少使用全局标签。

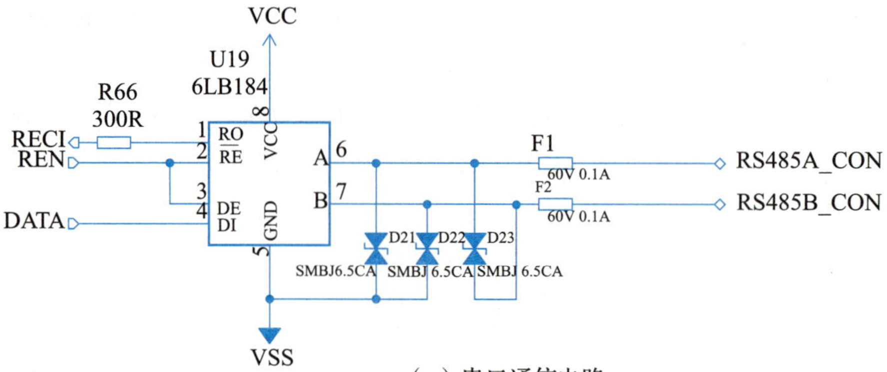

（a）串口通信电路

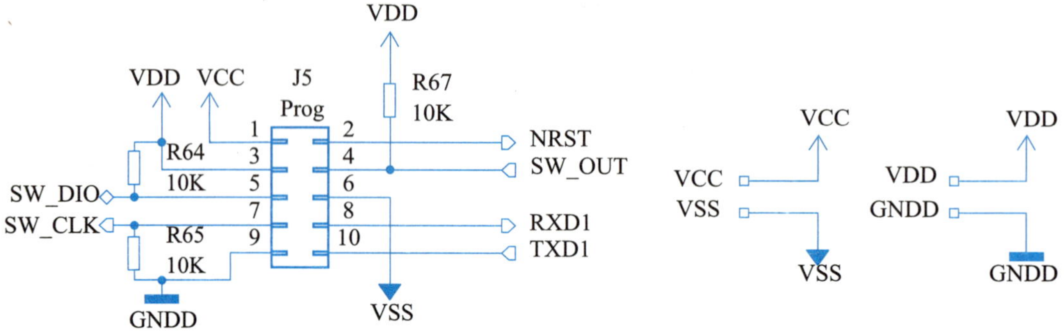

（b）编程及供电电路

图 5－34　communicate 子工作表示意图

类似于 Net，标签的命名也是由数字、字母组合而成的。如果多条线路的标签都是相同的，那么说明这些线路在物理上是有电气连接的。如图 5－35 所示，还可对标签的文本大小、对齐方式、样式和形状进行设置，在进行形状设置时，要关注其输入/输出状态。

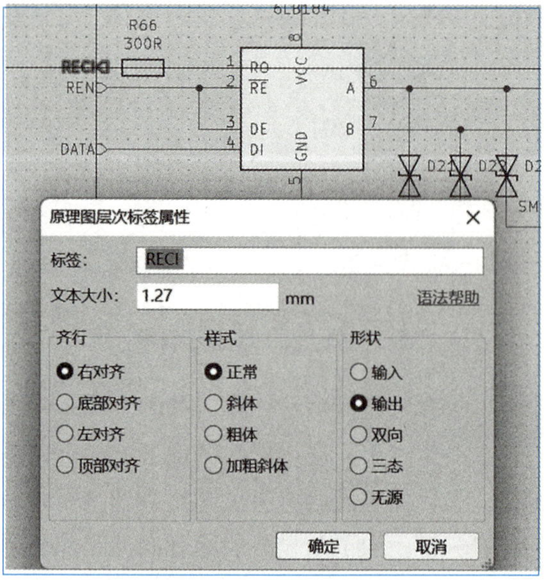

图 5－35　标签的属性设置

除此以外，在父工作表中，还允许添加层次引脚，进而引出连线，添加网络标签，从而建立电气连接。

7. 电气规则检查

原理图的绘制与封装的分配完毕以后，需要进行电气规则检查（ERC）。ERC 可以自动验证原理图的连接，检查出常见的问题，如引脚未连接、缺少驱动器、网络的拼写错误、原理图符号未编号等，如图 5－36 所示，点击每条错误信息可排除或忽略违规。需要注意的是，ERC 能力有限，无法确保原理图的设计无误。

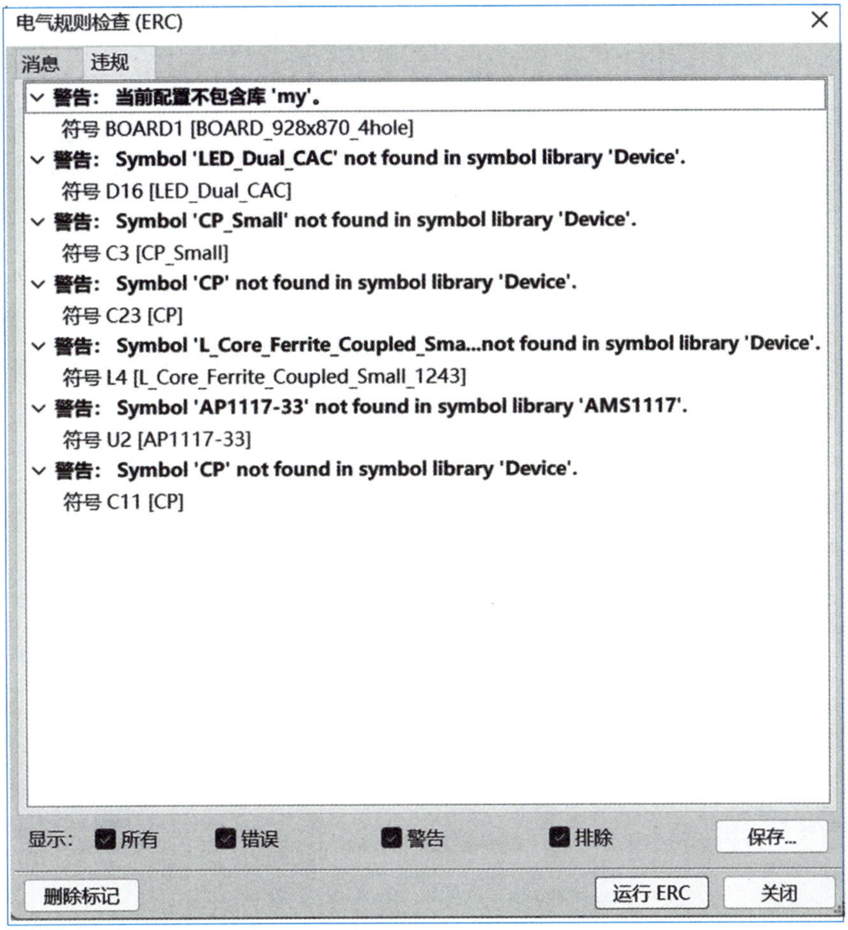

图 5－36　电气规则检查（错误示意图）

ERC 报错或警告往往是违反了预定的规则，KiCad 允许用户根据实际需求进行规则的修改，如图 5－37 所示，可选择错误/警告/忽略，若无特殊需求，保持默认即可。对于 ERC 的错误或警告，可点击定位到错处，进行修改。若 ERC 出现报错，而设计者确认此处正确无误，则可选择忽略。尽管 ERC 的报错并不是实际的设计错误，警告也不是错误，但是解决这些违规行为，可以获取更清晰的报告，从而发现真正的问题，以免影响后续 PCB 的布线。

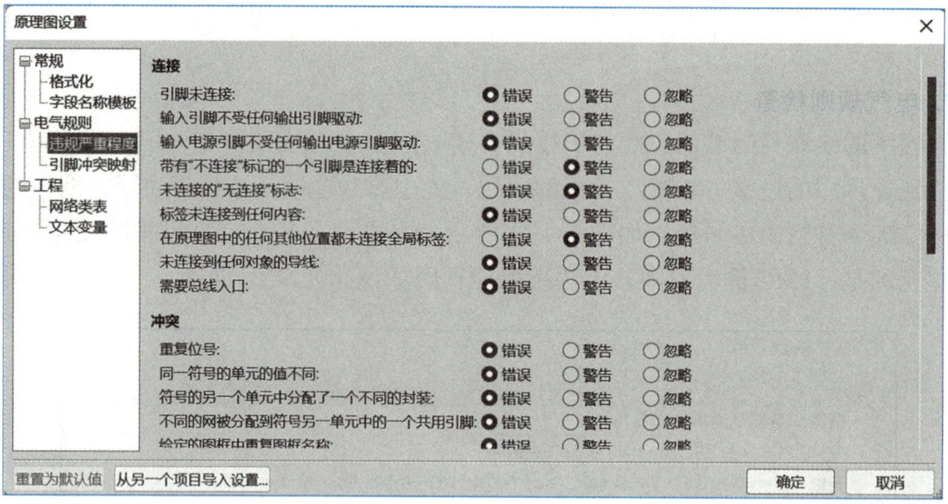

图 5-37 ERC 规则设置

在 VCC 和 GND 网络中，常见 ERC 报错：输入电源引脚没有被任何输出电源引脚驱动，即电路没有电源。一般电路包含传输信号的导线和供电的导线。对设计者来说，电路的电池驱动了 VCC 和 GND，但在 KiCad 中，需要将信号线和供电线分开，因此电源端口符号要标明是由其他电源驱动的。

在 Power 符号库中，有个特殊的符号叫 PWR_FLAG，将其添加进 VCC 和 GND 网络，便可标注这些网络已被驱动，且只表明 VCC 和 GND 管脚的性质，不会造成 VCC 和 GND 短路，如图 5-38 所示。

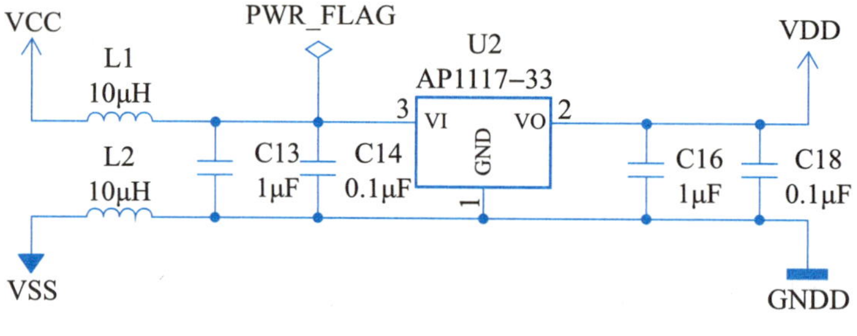

图 5-38 PWR_FLAG 的使用

任务3 PCB绘制

任务描述

PCB 绘制是指设计电子产品的电路板布局和元器件安装位置，以及通过软件将其转化为实际可生产的电路板制造文件。本任务需要对电子电路、元器件布局、电路板布局、PCB 制作等方面有一定的了解并掌握相关技能。本任务根据隔离控制器电路原理图设计电路板布局，选择合适的元器件并确定它们的安装位置，进行线路连接和走线优化，按照要求设置电路板规格和层数，导出打板文件等。在完成任务时，需要注意 PCB 设计的精度与质量，保证电路板可以正常工作，同时还要考虑到产品的外观尺寸。

知识储备

相对于原理图的绘制，PCB 布局与布线是整个设计过程最难、最耗费时间的一步。如果说原理图是理论上的电路逻辑，那么 PCB 便是理论与现实的连接，其最终会影响实体电路板元件的美观度与可靠性。

一、PCB 外观

类似于原理图，PCB 同样支持页面大小、标题块等设置。但 PCB 还需要考虑到电路板的制造以及设计规则，点击文件→电路板设置，即可进入 PCB 设置。在窗口的电路板压层→物理压层中，可选择铜层的数量，本项目使用的是双层板，因此该项定为 2 即可，如图 5－39 所示。

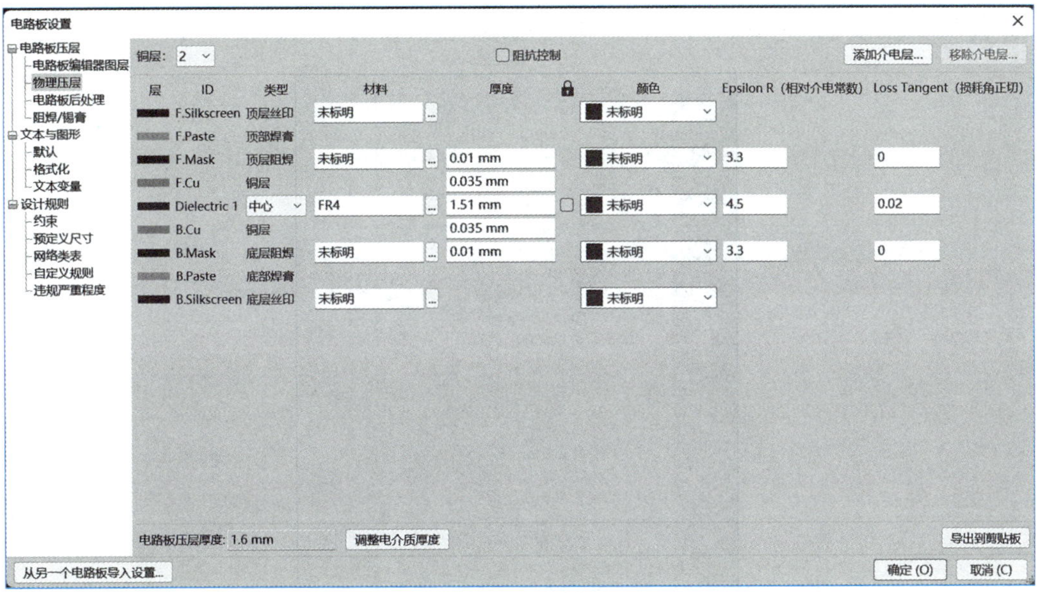

图 5－39　电路板设置示意图

在原理图绘制完成后，需要将相关数据导入 PCB 中，点击工具→从原理图更新 PCB 或按快捷键 F8，将会弹出对话框，包含添加、更新、删除、重新连接元件/网络/引脚等信息，点击 PCB，再关闭，即可导入数据，如图 5－40 所示。

若后续对原理图进行了修改，则需要手动更新 PCB，以确保原理图和 PCB 的数据同步。

在绘制 PCB 之前，需要根据结构需求，确定电路板的外观，即大小与形状，尤其

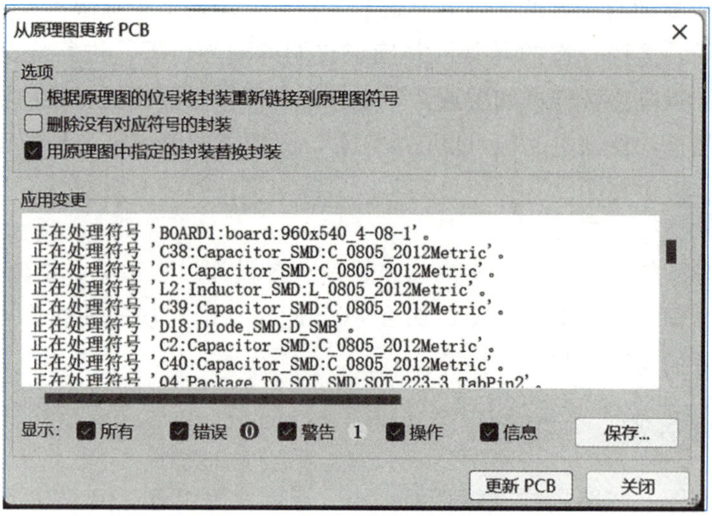

图 5-40　从原理图更新 PCB 符号

是关键的螺丝孔的大小与位置。点击右侧 Edge. Cuts 图层，先选择矩形工具，大致画出电路板的尺寸，然后利用直线、圆弧、圆形、多边形等工具，绘制出 PCB 板的实际边框。需要注意的是，边框应该是一个单一封闭形状，如图 5-41 所示。

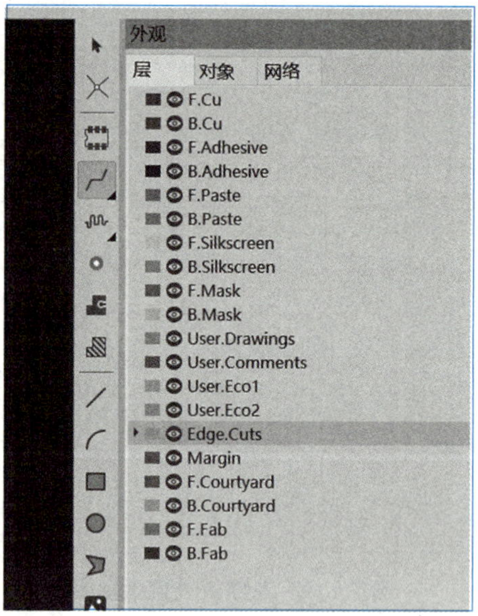

图 5-41　图层的选择

本电路板后续将放入工控盒中，如图 5-42 所示，因此电路板形状不同于常规矩形，偏向于异形。其中圆形外廓加十字标识的为定位孔，后期可用螺丝将它固定在保护壳中，如图 5-43 所示，绘制完电路板的外观机械草图以后，机床将根据其轮廓切割形状，并进行钻孔。图 5-44 所示为电路板的最终形状，宽 54mm，长 96mm，因此，尤其要注意螺丝孔的大小、位置以及电路板尺寸，以免后期无法固定于保护壳中。

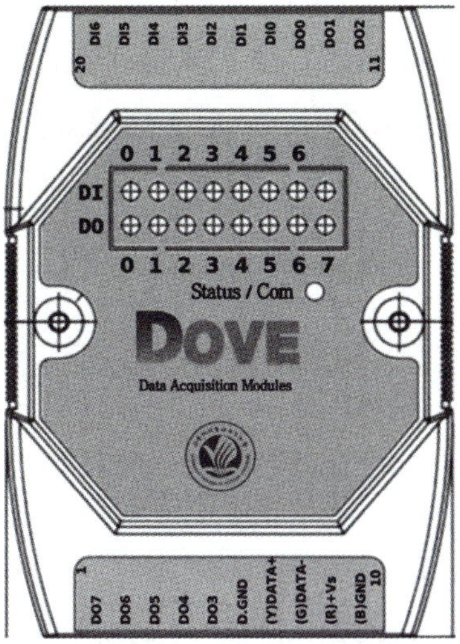

图 5-42 电路板工控盒示意图

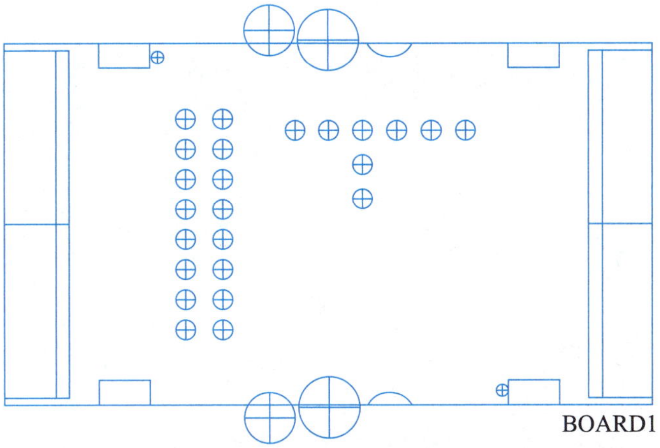

图 5-43 电路板外观绘制草图

图 5-44 电路板最终外观

后期将电路板放置于壳中，不仅方便带电进行拔插操作，以免手上潮湿时发生触电等危险情况，还可以隔绝外界环境对电路板上元器件的工作干扰或者损坏，从而达到保护目的。一旦电路板中元器件发生故障，就极易导致整个系统无法正常工作。

电路板的大小应适中，过大容易产生阻抗增加、成本增加、抗噪声能力下降等问题，过小则会出现不易散热、邻近线条相互干扰等情况。

二、PCB 布局

PCB 布局时，需要考虑多个因素：

（1）从结构方面来说，较重的元器件应当分散布置，以免出现“一头倒”的情况，且外接插件应当摆放整齐，方便后续的插拔；

（2）注意高频器件的电磁干扰；

（3）元器件放置时，应当注意避开定位孔、直插式元件的过孔；

（4）元器件的放置应当符合日常的使用习惯，例如电源指示开关应当与电源指示灯在同一层，接线端子、程序编程接口应放置在边缘处，如图 5－45 所示。

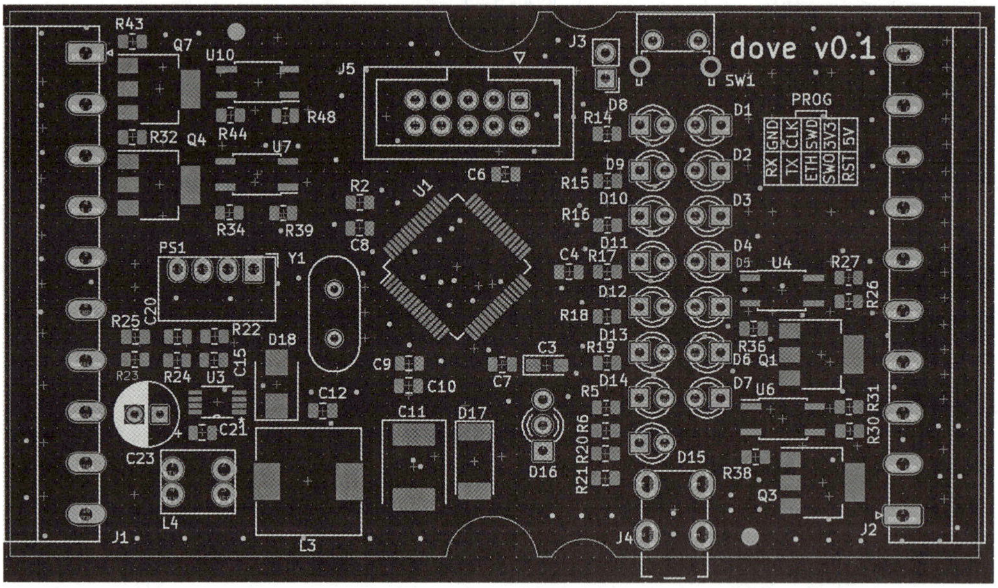

图 5－45　电路板顶层布局

在确定了电路板的外观和重要元器件的位置以后，根据不同的模块或类型划分相应的功能区域，比如电源降压稳压、输入输出、通信。不同功能区域的电源供电与地线都有差异；不同功能区域的元器件不可混在一起，否则极易造成干扰。

功能区域划分完毕后，放置区域内的元器件。首先放置关键的元器件，如芯片、去耦电容等；然后再放置周边的元器件，如电阻、电容等。

本次绘制的为双面板，元器件可放在顶层和底层。选择元件，按 F 键即可将其翻转到另一层，顶层的焊盘为红色，底层的焊盘为蓝色（KiCad 默认值）。不论是顶层还是底层，PCB 中都是从正面看元器件，因此，如果查看底层元器件，实际看到的是元器件的镜像。选择元器件后，还可用 M 或 R 键进行移动和旋转操作。

如图 5－45 与图 5－46 所示，一般顶层会放置具有一定高度、较为重要并显眼的元器件，如主控芯片、晶振、按钮、LED 灯；底层会放置一些高度有限、发热量小的元器件，如贴片电阻、贴片电容、小的芯片等。

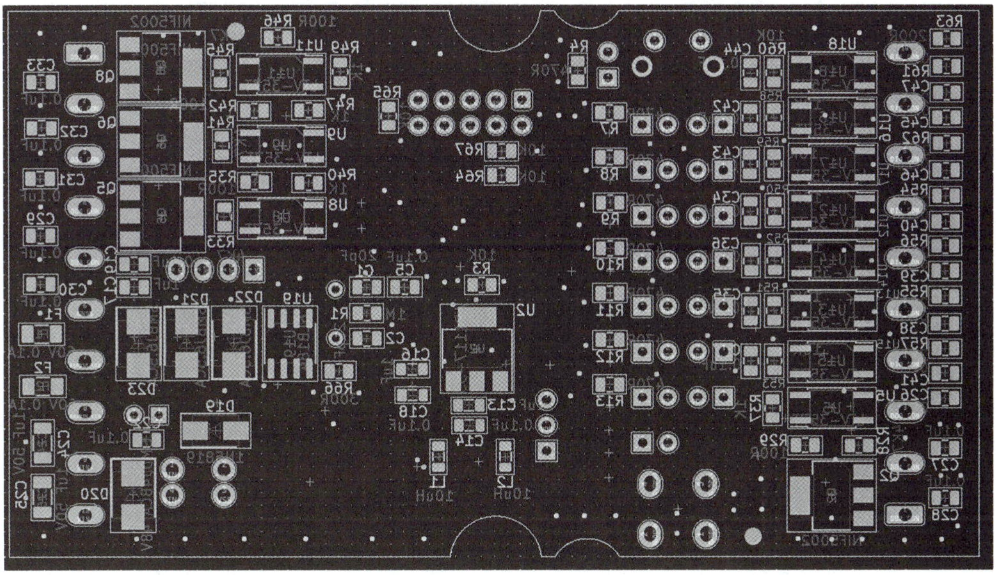

图 5－46　电路板底层布局

电路板进行移动放置时，可看到元器件焊片、过孔上有很细的飞线，其代表信号流的走向和连接，元器件间的飞线距离要尽可能短，以方便后续直连。PCB 布局还应遵守以下规则：

（1）数字信号和模拟信号的元器件应当尽量远离，以免造成干扰。

（2）注意元器件与 PCB 边缘的距离，尽量保证元器件与边缘距离 3mm 以上。

（3）进行双面板布局时，直插式元器件所在区域的另一面不得放置过孔或贴片式元器件。

（4）元器件之间应当注意距离疏密，以免影响后期的走线、打孔或焊接。另外，若信号线过长，则也会造成信号的延时。

（5）元器件的摆放应当尽可能美观整齐，便于后续调试。

在进行布局时，每个元器件基本都会有至少一个“边框”，打开 Courtyard 层即可看到，其代表元器件在电路板中实际占据的位置大小。因此，一般来说，这种边框应该是不相交的，如图 5－47 所示。

KiCad 支持将 PCB 布局导出为 pdf 格式，也可以利用 3D 查看器，查看电路板的实际情况。在布局完成后，建议导出为 pdf 格式或者使用 3D 查看器，检查元器件之间是

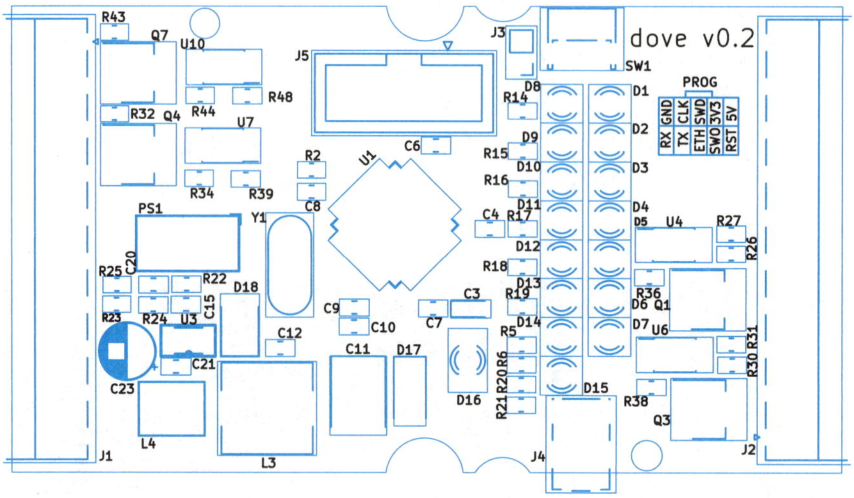

图 5－47 元器件“边框”互不相交

否有重叠或遗漏，后续插拔是否方便，元器件与电路板边缘的距离是否过小，定位孔位置是否正确，排列是否整齐。

本电路板的 pdf 布局如图 5－48、图 5－49 所示。

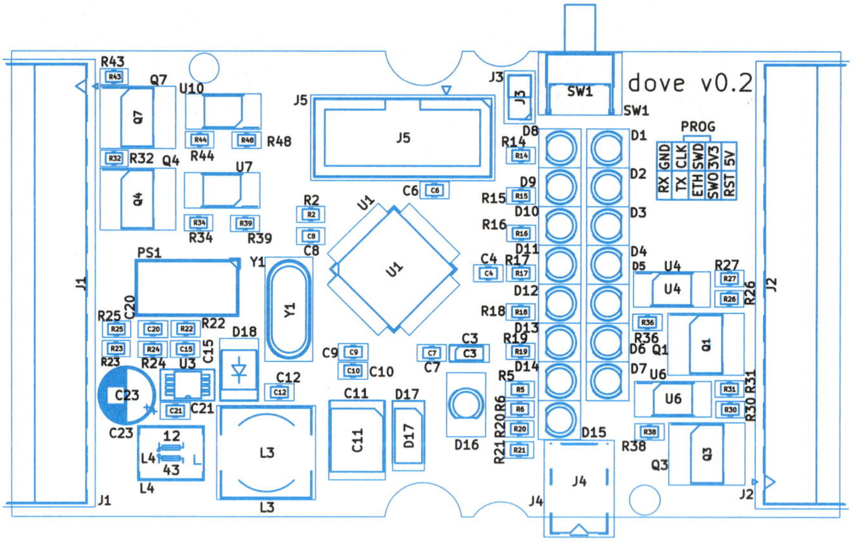

图 5－48 顶层布局检查（pdf 格式）

三、PCB 布线

1. 布线操作

PCB 元器件布局完成后，就可以开始对元器件之间的引脚进行连线了，即 PCB 布线。但是，PCB 制作完成后，需要发送文件给制造厂商打板制作。因此在布线之

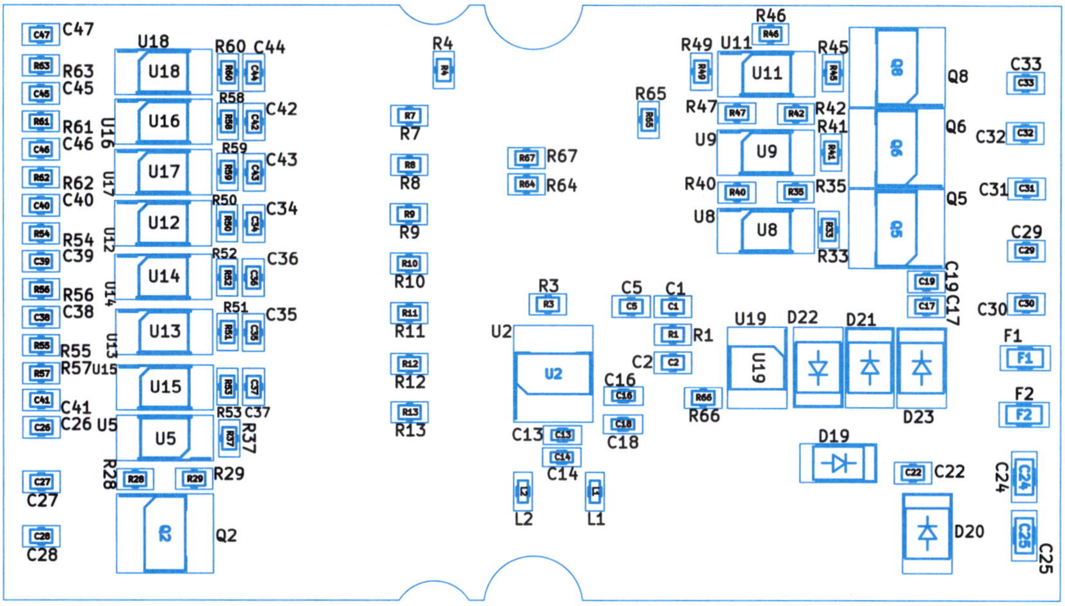

图 5-49 底层布局检查（pdf 格式）

前，需要了解 PCB 制造厂商的制作规范与工艺参数，不同厂商的工艺参数极限不同，这些资料可在厂商的官网中直接搜索阅读。如表 5-2 所示，以某电路板制造商为例，该厂商能接受双面板的最小连线宽度为 4mil（0.101 6mm），连线之间的最小距离为 4mil（0.101 6mm），实际生产在线宽方面会有 20%的误差。由于工艺技术有限和对成本的控制，一般在设置布线、过孔等规则时，会相应地检查工艺参数。考虑到工艺误差，设置的规则要大于工艺参数的极限，确保 PCB 板在厂商的生产工艺能力以内，能够正常生产。

表 5-2 某电路板制造商关于 PCB 线宽的工艺参数

<table>
<tr><td rowspan="7">线路</td><td rowspan="2">最小线宽/线隙（1OZ）</td><td>单双面板：0.10/0.10mm（4mil/4mil）</td><td rowspan="7">
</td></tr>
<tr><td>多层板：0.09/0.09mm（3.5mil/3.5mil），BGA 处局部线宽可做 3mil</td></tr>
<tr><td rowspan="2">最小线宽/线隙（2OZ）</td><td>双面板：0.16/0.16mm（6.5mil/6.5mil）</td></tr>
<tr><td>多层板：0.16/0.20mm（6.5mil/8mil）</td></tr>
<tr><td>最小线宽/线隙（2.5OZ）</td><td>双面板：0.2/0.2mm（8mil/8mil）</td></tr>
<tr><td>最小线宽/线隙（3.5OZ）</td><td>双面板：0.25/0.25mm（10mil/10mil）</td></tr>
<tr><td>最小线宽/线隙（4.5OZ）</td><td>双面板：0.3/0.3mm（12mil/12mil）</td></tr>
</table>

续表

<table>
<tr><td rowspan="5">线路</td><td>线宽公差</td><td>±20%</td><td>例如线宽为 0.1mm，实板线宽为 0.08～0.12mm 是允许的</td></tr>
<tr><td>焊盘边到线边间距</td><td>≥0.1mm（尽量大于此参数），BGA 焊盘到线距离最小为 0.09mm</td><td rowspan="3">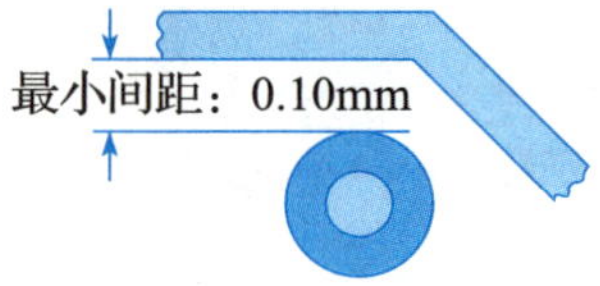</td></tr>
<tr><td rowspan="2">有铜插件孔焊环（1OZ）</td><td>双面板：≥0.25mm（建议值），极限值为 0.18mm</td></tr>
<tr><td>多层板：≥0.20mm（建议值），极限值为 0.15mm</td></tr>
<tr><td>无铜插件孔焊环</td><td>≥0.45mm（建议值），因为采用干膜封孔，无铜孔周围会掏空 0.2mm 的焊盘或铜面，故应尽量加大焊盘以便焊接，若焊盘过小则可能就是一个线圈或无焊盘</td><td></td></tr>
</table>

KiCad 允许用户根据实际需求设置布线规则。在布线时，软件的设计规则检查（Design Rules Checking，DRC）功能会对任何违反设定规则的地方进行提醒，甚至会使用户无法操作，以确保 PCB 板符合需求。

在电路板设置中，点击设计规则→约束窗口，设置了绘制 PCB 时遵循的规则。不同工厂打板 PCB 的工艺精度有所差异，具体数值可参照打样工厂的技术要求。也可使用默认值，一般工厂的打样精度均能满足默认值。

在电路板设置的设计规则→网络类的窗口中，列出了每个网络类的设计规则，该网络类是一组与特定网络组相关的设计规则。设计者也可以添加类，以便于 PCB 布线。例如，在布线电源线时，布线宽度需要加宽，默认宽度为 0.25mm，若对每一根电源线进行手动修改，则工作量较大，因此可以新增网络类“PWR”，将 VCC 等图案放入该类中，然后修改其布线宽度为 0.5mm，如图 5-50 所示。也可在后期根据实际需求进行添加或修改。

（1）线宽。

除了考虑厂商的生产工艺，设置线宽规则时还要考虑到电流的大小。我们将连线比作桥梁，将电流比作桥上行驶的车辆，众所周知，桥梁有最大承重力，如果桥上的汽车过多，桥梁会出现裂缝，严重的甚至会坍塌。同理，连线越宽，所承受的电流越大，阻抗也越小，一般来说，10mil（0.254mm）宽的连线可承受的最大电流为 1A。如果连线过细，所通过的电流却很大，则极易造成电路板在工作时冒烟，最后出现报废的情况。

然而，并不是所有的连接越宽越好，过宽会浪费过多空间，导致后续的连线受限太多，甚至出现空间不足的情况。因此，要对普通信号线、特殊信号线、电源线的线宽分别进行设置，如图 5-51 所示。

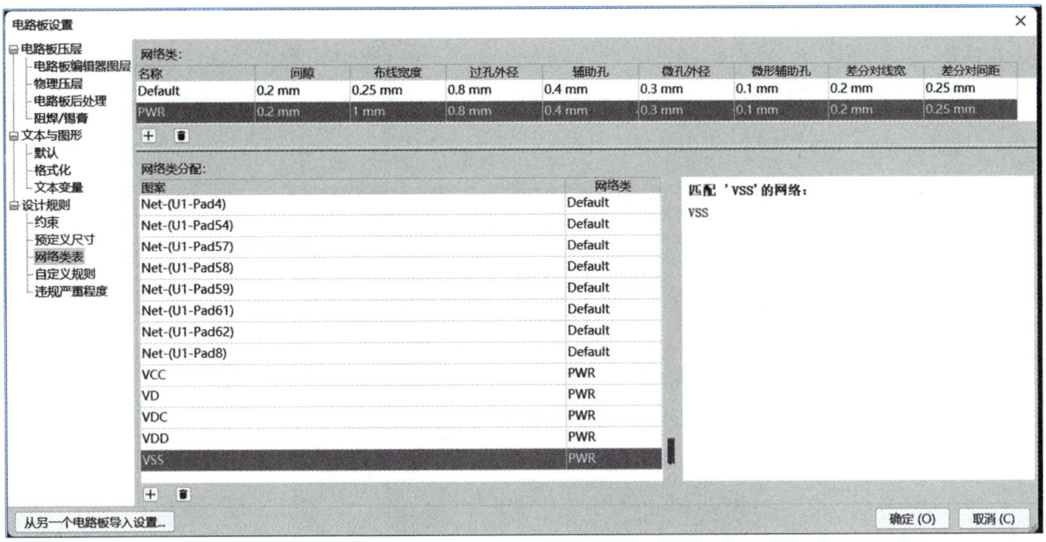

图 5－50　网络类的设置

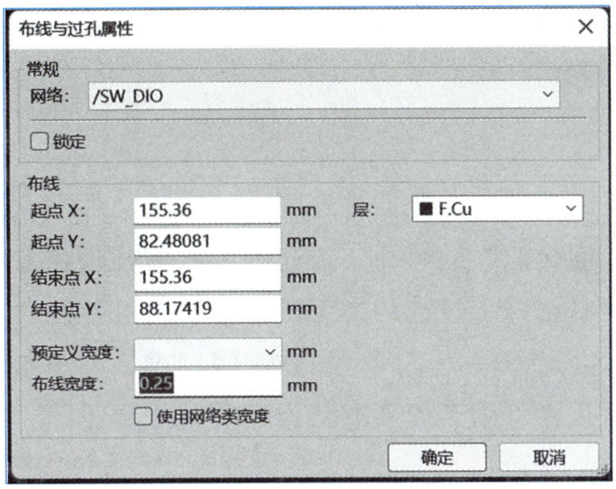

（a）普通信号线宽度0.25mm

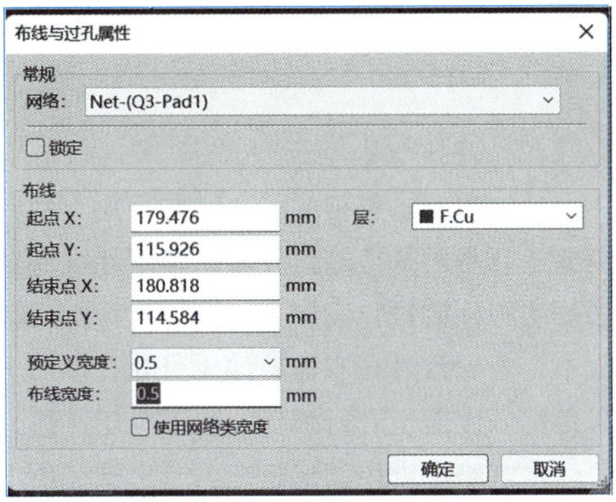

（b）特殊信号线宽度0.5mm

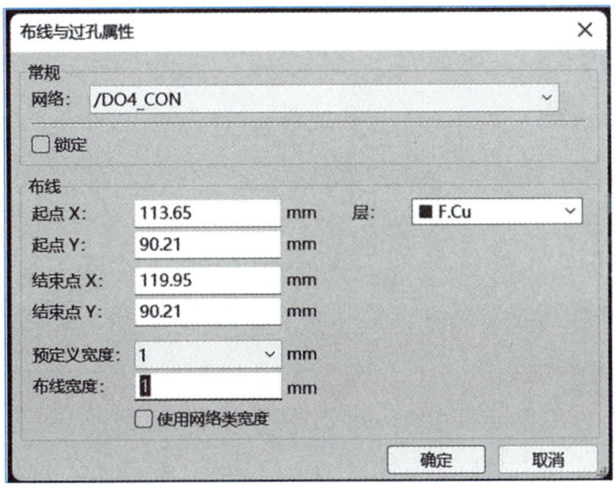

（c）普通信号线宽度1mm

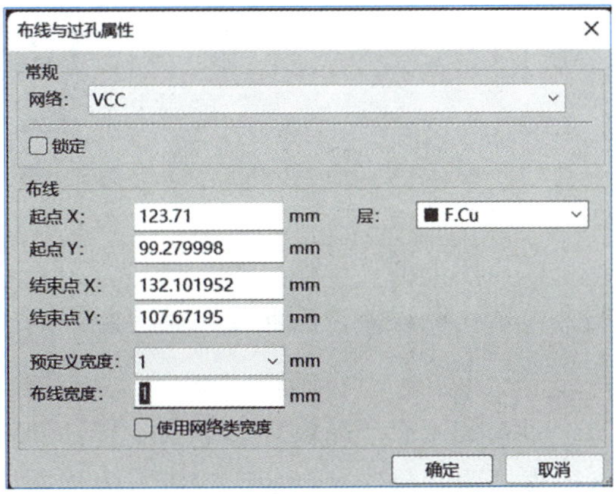

（d）普通信号线宽度1mm

图 5－51　不同网络的连线宽度设置

（2）线间距。

在设置好线间距以后，连线时软件会自动遵循此规则。一般来说，线间距是指相邻连线间的最小距离，如图 5-52 所示。如果距离设置小于工艺参数，那么加工出来的电路板可能会出现线间短路，导致整块电路板报废。

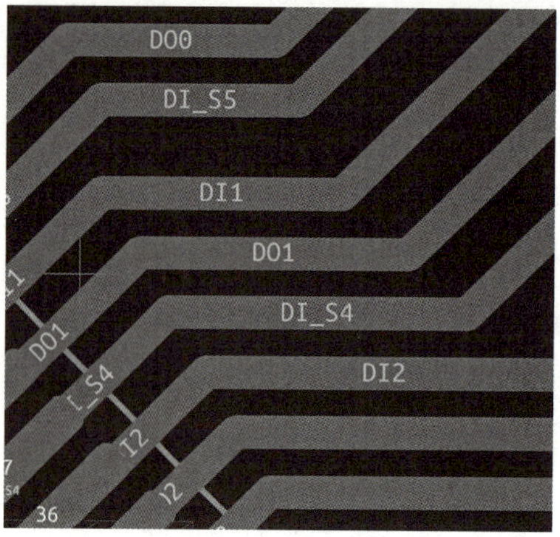

图 5-52　线间距示意图

（3）过孔与孔径。

绘制双层电路板时，底层和顶层都放置了元器件，若元器件之间有信号流，那么就需要进行跨层连接，过孔就是顶层和底层“通信交流”的媒介。过孔的形状和孔径需要根据实际性能进行设置，厂商同样根据工艺技术设置了过孔的加工要求。如果过孔孔径太小，会导致过孔不通；如果过孔孔径太大，会过于浪费空间，导致走线困难，高速信号传输的性能也有所降低。除了跨层连接，过孔也可用于提高电路板的散热性能。

本电路板常用圆形过孔，其形状如图 5-53 所示。

图 5-53　过孔示意图

过孔除了形状，还有两个重要参数：内径与外径。不同厂商对工艺参数进行了说明，包括孔径误差，因此要尤其注意规则的设置。

（4）走线。

布线是完成产品设计的重要步骤，如果出现错误或问题，那么整个电路板将不能正常工作。连线将元器件的引脚进行电气连接，实现信号的传输，在连线时，要尽可能避免电流产生电磁场的干扰。

选择右侧外观面板中的 F. Cu 层，点击右侧工具栏的布线按钮或按快捷键 X，再点击焊盘，连接示意线可以表示元器件之间的布线连接，点击另一端的焊盘，即可完成两个元器件之间的连接。布线完成后，对应的示意线将不再显示。

对于具有通孔焊盘的元器件来说，其可以跨层进行元器件连接，如图 5－54 所示，该元器件可以连接顶层元器件或底层元器件。对于贴片元器件来说，当需要将顶层元器件与底层元器件连接时，要先进行打孔，利用过孔焊盘连接多层板。按下快捷键 V，并在合适的地方点击，即可完成打孔，然后切换至另一层，再进行连接。

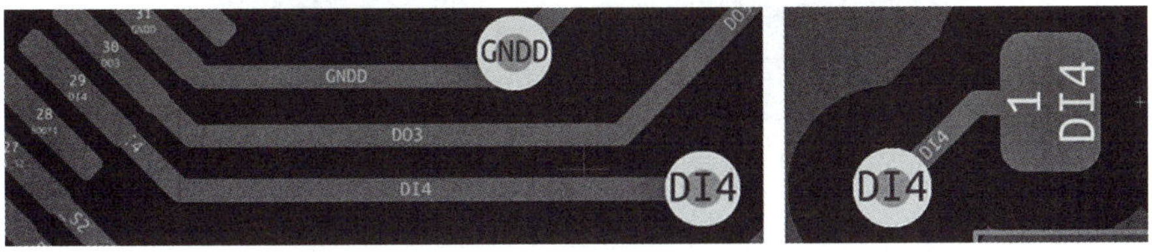

图 5－54　通孔焊盘的层间连接（以 DI4 为例）

PCB 页面的左下角显示了当前状态。在布线结束后，未布线的网络数量应为 0，如图 5－55 所示。

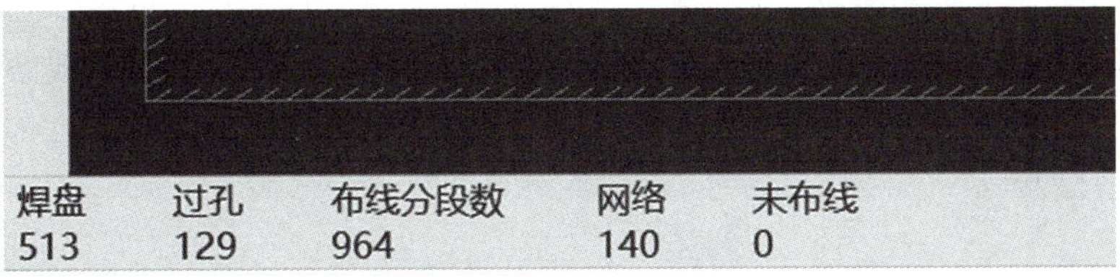

图 5－55　PCB 布线状态

在布线时，一般先不连接地信号线。另外，相邻层的走线方向应避免相同，否则易造成层间串扰，其走向应为正交结构，如图 5－56 所示。如果无法避免，可用地平面隔离各布线层，即用地信号隔离各信号线。

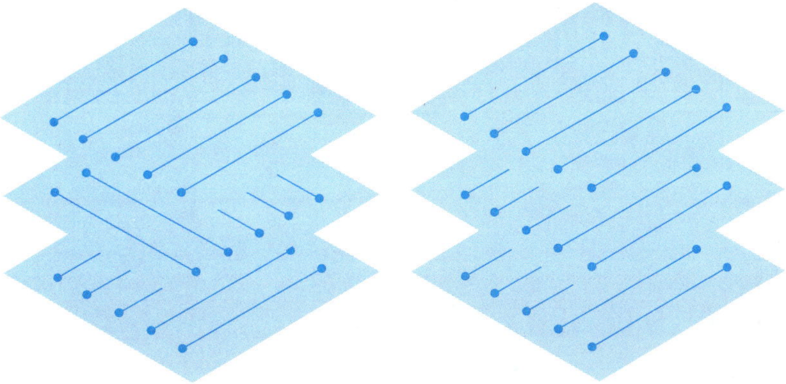

（a）正确　　（b）错误

图 5－56　相邻平面走线方向

元器件之间的连线应当尽可能短且直，避免出现直角走线、锐角走线的情况，以免产生不必要的辐射，或者工艺上出现潜在问题。若元器件无法直连，则可以使用 135°拐角的连接方式，如图 5－57 所示。

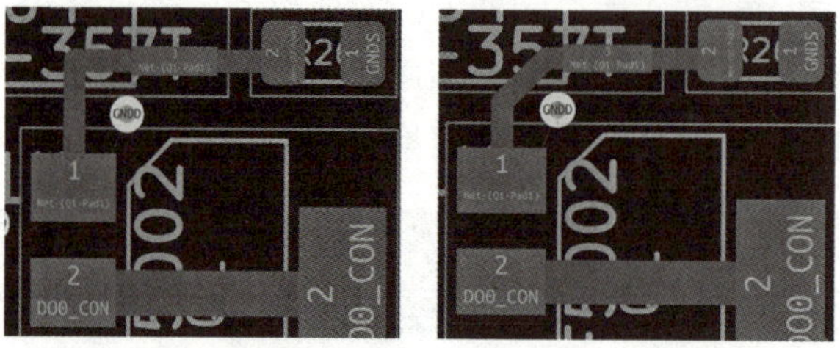

（a）错误　　（b）正确

图 5－57　信号线走线基本规则

2. 敷铜操作

在布线时，常会先不连接地线，等到最后统一敷铜，敷铜和地线相连。这种做法不仅可以减少连线，还提供了良好的回路，降低了阻抗，除此以外，还能提高散热能力。

敷铜一般是大面积地铺设。以顶层为例，选中右侧工具栏中 F. Cu 层，点击添加敷铜按钮，在 PCB 页面中单击，即可放置敷铜的第一个角，随即将会出现敷铜属性对话框，如图 5－58 所示。选择 GNDD 网络，确定以后，点击设置敷铜的其他三个角，双击即可完成敷铜范围。

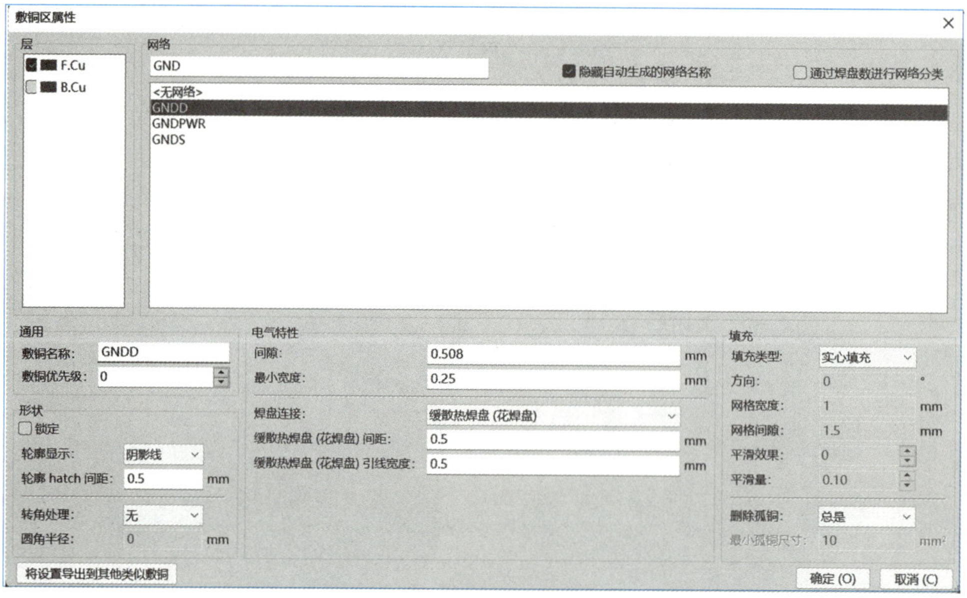

图 5－58　敷铜属性设置

敷铜范围的边框将显示在 PCB 页面中，但该范围内并未真正灌铜，无实际电气连接。点击编辑→填充所有敷铜，即可灌铜，且敷的铜与其他网络无任何连接，与 GNDD

焊盘自动用细线连接，最终顶层敷铜效果如图 5－59 所示。如果其中元器件有移动，或者连线有修改，则需要选中敷铜区域，再次灌铜。

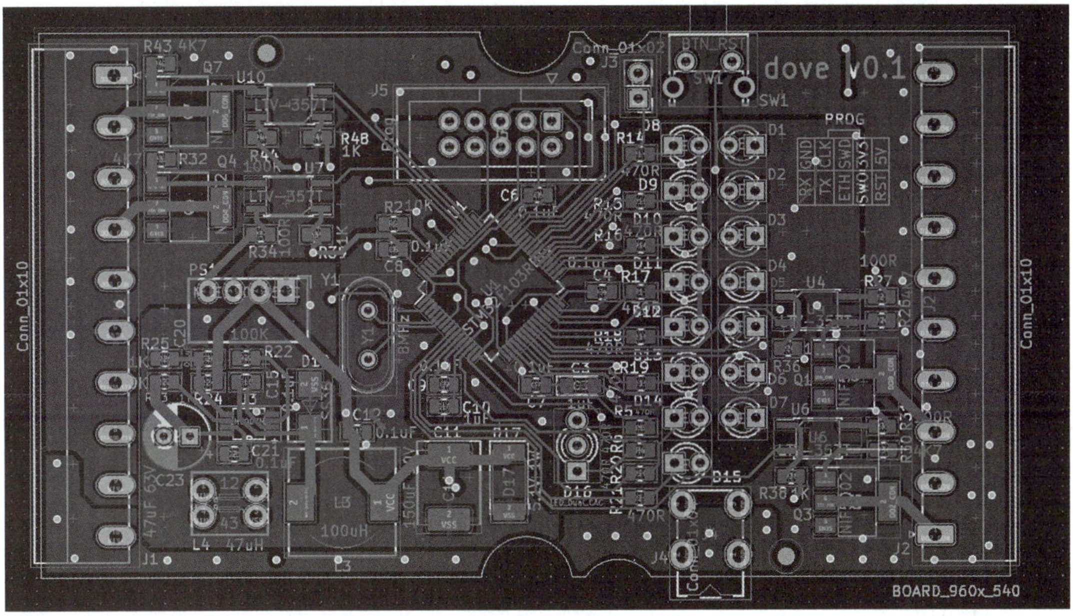

图 5－59　地信号铺铜

知识补充

敷铜是指将薄铜箔覆盖在 PCB 板的基板表面，其主要作用是提供电气连接和地平面。具体而言，敷铜可实现以下功能：

（1）电气连接：使得不同电子元器件之间能够互相通信和传递信号。

（2）接地保护：降低电磁干扰和射频干扰的影响，提高电路的稳定性和可靠性。

（3）热量分散：在高功率电路中，有效吸收和分散热量，保持电路温度稳定，避免器件过热而损坏。

因此，敷铜是 PCB 设计和制造中非常重要的一环，能够提高电路的稳定性和可靠性。

四、检查

1. 设计规则检查

在 PCB 布线完成后，用户需要检查自己的设计是否存在问题。KiCad 提供了设计规则检查（Design Rule Checking，DRC）功能，用于查找是否违反设定规则、连线是否正确。点击检查→设计规则检查即可运行 DRC，如图 5－60 所示。若 DRC 检查后存在错误报警，则用户应当根据报错信息逐个更改，重新运行 DRC，直至无报错或警告为止。

但需要注意的是，软件功能具有一定的局限性，即使 DRC 检查全部通过，也不代表电路板不存在任何问题，焊接后不一定能够成功工作。

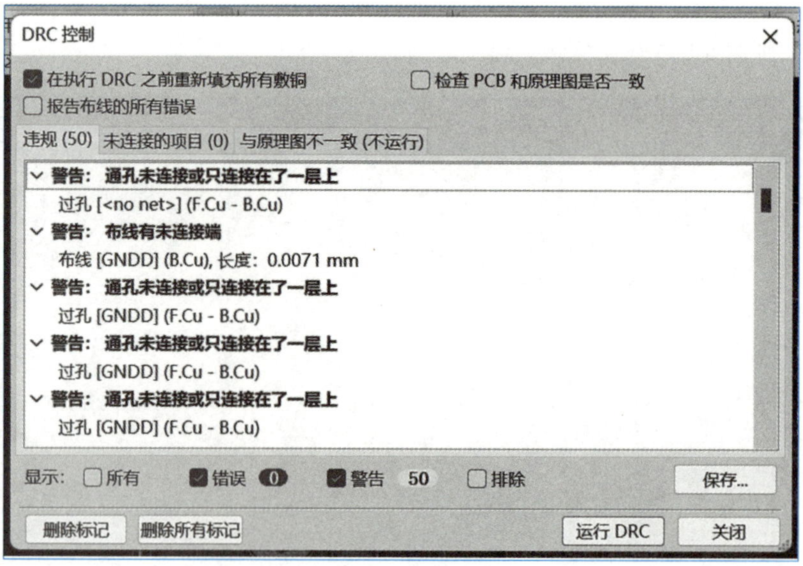

图 5-60　DRC 检查

2. 调整丝印

丝印可以看作在电路板上写字，它不仅要明确元器件的标识，也需要标明元器件的极性方向，具有极性的元器件有指示灯、三极管、开关等。除了元器件封装本身绘制的丝印外，KiCad 允许用户自主绘制丝印，可添加电路板的信息、版本号、端子引脚的功能等。一个好的丝印要直观，无歧义，不能过小，否则会导致加工出来的字模糊不清，甚至残缺不全。

选中右侧工具栏的 F. Silkscreen 或 B. Silkscreen，利用直线、圆弧、文本等工具即可完成丝印的绘制。顶层丝印效果如图 5-61 所示。

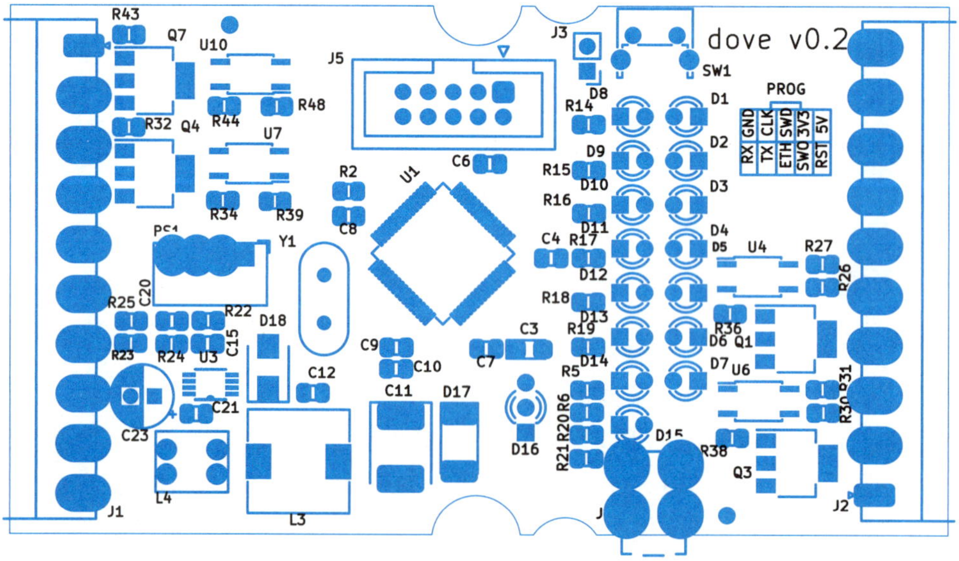

图 5-61　顶层丝印效果图

需要注意的是，丝印字符不能覆盖在焊盘或者过孔上面，丝印之间需要留有一定的距离，不能互相重叠。如果觉得直接检查丝印较为麻烦，则可以利用 3D 查看器功能。KiCad 库中许多封装都有 3D 模型，没有 3D 模型的元器件，设计者可以自行添加。3D 查看器功能还支持查看电路板当前的模型图，如图 5－62 所示。

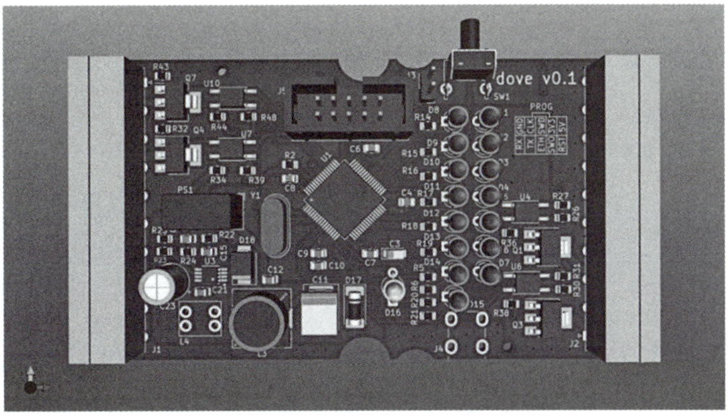

图 5－62　电路板仿真示意图

任务4　PCB打样

任务描述

隔离控制器在完成电路设计、PCB 布线设计后，自己是无法完成电路板制造的，这就需要将设计好的 PCB 打样发外加工。本任务需要读者了解相关加工单位的生产制造工艺，并生成隔离控制器的 Gerber 文件发送给 PCB 生产厂家进行制造。通常情况下，厂家会使用这些文件来生产实际的电路板。

知识储备

一、Gerber 文件概述

Gerber 文件是线路板行业软件描述线路板（线路层、阻焊层、字符层等）图像及钻、铣数据的文档格式集合，是线路板行业图像转换的标准格式。

Gerber 文件通常是由线路板设计人员使用专业的电子设计自动化（Electronic Design Automation，EDA）或者计算机辅助设计（Computer Aided Design，CAD）软件产生的。该文件集合被送到 PCB 工厂，导入计算机辅助制造（Computer Aided Manufacturing，CAM）软件，从而为每一道 PCB 工艺流程提供数据。Gerber 文件还可用于为特定设备提供图像资料，如自动化光学检测设备，也可用于描述钻孔信息。但是，钻孔资料通常使用 Excellon 文件格式。

目前 Gerber RS－274－X 已经是全球 PCB 行业图像转换标准格式，广泛用于自动导入及处理。

二、加工文件的导出

KiCad 软件可以导出成品电路板装配所需物料表和 PCB 生产制造所需的 Gerber 文件，包括：坐标、锡膏层、钻孔、丝印和装配图等。

1. KiCad 导出 BOM

物料清单（Bill of Material，BOM）用数据的形式来表明电路的组成。KiCad 导出 BOM 有以下几种方法：

（1）用原理图生成 BOM。

点击工具→生成 BOM，可列出工程中所有使用的元件，在 BOM 生成器脚本中选择 bom_csv_grouped_extra，将创建包含 BOM 信息的 CSV 文件和 XML 文件，可用 Excel 打开，并保存为 . xsl 格式，如图 5－63 所示。

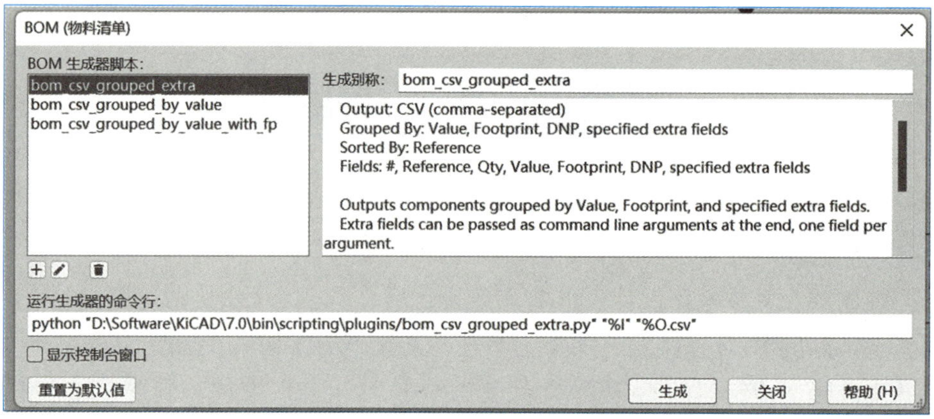

图 5－63　从原理图导出 BOM

设计者可根据实际需求，选择合适的脚本，或自定义脚本，以满足 BOM 的格式需求。

（2）用 PCB 生成 BOM。

点击文件→制造输出→BOM，即可选择文件位置，从而保存物料清单，如图 5－64 所示。

2. 输出 Gerber 文件

Gerber 是一种文件格式，Gerber 文件是电路设计的过程，包含其中的各种细节，如 PCB 的属性、图层等，根据这些文件信息，可用于制造和组装电路板。

选择文件→绘制，即可打开对话框，选择所需输出的 Gerber 文件。如图 5－65 所示，选择必要的图层：铜层（＊. Cu）、电路板边框（Edge. Cuts）、阻焊层（＊. Mask）、丝印

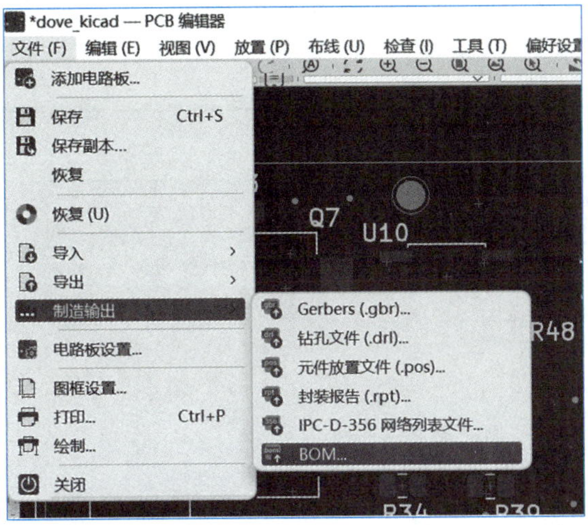

图 5-64 从 PCB 导出 BOM

(*.Silkscreen) 和锡膏层 (*.Paste)。铜层包含布线的焊盘、电源、地层等。阻焊层是电路板阻碍光油覆盖的层，该层不沾锡，保证在焊接时不会接触到相邻焊点而引发短路，同时也能减慢铜膜导线氧化速度。丝印层放置了电路板的相关信息，包括元器件标号、注释、电路板印制信息等。锡膏层又称为助焊层，是用来做钢网的文件，该层包含表面装贴焊盘的信息，而焊接时，可在这些焊盘上涂锡膏进行加热焊接，因此又称为助焊层。

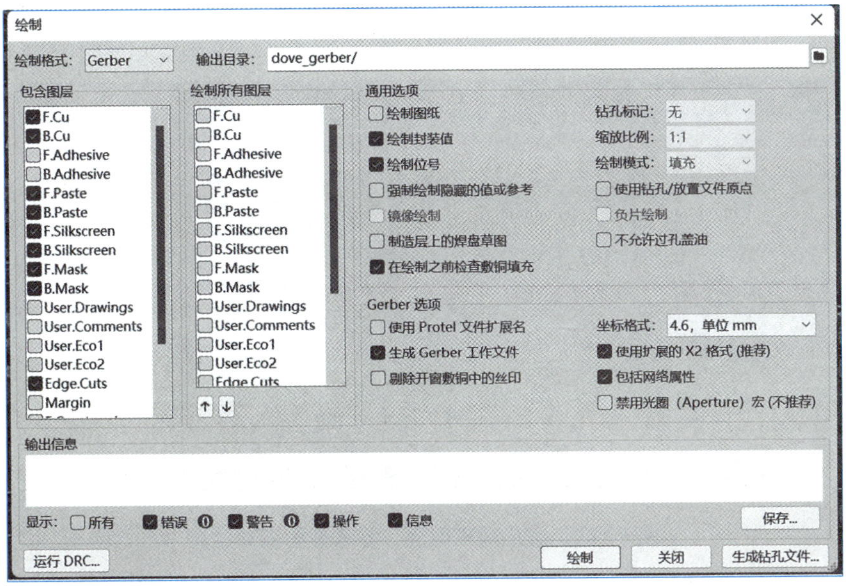

图 5-65 Gerber 文件输出设置

除了各图层信息，PCB 打样还需要生成钻孔文件，点击右下角即可选择格式要求，创建钻孔文件。钻孔是 PCB 中穿过电路板某些层的过孔，钻孔文件则包含这些钻孔的位置、尺寸等信息，如图 5－66 所示。

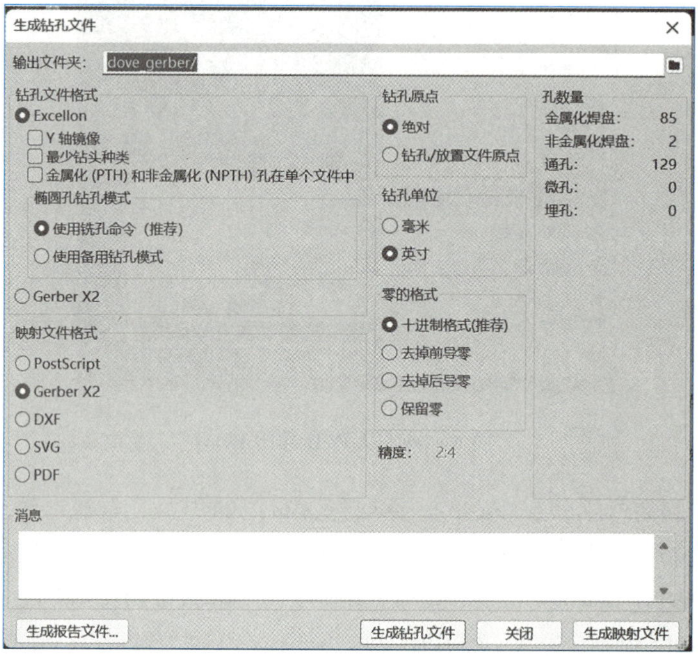

图 5－66　钻孔文件设置

导出 Gerber 文件后，可利用 Gerber 查看器，选择对应文件或压缩包，查看其属性。如图 5－67 所示为选择顶层后，查看器所显示的 PCB 顶层的相关信息。

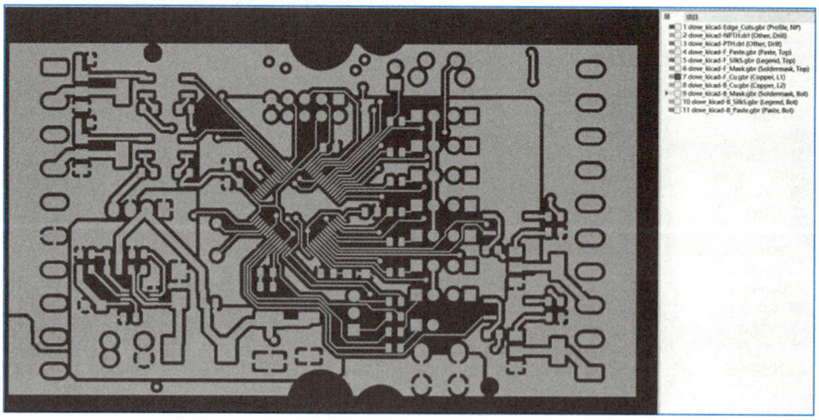

图 5－67　选择对应图层，即可查看相关信息

三、发外加工

目前，不少厂商提供在线下单服务。电路板的价格与材料、板厚、颜色等相关，以

某电路板制造商为例，它支持在线估价，评估该电路板的大致价格。如图 5－68 所示，设计者可以根据实际需求选择 PCB 的相关工艺信息，若有特殊需求，价格也会有所上升，下单页面的每一个选项旁都有一个问号标识，点击会显示详细的说明，若还是有问题，则可以询问技术客服。

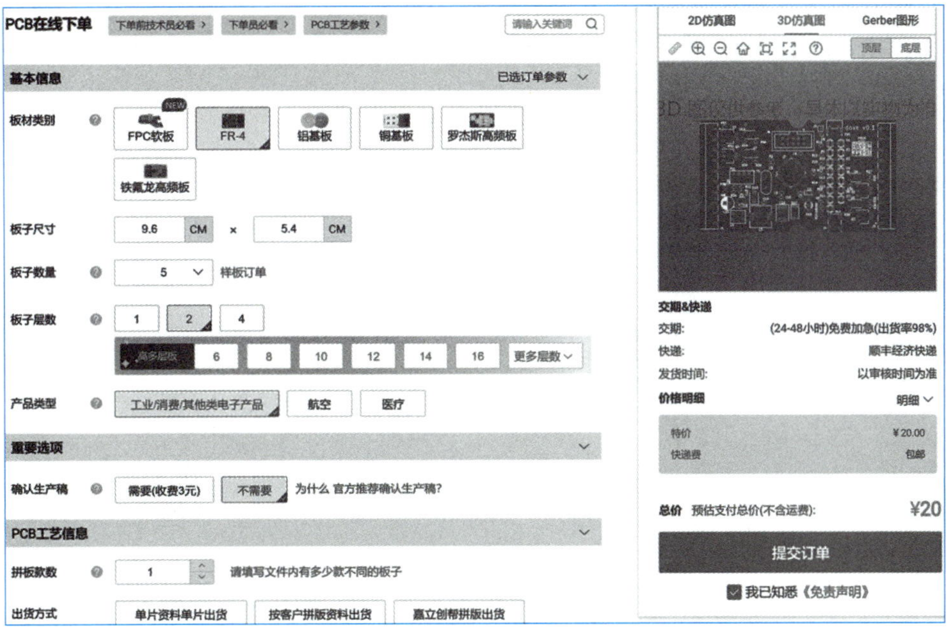

图 5－68 下单加工示意图

项目小结

本项目完成了隔离控制器 PCB 电路板的设计和发外加工。在这个项目中，读者完成了隔离控制器的电路板布局，并且将设计发送给一个可靠的外部加工商。项目中需要考虑电路板的尺寸、工艺要求，以及相关元器件规格等，任何一部分出现问题都有可能导致发外加工步骤的重复。同时，加工商加工的成本、交货时间和质量保证等因素也是项目实施需要注意的。项目的完成为后续电路板的焊接加工、功能测试等奠定了基础。

课后习题

一、填空题

1. KiCad 是一款免费开源的 EDA 工具，其包含____________、____________、____________和____________等模块。

2. 在进行电路设计时，电路原理图和 PCB 之间需要相互转换。其中，从电路原理图到 PCB 的转换可以分为__________、__________和__________三个主要步骤。而从 PCB 到电路原理图的转换则需要通过反向工程来实现。

二、简答题

1. 什么是原理图设计？
2. PCB 布局设计的原则是什么？
3. 什么是 Gerber 文件？
4. Gerber 文件中有哪些层次结构？
5. PCB 布局设计中如何避免电磁干扰？
6. PCB 板如何进行发外加工？
7. PCB 制造中，什么是 SMT 和 DIP？
8. PCB 制造中，如何保证产品的质量？

项目6 电子元件的采购

项目引入

电子元件的采购是一个非常重要的项目，它涉及电子产品的制造和生产过程中所需的各种元件的选择和采购工作。在这个项目中，我们需要考虑许多因素，如元件的品质、价格、可靠性、供货渠道等。在实际工作中，电子元件的采购人员往往需要具备丰富的电子技术和采购经验，同时还需要有良好的沟通能力和供应商管理能力。本项目以隔离控制器元件采购为例引导读者进行一次完整的元件采购流程。

学习目标

知识目标

理解电子元件的种类、性能和参数；
掌握电子元件的选型和采购流程；
了解电子元件市场的情况和发展趋势。

技能目标

能够根据电路设计要求，合理选择电子元件；
能够通过各种渠道采购到所需的电子元件；
能够评估不同供应商的信誉和产品质量。

素养目标

培养坚持以质量为中心的原则，为产品提供高品质的电子元件；
通过积极考察同类电子元件的替换，强化创新意识；
在元件采购中积极与他人合作，强化团队协作精神。

任务1 元件物料清单的准备

任务描述

本任务涉及收集并记录隔离控制器所需的所有元件和物料。这个清单包含每个元件或物料的名称、描述、数量和其他相关信息，如供应商信息、成本、重要性等。为了准备这个清单，需要仔细检查产品的设计图纸和规格说明书，并确定需要哪些元件和物料来制造产品；同时，还需要研究各种供应商，找出最好的选择以获得高品质的元件和物料。

知识储备

一、电路物料清单

在完成隔离控制器电路 PCB 的设计并发外加工后，需要考虑的就是后期 PCB 和元件的组装了。在 PCB 组装过程中，需要一份物料清单（Bill of Material，BOM），BOM 可在单一材料中提供有关组件的信息，如数量、参考代号、封装等。

对于 PCB 项目，成本估算是一项重大决策。当设计人员处于确定他们需要多少电路板以及这些电路板所需的零件的初始阶段时，BOM 列表可能非常有用。在产品更新过程中，通过更新物料清单来作元件代换，设计人员还可以节省大量时间和精力。

BOM 表是整个电路加工流程中用于交流沟通的标准文件。大多数 PCB 制造商都提供 BOM 工具，设计者可以与不同的供应商进行成本估算检查。元件供应商可以将 BOM 表的零件与自己的实际库存进行比较，通过反馈让设计人员知道某个零件是否可供购买。

通常 PCB 的设计人员会组织自己的元件列表，这些列表可能是手工建立的，也可能是通过设计工具生成的，对照一定的格式将零件列表重新组织即可创建 BOM。这是一个烦琐的过程，需要耗费大量的时间和精力。现在设计人员通常会选择软件工具来创建物料清单，而这些软件工具参考的 BOM 表格式往往是行业内通用的。

二、物料清单内容

在开始 PCB 加工之前，需要列出所有所需的组件和材料。BOM 是构建产品所需的所有项目的综合列表，以文件的形式保存。在制造产品时，制造商利用物料清单文件查看所有生产阶段的参考信息。反过来，客户使用此列表来帮助制造商了解他们在组装过程中所需的组件。

PCB 设计中的物料清单应包含以下内容：

零件名称：这是该电路板上使用的每个元件的名称。

零件编号：这是每个元件的唯一标识符，通常是由制造商提供的。

描述：这是有关每个元件的详细信息，如封装、规格、尺寸、额定值等。

数量：这是需要在电路板上使用的每个元件的数量。

制造商和供应商：这是提供每个元件的公司的名称和联系信息。

单价：这是每个元件的价格，通常是按单个零件计算的。

总价：这是每个元件的总成本，即单价乘以数量。

BOM 表还可能包含其他信息，如锡膏种类、PCB 板的材料等。

不同单位的物料清单项目是有区别的，其清单中需要的项目不同，如提供电路板焊接加工的服务商和提供元件供应的供货商，二者所需的清单项目就不完全一致。不同厂商的物料清单是不同的，从格式到内容项目都有差异，见表 6－1～表 6－3。

表 6-1 A 公司物料清单

产品名称：户外 P10 单色 4S（单元板）恒流				产品编号：HXCL-JSZLB-HDP10-1D-4S					更改次数：0
序号	类别	物料编号	物料名称	型号/规格	单位	用量	重量	使用位置	备注
1	SMT 贴片材料		PCB（线路板）	315.3＊154.2mm	PCS	1			灯驱合一（接口 HUB12）
2			IC 芯片	TA1670	PCS	1		J9	
3				TM1816LV	PCS	8		J1-J8	
4			贴片电容	104P（0.1μF）	PCS	9			电容误差值 5%
5			贴片电阻	470Ω/0805	PCS	8		R1-R8	电阻误差值 5%
6			红胶		g				
7	单元板材料		PCB 裸板（线路板）	315.3＊154.2mm	PCS	1			尺寸误差值 ±0.3mm
8			美纹胶纸	5mm					
9			LED 灯管	546	PCS	512			1R（1 红）
10			电解电容	470μF/16V	PCS	2			
11			指针	2＊8PIN（2.54mm 间距）	PCS	2		IN-OUT	
12			电源座	35-8.25-2P	PCS	1		VCC GND	
13			自攻螺钉	2＊6mm	PCS	10			镜底壳
14					PCS	18			镜面罩
15			套件	320＊160mm	PCS	1			面罩
16					PCS	1			底壳
17			锡条		g				过滤峰焊锡量
18			锡丝		g				补作锡量
19			AB 胶量		g				
20			标签	30＊7.5mm	PCS	1			材料跟踪编码

表 6-2 B 公司物料清单

产品名称			型号		规格			图号		版本		
序号	零件名称	零件图号	零件图版本号	物料编码	规格	型号	材质	单位	数量	PCS 单价	BOM 单价	备注（可填研发期间采购厂家）
	主材											
1												
2												
3												
4												
5												
6												
7												
8												
9												
10												
11												
12												
13												
14												
	标准件											
15												
16												
	包材											
17												
18												
19	耗材											
20												
21												
22												

批准/日期：　　　　审核/日期：　　　　编制/日期：

表 6-3 C 公司物料清单

序号	名称	规格型号	用途	数量	备注
1	瓷片电容	15P/50V CC1	C35	1	15
		33P/50V CC1	C14，C15，C39	3	33
		221/50V CC1	C36	1	221
		561/50V CC1	C46	1	561
		472/50V CT1	C43	1	472
		103/50V CT1	C1，C8，C9，C10	4	103
		223/50V CT1	C40，C41	2	223
		333/50V CT1	C37	1	333
		104/50V CT1	C19，C20，C21，C22，C23，C25，C45	7	104
2	独石电容	474/50V CT4	C38	1	474
3	涤纶电容	105/63V CL21X	C44	1	105
4	电解电容	10μF/25V CD110	C31，C32，C33，C34	4	注意极性
		22μF/25V CD110	C11，C12，C13	3	注意极性
		100μF/25V CD110	C4，C5，C6，C7，C42	5	注意极性
		220μF/25V CD110	C2，C3	2	注意极性
		470μF/25V CD110	C16	1	注意极性
		1000μF/25V CD110	C17，C18，C47	3	注意极性
5	金属膜电阻	75Ω RJ14	R27，R28，R29	3	
		100Ω RJ14	R8，R22，R23，R24	4	
		270Ω RJ14	R12，R34	2	
		820Ω RJ14	R25，R26，R38	3	
		1K RJ14	R1，R2，R3，R4，R33，R35，R36	7	
		1K2 RJ14	R7，R10，R11	3	
		2K RJ14	R46，R47，R48，R49	4	
		2K2 RJ14	R16，R17，R18	3	
		3K3 RJ14	R32	1	
		4K7 RJ14	R54，R55	2	
		5K6 RJ14	R19，R20，R21	3	
		6K2 RJ14	R43，R44	2	
		6K8 RJ14	R41	1	
		10K RJ14	R31，R52	2	
		12K RJ14	R39，R40	2	
		15K RJ14	R13，R14，R15，R37	4	
		20K RJ14	R5，R6，R53	3	
		27K RJ14	R42	1	
		39K RJ14	R51	1	
		66K RJ14	R45	1	
		100K RJ14	R56，R57	2	

					IBS 综合电路板明细表				珠海普利德医疗设备有限公司
标记	处数	更改文件号	签名	日期					PLD5000 型 X 射线电视系统
设计			标准化		图样标记			数量	比例
					V1.0				1∶1	XTV10.4.3MX
审核			批准		共 2 张			第 1 张	
工艺			日期						

部分元器件供应商会提供其认可的物料清单模板，供客户下载填写。如图 6-1 所

示，是某网上元件商城提供的物料清单的电子表格模板。

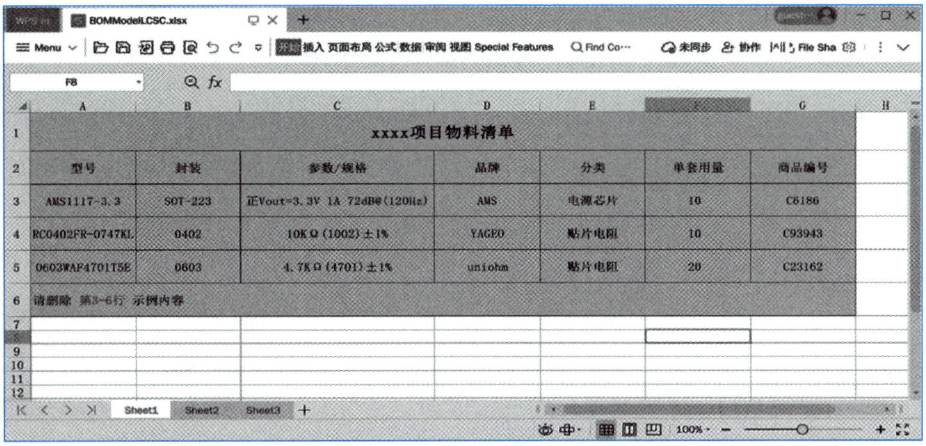

xxxx项目物料清单						
型号	封装	参数/规格	品牌	分类	单套用量	商品编号
AMS1117-3.3	SOT-223	正Vout=3.3V 1A 72dB@(120Hz)	AMS	电源芯片	10	C6186
RC0402FR-0747KL	0402	10KΩ (1002) ±1%	YAGEO	贴片电阻	10	C93943
0603WAF4701T5E	0603	4.7KΩ (4701) ±1%	uniohm	贴片电阻	20	C23162
请删除 第3-6行 示例内容						

图 6-1　BOM 表电子模板

课堂思考

如何避免物料清单中的错误或遗漏？物料清单完成后应当与哪些人员核定其内容？

三、物料清单的生成

在上文的相关项目中已提到过利用 KiCad 生成 BOM 表，但生成的 BOM 表并不能完全满足需求。图 6-2 是 KiCad 生成的 csv 格式的 BOM 文件，其中包含电路板元件的必要信息。

Collated Components:						
Item	Qty	Reference(s)	Value	LibPart	Footprint	Datasheet
1	1	BOARD1	BOARD_960x_540	my:BOARD_928x870_4hole	board:960x540_4-08-1	
2	2	C1, C2	20pF	Device:C_Small	Capacitor_SMD:C_0805_2012Metric	~
3	1	C3	1uF	Device:CP_Small	Capacitor_Tantalum_SMD:CP_EIA-3216-18_Kemet-A	~
4	6	C4, C5, C6, C7, C8, C9	0.1uF	Device:C_Small	Capacitor_SMD:C_0805_2012Metric	~
5	1	C10	1uF	Device:C_Small	Capacitor_SMD:C_0805_2012Metric	~
6	1	C11	150uF 10V	Device:CP	Capacitor_Tantalum_SMD:CP_EIA-7360-38_Kemet-E_	~
7	28	C12, C15, C19, C20, C2	0.1uF	Device:C	Capacitor_SMD:C_0805_2012Metric	~
8	2	C13, C16	1uF	Device:C	Inductor_SMD:L_0805_2012Metric	~
9	2	C14, C18	0.1uF	Device:C	Inductor_SMD:L_0805_2012Metric	~
10	1	C17	1uF	Device:C	Capacitor_SMD:C_0805_2012Metric	~
11	1	C23	47uF 63V	Device:CP	Capacitor_THT:CP_Radial_D6.3mm_P2.50mm	~
12	2	C24, C25	1uF 50V	Device:C	Capacitor_SMD:C_1206_3216Metric	~
13	15	D1, D2, D3, D4, D5, D6,	LED	Device:LED_Small	LED_THT:LED_D3.0mm	~
14	1	D16	LED_Dual_CAC	Device:LED_Dual_CAC	LED_THT:LED_D3.0mm-3	~
15	1	D17	5.1V 1W	Device:D_Zener	Diode_SMD:D_2512_6332Metric_Castellated	~
16	1	D18	SS36	Device:D_Schottky	Diode_SMD:D_SMB	~
17	1	D19	1N5819	Diode:1N5819	Diode_SMD:D_SMA	http://www.vishay.com/docs/88525/1n5817.pdf

图 6-2　KiCad 生成的 BOM 文件

从图 6-2 中的内容可以看出，其中很多元件的封装都是 KiCad 库中的命名形式，大部分元件供应商都能准确识别其属性，但在采购元件时仍然有一些信息不完全。例如，电路板设计者在设计时必然了解每个元件的详细规格，但表中并没有元件的相关信息，如电容的耐压、电阻的功率等。虽然有些参数可以从封装推断出来，但并不可靠，所以，我们还需要重新整理 BOM，可以将元件供应商提供的 BOM 模板格式作为参考，但也要考虑后续加工需要，添加必要的字段。表 6－4 是某项目整理后提供给元件供货商和焊接加工服务商的 BOM 表。

表 6－4　某项目电路板 BOM 表

Part	Value	Device	Package	Description
C1	100μF	CPOL-EUUD-8X10	UD-8X10_NICHICON	POLARIZED CAPACITOR，50V
C2	0.1μF	C-EUC1206	C1206	CAPACITOR，50V 10%
D15	16V	SMAJ16AC D0214AA	D0214AA	16V 双向 SMA 瞬态抑制二极管
K2	SRD05	SRD05	SDR05	SRD-05VDC-SL-C 松乐 5V5 脚 10A 继电器
K3	SRD05	SRD05	SDR05	SRD-05VDC-SL-C 松乐 5V5 脚 10A 继电器
L1	100μH	DR127	DR127	12X7 屏蔽电感
LED0	PWR	LEDSML1206	SML1206	LED
OK2	TLP521-1	TLP521-1	DIP04	0PT0 COUPLER
S2	DTS-6	DTS-6	DTS-6	6X6X5 直插轻触开关
SP1	SPEAK12	SPEAK12	SPEAK12	SPEAKER 12mm 无源蜂鸣器
SV2	NC	MA04-1	MA04-1	不焊
T1	S8550	BC807-16-PNP-SOT23-BEC	SOT23-BEC	PNP Transistor
U4	2.54 双排座	2×4 8P 直插 2.54 间距双排座		
U5	2.54 单排座	1×4 4P 直插 2.54 间距单排座		
XO	PWR_IN	AK500/2	2P 5.08 弯针端子座	CONNECTOR
X1	IN	AK500/4	4P 5.08 弯针端子座	CONNECTOR
X2	RS232	CON381/6	6P 3.81 弯针端子座	CONNECTOR
X9	NC	AK500/2	不焊	

BOM 表中的内容最好排列有序，上文因篇幅所限对表中内容有所删减。该表除了提供给元件供货商外，还为电路板焊接加工提供依据。事实上，现在的电路板加工行业往往从电路板印刷制作到元件采购，最后到焊接测试都能由单一的服务商完成，极大地简化了用户的工作流程。

任务2 元件的采购与测试

任务描述

本任务主要涉及寻找可靠的供应商，并从他们那里采购所需的元件。采购到元件后，需要对其进行测试，以确保它们的性能符合要求。测试可以涵盖多个方面，如功率、电流、电压、频率等。通过测试，采购人员可以发现任何不合格的元件并及时更换。这是一个非常重要的任务，直接影响产品的质量和性能。因此，在执行本任务时需要认真细致，并确保每个步骤都得到妥善处理。

知识储备

一、采购准备

（1）计划整理：规划人员根据采购计划，结合采购人员的急需程度和采购物品的规模，编制小组询价采购计划。

（2）组织询价：采购人员组织去各大商户询问价格。

（3）整理询价文件：由规划人员整理各大商户给予的价格表，寻求最为合理的价格。

（4）询价文件确认：询价文件在完成之前需经采购人员确认。

（5）收集信息：根据采购物品或服务等特点，通过查阅供应商信息库和市场调查等途径进一步了解价格信息和其他市场动态。

二、采购能力

1. 成本意识与价值分析能力

采购支出是构成销货成本的主要部分。因此采购人员首先必须具有成本意识，精打细算，不可“大而化之”；其次，必须具有“成本-效益”观念，所谓“一分钱一分货”，不可花冤枉钱买品质不好的物品，随时将投入（成本）与产出（即使用状况，如时效、损耗率、维修次数等）加以比较；最后，对报价单的内容应有技巧地分析，不可以“总价”比较，必须在相同规格的条件下，逐项剖析评断价格。

2. 预测能力

在动态经济环境下，物品的采购价格与供应数量经常调整变动。采购人员应能依据各种产销资料，判断货源是否充裕；通过与供应商的接触，从其“惜售”的态度，亦能揣摩物品可能供小于求；从物品原料价格的涨跌，亦能推断采购成本将受影响的幅度有多少。总之，采购人员必须扩充视闻，具备“察言观色”的能力，对物品将来供应的趋势能预谋对策。

3. 表达能力

采购人员无论是打电话还是写邮件与供应商沟通，必须能正确、清晰地表达所欲采购物资的各种条件，如规格、数量、价格、交货期限、付款方式等，避免语意含混，产生误解。特别是忙碌的采购工作，采购人员必须具备“长话短说，意简言赅”的表达能力，以免浪费时间。“说之以理，动之以情”来争取优惠的采购条件，更是采购人员必须锻炼的表达技巧。

4. 专业知识

采购人员对其经办的产品，若能了解原料来源、组合过程、基本功能、品质、用途、成本等，将有助于与供应商的沟通。有了专业知识，更能主动开发新来源或替代品，有助于降低采购成本。

5. 职业道德

（1）采购人员所处理的“订购单”往往意味着金钱，因此难免被供应商包围，采购人员必须洁身自好。

（2）采购人员与供应商交涉，必须公平互惠，甚至虚心求教。与供应商谈判或议价的过程可能相当艰辛与复杂，采购人员更需要有忍耐、等待的修养。

三、采购工作流程

采购电子元件的过程其实并不复杂，但是需要采购人员注意的细节却有很多。以下是一些注意事项：

1. 注意料号

采购电子元件的询价单上有很多信息，料号就是其中非常重要的一项。不少工厂的料号动辄十几位，而且不光有数字还有英文字母，看单个料号可能还好，但是采购电子元件很多时候都是十几个、上百个，料号中只要有一位数字、字母不同，可能就是不同的物料。

2. 注意数量

一般采购电子元件数量可以分为年需求量、季度需求量和月需求量，有些是按颗计算，有些是按千计算。一些电容、电阻的价格便宜，但是一些芯片价格上千，数量弄错就是几千元、上万元的差异了，所以采购电子元件时一定要注意数量。

3. 注意品质

采购电子元件需要注意品质，不仅要看外包装、原标，还要看供应商的资质，如供应商的品牌代理授权证书、供货质量保证协议、产品检测证书等。一些规模较大的企业会有专门的部门对电子元件采购进行检测，但是中小规模的企业很少拥有专门检测元件质量的部门，而且现如今元件市场很复杂，真假难辨，为了避免采购到假货、贴标货，建议选择可靠的元件供应商或平台。

4. 注意报价

一般国内电子元件采购都是人民币交易，需要注意价格是出厂价还是到厂价，如果是从贸易商处采购电子元件，就要看是否包含贸易价格，如果是国际贸易，那就牵涉外币交易，就要看汇率情况。另外，采购电子元件还需要注意运费，但是这部分费用一般是协商确定的，并不固定。

5. 注意交期

电子元件采购需要注意的交期，包含采购产品的时间、准备样品的时间、小批量生产及正式生产需要的时间。很多时候采购元件是急需，所以对于交期有着不同的要求。

6. 注意运输交货方式

很多电子元件对于储存都有比较高的要求，所以对运输电子元件的环境条件也有不少要求。电子元件采购到货后就是收货和验收入库。

以上是电子元件采购的一些注意事项。要完成采购工作，采购人员不仅需要熟悉电子物料，还需要了解采购、生产的各个流程。

当前电商发展迅速，在电路板加工制造领域，也出现了很多电商平台。传统的采购往往采用电话询价，现在则更倾向于网络咨询，很多电商平台直接将元件规格细节和价格在平台上标注清楚，明码标价，极大地方便了采购工作。但很多采购细节，采购人员仍然需要和商家仔细确认，电话或实地查看有时都是必要的。图 6－3 是某电商平台的元件规格信息。

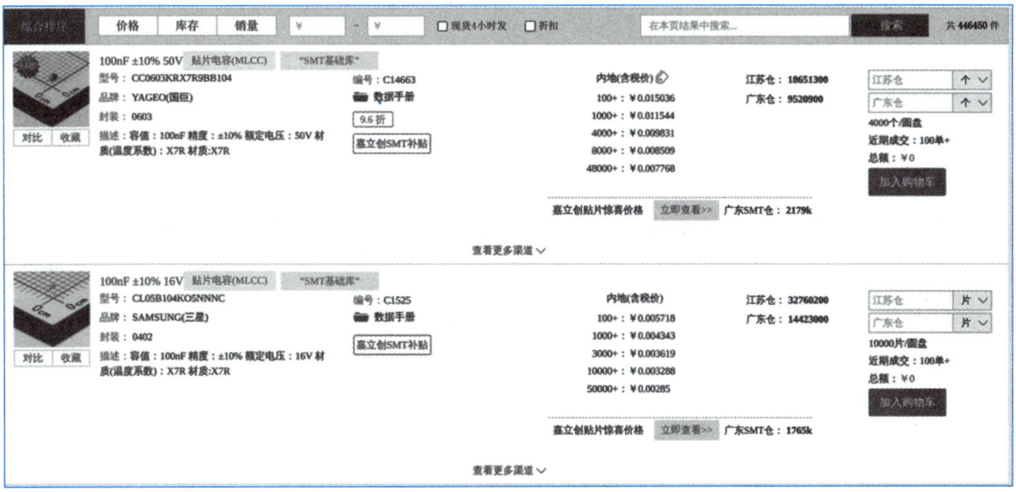

图 6－3　元件规格信息

图中可以看到元件的规格细节，采购人员填入采购信息后加入购物车就能结账等对方发货。但如果元件采购种类众多，则在平台上检索非常麻烦，这时 BOM 表就能起到和供应商沟通的作用，极大地简化工作流程。例如，该电商平台提供了 BOM 表上传的功能，而且提供了模板下载功能，如图 6－4 所示。

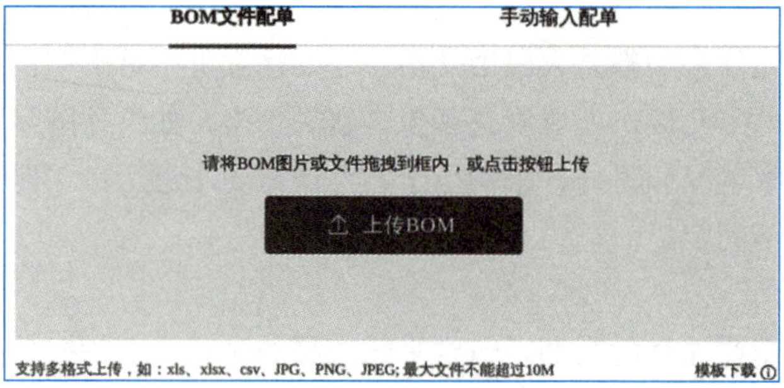

图 6-4　BOM 表上传

四、元件检测

在元件采购工作中，元件的检测是非常重要的一环。以下是一些常用的元件检测方法：

（1）目视检查：可以使用放大镜等设备进行目视检查，检查元件表面是否存在划痕、氧化、裂纹等问题。

（2）电学测试：对于电子元件，可以使用万用表或专业的测试仪器进行测试，例如测试二极管的正反向导通性、电容器的电容值和漏电流等。

（3）X 射线检测：X 射线检测可以检测元件的内部结构，例如晶体管的引脚焊点是否牢固、芯片是否有裂纹等。

（4）热冲击实验：将元件暴露在高温和低温交替的环境下，观察元件在温度变化时是否会出现故障。

（5）震动实验：将元件暴露在震动环境下，观察元件在震动过程中是否会出现故障。

当然，选择何种检测方式应该根据元件的类型以及具体情况而定。在条件不允许的情况下，做得最多的检测是目视检查和电学检测，且由于元件数量很多，往往会采取批次抽检的方法。由于元件检测很难做到全覆盖，因此选择可靠的供货商尤其重要。

针对不同类型的元件的电学测试，可以采用不同的检测方法。以下是一些常见元件的检测方法：

（1）电阻器：可以使用万用表进行电阻测试，以确定电阻值是否符合要求。

（2）电容器：可以使用万用表或电容测试仪进行测试，以确定电容值和漏电流是否符合要求。

（3）二极管：可以使用万用表进行正反向导通性测试，并检查引脚焊点是否牢固。

（4）晶体管：可以使用万用表测试其正向电压降和反向电容值，并进行引脚焊点及芯片外观检查。

（5）集成电路：可以使用 X 射线扫描或显微镜等设备，检查芯片表面是否有裂纹、氧化等问题，并进行引脚焊点及功能测试。

（6）电机：可以进行负载测试，测试电机在额定负载下的转速和电流是否符合要求，并检查转子轴承的磨损情况。

在元件采购过程中，应根据元件类型及具体情况选择合适的检测方法，并严格按照相关标准进行检测，以确保采购的元件符合质量要求。

项目小结

在该项目的实施过程中，我们确定了隔离控制器要使用的最佳电子元件，并从可靠和经济的供应商处采购这些元件。为此，需要明确项目所需的元件类型、数量、规格等，同时需要寻找可靠的供应商，确保其能够提供质量好、价格合理的元件。此外，在采购元件时还要考虑运输成本和交货时间等因素。项目中需要确保所采购的元件质量，这是我们后续开展焊接加工和电路功能测试的前提。

课后习题

一、填空题

1. 在进行电路板元件采购时，需要考虑多个因素。其中，元件的__________、__________、__________、__________等因素都需要进行综合考虑。

2. BOM 表是一份记录了元件________和________的文档，其中包括________、________、________等信息，是进行元件采购和库存管理的重要依据。

二、简答题

1. 在元件采购中，什么是 BOM 清单？

2. 在元件采购中，如何选择供应商？

3. 如何保证元件采购的质量？

项目 7　电路板的焊接加工

项目引入

本项目介绍将电子元件通过焊接方式固定在电路板上。在本项目中，我们需要对前面采购的电子元件进行识别，需要对照前期设计好的电路原理图对元件进行焊接，这个过程有手工焊接和机器自动焊接两种方式，本项目采用手工焊接，以帮助读者了解和实践电路焊接工艺。在焊接完成后，我们需要进行检测和测试，确保整个系统正常运行。这是一个技术含量较高的项目，需要读者反复实践操作，以满足电路工艺要求。

学习目标

知识目标

熟悉电路板焊接的基本原理和分类；
掌握常见的电路板焊接工艺和方法；
了解电路板焊接中可能出现的问题及其解决方法；
熟悉电路板焊接所需的工具、设备和材料，以及它们的使用方法和注意事项。

技能目标

能够根据电路板的设计要求选择合适的焊接工艺和方法；
能够独立完成电路板的手工焊接加工，确保焊点质量符合要求；
能够运用电路板焊接相关知识识别和解决焊接过程中出现的问题；
能够熟练使用电路板焊接所需的工具、设备和材料，提高焊接效率和质量。

素养目标

对焊接技术进行不断的学习和探索，不断完善焊接技能，强化精益求精的精神；
与团队成员配合，确保焊接工作的有序进行，培养团队协作意识；
培养安全意识，在焊接过程中注意安全，避免受伤。

任务1　焊接加工的准备

任务描述

电路板焊接加工是一项需要专业知识和技能的工作。在进行电路板焊接加工前，我们需要准备好工具，如烙铁、吸锡器、镊子、剪钳、万用表等，同时准备好材料，如

PCB 板、元件、焊锡丝、酒精棉、清洁布等。尤其需要注意的是，任务中要有与安全相关的认知。

知识储备

一、焊接加工的概念

焊接是利用特定材料将多个母材以加热、高温或高压的方式连成一个整体，其可应用于金属材料，也可应用于非金属材料，使用广泛。在 19 世纪末以前，唯一的焊接技术是将金属加热后用锤子敲打，使其焊接在一起，即金属锻焊。随着技术的发展与需求的变化，多种焊接技术应运而生，目前已成为重要的制作方法之一。从简单的日常生活用品到复杂的交通工具，都有焊接技术的身影。

目前，常见的焊接技术分为三种：

（1）熔焊。加热连接处至熔化形成熔池，熔池冷却凝固后便接合完成，一般不需要施加压力。

（2）压焊。在焊接时施加压力，使得焊件接合。

（3）钎焊。选择比母材熔点低的金属材料作为钎料，将液态钎料润湿母材，填充在接缝处，使得与母材相互扩散，从而达到焊接目的。

在电子电路加工制造行业里，许多电子设备与通信设备都利用了焊接技术。其中，元件焊接属于软钎焊，常用锡铅合金作为钎料，该材料熔点低于 450℃，接头强度小于 70MPa。一般软钎料需要搭配钎剂使用，以清除表面的氧化膜，改善钎料的润湿性能。钎剂的种类很多，在电子工业中，多使用松香和酒精溶液作为软钎剂，这些无腐蚀性钎剂在焊接后留下的残渣对电路板无侵蚀影响，为了美观，可用专用清洗剂清理残渣。如图 7－1 是电子电路中用到的钎焊方式。

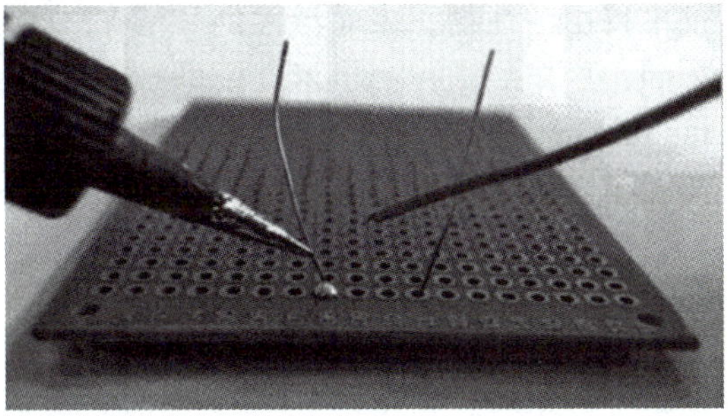

图 7－1　钎焊

二、焊接的工具

1. 烙铁

烙铁是焊接的必备工具之一，由烙铁头、烙铁芯、绝缘手柄等部分组成。通电后，烙头温度上升，从而熔化锡等钎料。电路焊接中，常用的烙铁如图 7－2 所示。

根据烙铁头与烙铁芯安装位置的不同，烙铁分为内热式和外热式，前者将烙铁头安装在烙铁芯里面，后者则相反，这两种烙铁都适用于手工焊接。功能单一的烙铁价格较低，调温型烙铁能调节温度，所以价格要高一些。焊台较昂贵，但焊台的功能完备，有些焊台会配有小型热风枪，方便焊接与拆焊。

图 7－2　烙铁

为了满足不同的焊接需求，烙铁可以选择多种金属头。例如，尖型烙头多用于精细焊接或焊接空间较小的情况；刀型烙头属于多用途烙铁，适用于 SOP 等封装的集成电路与连接器等元件的焊接。常见的烙铁头如图 7－3 所示。

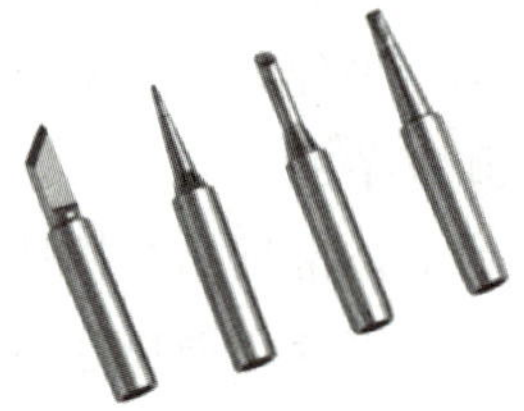

图 7－3　常见的烙铁头

在使用烙铁时，经常配有烙铁架、海绵等物品。烙铁在空闲时必须放在架子上，避免磕碰与烫伤，而吸水后的海绵可用于清理烙铁头，有利于烙铁的升温与挂锡。

2. 焊锡

焊锡是焊接过程中连接元件的重要工业原材料，其熔点较低，常用的有铅合金焊锡、加锑焊锡等，应用领域较多，适用于手工焊接、波峰焊接、回流焊接等工艺。根据外观形态，常用的焊锡有焊锡丝和焊锡膏等。

（1）焊锡丝。

焊锡丝是具有一定长度与直径的锡合金丝，由锡合金和助焊剂组成，如图 7－4 所示。锡合金包含锡铅合金、锡银铜合金等，而助焊剂主要由活性剂、表面活性剂和溶剂组成。焊锡丝的种类不同，所用的助焊剂也不同。助焊剂主要是为了焊接过程的辅热传导，去除表面氧化和油污，增大焊接面积。

图 7－4　焊锡丝

根据锡合金的组成，焊锡可分为有铅焊锡和无铅焊锡，两者的区别在于铅的含量。63％的锡与 37％的铅组成的焊锡被称为共晶焊锡，这种焊锡丝的硬度、黏度、焊接的效果都最好。在无铅焊锡丝中，铅的含量很低，欧盟制定的电气行业标准对铅的使用做出了限制，最高限量标准为 0.1％，这样不仅有利于人体健康，也有助于环境保护。为确保成品符合欧盟标准，一般无铅焊锡丝的铅含量会远低于该标准。

尽管无铅焊锡丝的环保性较好，熔点却高于有铅焊锡丝。但不论焊锡丝中的铅含量有多少，都会对烙头造成一定程度的腐蚀。相对来说，无铅焊锡丝由于锡含量和熔化温度更高，因此更容易腐蚀烙头。考虑到欧盟无铅标准与烙头的腐蚀速度，若使用无铅焊锡丝焊接，建议配套使用无铅专用电烙铁。

（2）焊锡膏。

若使用焊锡丝，有些元件会出现难上锡的情况。此时建议使用焊锡膏，如图 7－5 所示。焊锡膏可以去除金属元件表面的氧化物，也方便固定待焊接的元件，并且焊点光亮、牢固，不仅提高了焊接的效率，也提升了质量。但需要注意的是，焊锡膏具有一定的腐蚀性。

图 7－5　焊锡膏

3. 剥线钳

剥线钳可用于快速剥除电线的绝缘层，将绝缘皮与电线分离，如图 7－6 所示。在焊接加工时，如果需要修正电路，常用剥线钳制作飞线。

4. 剪钳

在电子电路制作中，剪钳多用于剪断多余的引脚、导线等。常用斜口型剪钳，如图 7－7 所示，其能够深入间距较小的空间，从而剪断塑料或金属连接部位。

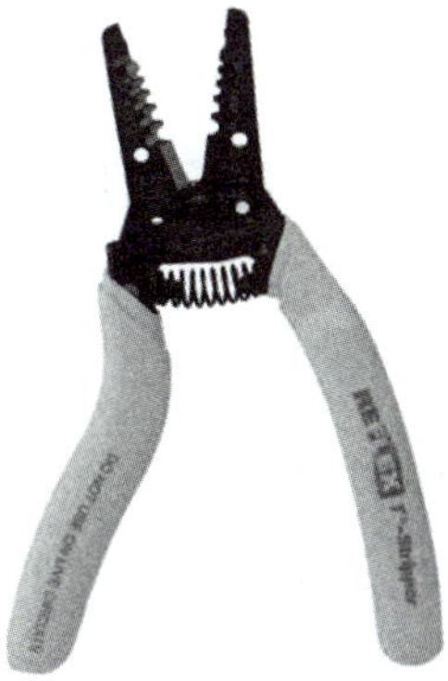

图 7－6　剥线钳

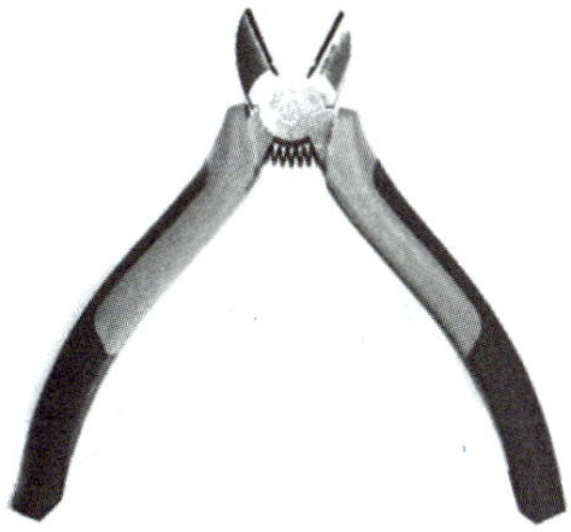

图 7－7　剪钳

5. 吸锡器

吸锡器分为手动与电动两种，可以用于收集拆卸电子元件时的焊锡。在修理、拆卸元件时常用到吸锡器，尤其是对于容易受到损害的大规模集成电路。简单的吸锡器通常是手动的，基本由塑料制成，由于头部经常接触高温，因此该部分为耐高温塑料制品，如图 7－8 所示。

6. 吸锡线

在焊接贴片元件时，尤其是管脚密集的芯片，容易出现锡过多的情况，甚至因此造成短路。传统的吸锡器可能无法较好地处理管脚密集的芯片，因此常用吸锡线代替吸锡器。

吸锡线用于拆焊时吸取多余的焊锡。锡带的编织结构保证了最大的表面张力、吸锡能力和较好的热传输能力，如图 7－9 所示。将锡带放置于多余的锡料上方，烙铁放在锡带上缓缓移动，待锡熔化后，多余的锡料便被吸起，从而减少了电子产品的返工与修理时间，也降低了对电路板造成热损伤的危险。

图 7-8　吸锡器

图 7-9　吸锡线

7. 助焊剂

在焊接工艺中，助焊剂不仅能帮助、促进焊接，还可以阻止氧化反应，从而起到保护作用。根据成分的不同，助焊剂分为有机、无机、树脂三大类。在焊接时，加入助焊剂可以增加锡料的流动性，降低被焊接材质的表面张力，去除氧化物。但一般在使用助焊剂后，电路板表面会有残留物质，为了电路板的美观与清洁，可以使用专用清洗剂去除残留。

松香是常用的助焊剂之一，如图 7-10 所示，能够提高焊接的质量。对于直插元件，如果其表面生锈，将松香放在元件上，使用烙铁烫一下，更有助于焊接。对于贴片元件，松香不仅可以助焊，还可以与铜丝配合使用，去除多余的锡料。

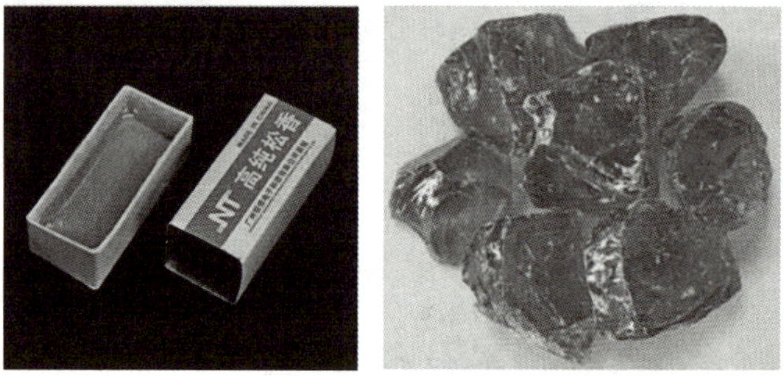

图 7-10　松香

8. 工业酒精

工业酒精可用于清洗元件或电路板，焊前焊后均可使用，如图 7-11 所示。松香助焊剂在使用完后，会在电路板或元件表面留有残渣。为了美观，可用工业酒精将残留的松香清理干净。

9. 防静电台

防静电台是专门用于焊接静电敏感元件的工作台，如图 7-12 所示。对于此类元件来说，静电可能会对其造成严重损害，因此在焊接时需要注意静电防护，一般可以采用专用工具，如佩戴防静电手环、使用防静电台等。除此以外，还可以在焊接前，通过洗手、触摸金属等方式来释放静电。

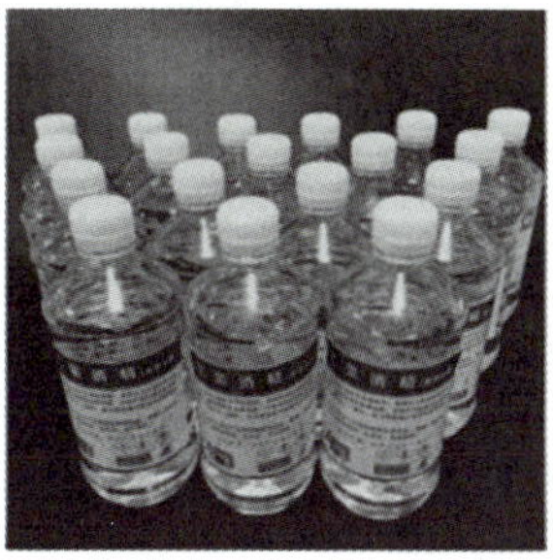

图 7 - 11　工业酒精

图 7 - 12　防静电台

10. 线路板夹

线路板夹是固定并防止线路板松动的工具，如图 7 - 13 所示。在焊接时，有些加工对象尺寸较小，且质量轻，如果不对其进行固定，焊接时电路板与元件会发生移动，导致操作困难。利用线路板夹则可以解决该问题，让焊接更加顺利。

11. 热风枪

热风枪主要用于焊接和拆卸元件，如图 7 - 14 所示。其主要原理是利用发热电阻丝产生的热空气流熔化焊锡，从而进行焊接或拆取。热风枪内部控制电路由信号放大器、比较电路等部分组成。其工作温度一般为 100℃～550℃，有些型号的热风枪可高达 760℃。

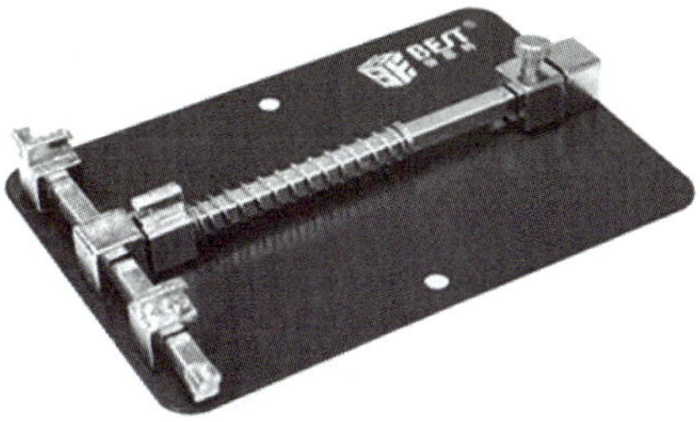

图 7 - 13　电路板夹

图 7 - 14　热风枪

热风枪的使用广泛，可以焊接、拆卸小型元件，甚至是大区域的集成电路。面对不同的情况，需要适时调整热风枪的温度与风量。若温度过低，易出现虚焊等问题；若温度过高，则容易对元件与电路板造成热损伤；若风量过大，容易造成外观小、质量轻的元件发生位置偏移。在实际焊接中，要根据需求选择热风枪，一般来说，普通贴片元件的焊接无须使用热风枪。

12. 镊子

镊子是夹起和放置贴片元件的工具。例如，可用镊子夹起贴片电阻，将其放置在对应的焊盘上，再进行焊接。对于静电敏感的元件，则需要使用防静电镊子，如图 7 - 15 所示。

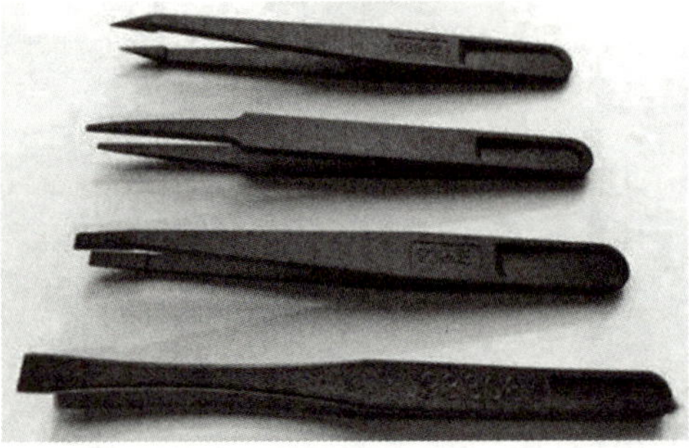

图 7-15　防静电镊子

三、安全注意事项

（1）通电前，需要确保烙铁的电线完好，烙头牢固，无内部导线裸露的情况；

（2）通电后，烙铁附近不可放置易燃易爆物品；

（3）使用烙铁时，不可用手触摸烙头或刚焊完的元件，禁止手持烙铁打闹；

（4）电烙铁使用完以后，须插入架子中，不可直接摆在台上，若长时间不使用，应当拔掉电源插头；

（5）若烙头出现黑色氧化物或残渣，应当用松香及时清洁，以保证状态良好；

（6）不可在焊接室以外的地方焊接；

（7）焊接后，应当及时洗手；

（8）如果在带电设备上操作，不可佩戴戒指、手表等金属物，不可使用金属尺等，不可用潮湿的手触摸电气设备；

（9）由于焊接时，烙头会发热，松香、焊锡丝会熔化，因此需要保持实验室通风环境良好。

任务2　焊接工艺认知与实践

任务描述

本任务旨在让读者通过理论学习和实践操作，掌握电路板的焊接工艺。本任务中，读者可以了解电路板焊接的基本概念和原理；学习电路板焊接的常用工具、材料和设备的使用；掌握电路板焊接的基本步骤和注意事项；熟悉电路板焊接中常见问题及其解决方法；利用电路板实际操作焊接，熟练掌握电路板焊接技能。读者需要手工完成隔离控制器电路板的焊接工作，并具备一定的故障排查和解决能力。

知识储备

一、焊接工艺介绍

表面贴装技术和插入式封装技术是目前主要的两种焊接工艺。

1. 表面贴装技术（Surface Mounting Technology，SMT）

SMT 工艺将传统的电子元件的体积压缩，将无引脚或短引线表面组装元件安装焊接于 PCB 板上，从而实现了电子组装产品的高密度、高可靠、小型化、低成本，是当前行业主流的电子组装技术。相关的组装设备被称为 SMT 设备。由于成本低、体积小，许多电子产品，尤其是消费类产品，普遍利用 SMT 技术。随着科技的快速发展，SMT 技术已经越来越广泛地被使用。

2. 插入式封装技术（Through Hole Technology，THT）

相对于 SMT 技术，THT 工艺将元件放置于电路板的一面，引脚焊接在另一面，所占用的空间较大，拆卸也不方便。但有些电子产品需要一定的耐压力，工作环境较差，要求元件连接牢固，此时通常会选择 THT 技术，以保证可靠性。

二、焊接操作过程

1. 焊接流程

（1）焊接前，确保焊接台与周边环境整洁有序，为后续的焊接提供良好的工作环境。

（2）若从库房领取元件材料，则需要根据物料清单核对型号、数量等信息，若遇到不熟悉的元件，应询问库房管理员。

（3）根据 BOM 表与原理图、PCB 文件，进行焊接。

（4）焊接后，根据物料清单核对元件，并检查焊点，避免出现错焊、虚焊、漏焊等问题。特别要注意的是多引脚元件与有极性元件的焊接。除此以外，还需要检查并优化焊点，尽可能保证焊点光滑、过渡均匀、无毛刺。

2. 工艺要求

（1）焊接点要求。

为防止元件在受到撞击时脱落松动，焊点需要一定的机械强度。若使用的焊料过多，则易导致虚焊或短路。而合格的焊点需要保证良好的导电性和可靠性，所以要选择合适的焊料与焊剂，避免虚焊等问题的发生，确保焊点表面光滑、无毛刺。

（2）插装焊接要求。

为确保插入式封装元件的焊接质量与可靠性，元件引脚不得在根部弯曲，弯曲处的圆角直径应大于引脚直径，且保证弯曲后的引脚垂直于元件本体。元件的符号和标志应该方向一致，从而避免引脚断裂、接触不良等问题。

3. 焊接技术

（1）烙铁的使用。

焊接时，需要注意对烙头的保养，以延长其寿命。对于新烙头，在使用之前将烙铁温度调至220℃，利用焊锡丝让烙头充分沾上焊锡，再使用湿润的海绵清理干净，将烙铁温度再次调至300℃。重复以上步骤，最后将烙铁调整至日常能使用的温度，从而加强保护膜的效果，避免其直接氧化。每次焊接完成以后，烙头应挂上锡，再切断电源，下次使用时，可利用松香清理烙头，重新上锡使用。海绵约两小时可清洗一次，水量以用手轻握时有两三滴水为宜。

烙头的使用温度过高、时间过长也会导致寿命的缩短。一般来说，正常使用350℃，每天工作8小时，可完成3万个焊点。除此以外，使用过程中不可敲击烙头，以免造成损坏。

烙铁的温度与其功率相关，具体见表7-1。

表7-1 烙铁的温度与功率对照表

烙铁功率（W）	20	25	45	75	100
烙头温度（℃）	350	400	420	440	455

烙铁的功率越大，通常意味着能够提供更多的热量和更高的温度。对于集成电路、CMOS等电路来说，常用20W的内热式烙铁。对于二极管、三极管等元件来说，若温度超过200℃，极易造成热损伤，并容易从PCB板脱落。但是，若烙铁温度过低，则无法熔化焊锡，焊接时易造成焊点不光滑、不够牢固，容易造成虚焊。除此以外，每个元件的焊接时间也不宜过长，若烙铁长时间触碰某一元件，也容易烧坏元件。因此，一个焊点应该在1.5～4s内完成，若无法完成，也应将烙铁移开，给予一定的冷却时间。烙铁通电后，若长时间不使用，应当断开电源，避免加速烙铁芯的氧化，从而造成烧断的情况。

（2）手工焊接操作。

手工焊接时，需要注意焊接的温度与时间，否则容易出现虚焊或焊点不牢固的问题。若温度过低，则焊锡容易凝固，造成虚焊；若温度过高，则加速焊剂的分解速度，焊锡流淌，加快焊盘表面的氧化，使其易脱落。使用松香作为助焊剂时，尤其要注意锡焊温度，因为温度过高会使焊料氧化、脱皮并发生炭化，造成虚焊。

4. 焊接步骤

（1）准备必要的工具和材料，包括烙铁、镊子、焊锡等，左手拿焊料，右手拿烙铁；

（2）用烙铁加热待焊接的引脚；

（3）将适量的焊料送入待焊接的引脚并使其熔化；

（4）当焊锡流动并覆盖焊接点时，迅速移开电烙铁和焊料。

三、焊接注意事项

1. 焊接顺序

为了提高焊接效率和质量，一般按以下步骤进行：

（1）焊接电阻、电容等两个引脚的贴片元件时，应该按照由小到大、由低到高的顺序进行，避免焊错或者漏焊的情况发生；

（2）在进行焊接操作时，焊接集成电路等多引脚表面贴装元件时，也应该按照由小到大、由低到高的顺序进行，但一定要检查引脚的位置和方向，确保无误；

（3）对于其他通孔直插元件，如蜂鸣器、电解电容等，也应该按照由小到大、由低到高的顺序进行焊接，降低出错的风险，提高工作效率；

（4）单排插针等接插件的焊接无次序之分。

2. 两引脚贴片元件的焊接方法及注意事项

贴片电容、电阻等元件在电路中的使用频率很高，可按照以下步骤焊接：

焊接贴片元件

（1）批量将焊盘的一端镀上适量的锡；

（2）根据 BOM 表将元件放置在焊盘上，并焊接；

（3）批量焊接元件的另一个引脚；

（4）优化焊点，并进行清理。

在焊接的时候，应当注意以下要点，以确保电路板的质量与可靠性：

（1）元件的排列应整齐端正，两端余量相近；

（2）注意电阻、电容的元件值，避免错焊；

（3）焊接时间不可过长，避免长时间过热造成焊盘和元件的损伤；

（4）引脚的焊锡量不宜过多或过少，在焊接时要确保焊点光滑、无毛刺、无虚焊、无漏焊；

（5）焊接过程中，需要及时清理产生的残渣，以免影响焊接质量；

（6）对于二极管、钽电容等极性元件，保证元件极性标识与电路板上的极性标识一致，若电路板无极性标识，可查看 PCB 图以确定引脚的极性方向。

3. 多引脚贴片元件的焊接方法及注意事项

多引脚贴片元件与两引脚贴片元件的注意事项相同，但在焊接方法上有差别，具体如下：

焊接 LQFP 封装元件

（1）在元件的其中一脚焊盘上涂抹焊锡，在另一个引脚（若是集成电路，一般为对角线上的引脚）上同样涂抹焊锡，以固定元件；

（2）按照元件明细表，批量固定元件在电路板上，以确保可靠性；

（3）批量焊接剩余引脚，根据引脚的间距不同，可以依次单个焊接，或者采用堆锡法焊接；

（4）焊接完成以后，可用松香或吸锡线清除引脚上多余的焊锡，确保引脚都焊接在焊盘上，且无短路等现象；

（5）优化焊点，并进行清理。

知识补充

对于类似LQFP封装的元件，如需要手工焊接，通常可以先用烙铁将一个角焊住，以固定元件位置，然后检查元件是否摆正，最后焊接其余焊盘。由于其管脚间距较小，因此可以借助松香增加焊锡的流动性，帮助焊锡进入管脚与焊盘的间隙，吸锡带可以帮助清除多余焊锡。利用废旧内存条练习焊接，熟练后可以使用“拖锡”的方式快速完成。对于新手，利用适量焊锡膏焊接可以降低焊接难度。

4. 直插元件与接插器件的焊接方法及注意事项

为确保可靠性和电路板质量，蜂鸣器、电解电容等元件常采用直插封装，单排插针、条型连接器等属于接插器件，其焊接步骤一般如下：

焊接直插元件

（1）按照元件明细表，依照由小到大、由低到高的顺序将元件批量固定在电路板上，一般先焊接一个引脚，再固定另一引脚，有助于提高工作效率和减少错误；

（2）焊接剩余引脚，由于通孔直插元件引脚之间的距离较大，因此逐个焊接即可；

（3）利用剪钳，将多余的引脚长度剪去，使元件引脚的长度与其他元件的引脚长度相同，确保电路板外观整洁。

对于直插元件，焊接过程中的注意事项与两引脚相似，但需要补充三点：

（1）部分晶振需要垫片，柱状晶振引脚不可与元件体相接触，避免造成短路等情况；

（2）确保插入元件体位置准确，能稳固地焊接于电路板上；

（3）焊接时，需要注意避免烫坏元件的塑料体。

5. 元件的拆焊及注意事项

焊接时，若出现焊错元件、已焊接的元件损坏等问题，就需要及时拆焊，更换元件。拆焊时要注意方法的正确，避免元件损坏、印制导线断裂或焊盘脱落，从而增加产品的故障率。常见的拆焊方法如下：

（1）针对小型元件和精细焊点，可选用医用空心针头进行拆焊；

（2）使用铜编织线进行拆焊，但需要注意不要让焊锡散落在电路板上；

（3）针对大型元件，利用吸锡器或吸锡线拆焊；

（4）使用专用的拆焊电烙铁进行拆焊，以精确地加热焊点，避免对周边元件的损坏；

（5）使用吸锡电烙铁进行拆焊，但需要注意不要过度加热焊点，以免造成元件损坏。

四、后期处理

电路板焊接完成后，后续的处理环节同样至关重要。只有做好这一环节的工作，才能确保电路板焊接的质量。后期处理主要包括以下几点：

（1）核对元件清单，确认所有元件的焊接位置正确；

（2）确保钽电容、二极管、蜂鸣器等有极性元件的焊接无误；

（3）检查集成电路、接插件等多引脚元件的引脚排列标识是否与电路板上的对应标识一致；

（4）修复并优化焊点，确保焊点光滑、无毛刺，焊接处无虚焊、漏焊、短路等情况；

（5）清理电路板，保证无锡粒等污垢，可使用酒精清洗电路板。

五、特殊情况的处理

为了确保电路板能稳定、可靠地运行，若焊接时出现意外，则需要及时解决。常见的特殊情况如下：

1. 部分电路需要测试的情况

电路板部分功能较为特殊，或者要求比较高时，需要在焊接中进行测试。一般会依据原理图和提供的测试方法，焊接所有待测单元的元件，并根据测试方法，记录数据，最终拟写测试报告。

2. 丝印与走线错误

在电路板设计和印刷过程中，有时出现丝印符号或走线错误的情况。为了防止对电路板的性能和可靠性产生负面影响，需要对此类问题进行处理。常规的处理方法如下：

（1）对于仅仅是元件丝印符号漏印或印反的情况，可以参照原理图、PCB 图确认元件的正确焊接方向，进行相应的修改；

（2）如果元件丝印符号没有问题，但走线出现了问题，且问题容易解决，可向相关人员反馈，并处理；

（3）如果电路板走线出现了不可修复和矫正的问题，此时不应再焊接，需要及时向相关人员反映，以便采取有效的措施；

（4）若需要对走线进行切割，则需要看清原理图，确认切断铜线后对其他功能无影响；

（5）切割铜线时应当注意避免划断其他地方的铜线与丝印；

（6）若需要修复切断的铜线，可用刀片刮去防护层，铜皮外露，利用焊锡连接。

3. 焊盘脱落的情况

焊接时，若由于焊接技术不熟练，或者电路板材料质量不良，出现焊盘掉落的情况，应当根据以下情况处理：

（1）如果焊盘与导线依旧连接，应将焊盘尽可能恢复到原来位置；

（2）若此时焊盘与导线断裂，则可以参照原理图、PCB 图做飞线处理，要遵循就近、可靠的原则；

（3）如果脱落的焊盘与其他元件没有任何电气连接，则可以不必处理；

（4）对于走飞线的焊盘，建议利用热熔胶使其固定，以保证其可靠性。

4. 元件更换

在电路的测试与修理中，更换两引脚的贴片元件最为常见，其技术要求不高，但需要注意以下问题：

（1）在元件的引脚涂上充足的焊锡；

（2）使用烙铁快速加热元件两端，当两端的焊锡完全熔化时，用烙铁轻轻地将元件向一侧推动，即可将其取出；

（3）对于贴发光二极管等贴片型元件，其耐高温能力较差，更换时需要特别小心，以免烫伤。

在测试和修理时，经常会遇见更换多引脚贴片元件的情况，其操作相对复杂，具体步骤如下：

（1）尽可能在所有引脚上镀上充足的焊锡；

（2）在引脚上快速移动烙铁，使焊锡熔化，然后用烙铁将元件向一侧轻拨，注意不要在焊锡未熔化时拨动元件，否则易造成焊盘脱落；

（3）对于 TQFP 封装器件，可以让两个人同时使用两个烙铁进行拆卸；

（4）若元件已经损坏，且周围空间充足，可利用热风枪进行拆卸。

课堂思考

利用热风枪拆卸元件，需要注意什么？

在更换元件中，难度最大的便是更换多引脚通孔直插元件，稍不注意，便会造成焊盘损坏，甚至电路板的报废，因此，在操作中要注意以下事项：

（1）所有引脚应尽可能镀上充足焊锡；

（2）用烙铁在引脚上快速移动，当焊锡完全熔化时，用镊子轻撬元件，注意力度适中，过度用力会造成焊盘的松动或者脱落；

（3）若元件已损害，可利用剪钳剪去所有引脚，再利用烙铁逐个焊掉引脚，从而保护焊盘。

项目小结

本项目完成了隔离控制器电路板的焊接加工，确保电路板能够正常运行。项目中，读者认知和实践了电路板焊接加工的过程，完成所有焊接后，使用万用表测试电路板的各项指标，确保电路板能够正常运行。对于首次接触焊接工作的读者，需要多加练习，以加强实际操作的技术水平，同时可以从加强对电路板质量进行检验等方面入手，提高整个过程的质量和效率。

课后习题

一、填空题

1. 在进行电路板生产时，贴片焊接是一种常用的表面贴装技术，电路板生产如采用贴片机贴装，还需要进行________，以保证最终产品的质量和性能。

2. 在进行电路板生产时，采用手工焊接时需要掌握好________和________的控制，避免引起焊点过热或者不完全焊接等问题。

3. 在进行电路板手工焊接时，需要注意一些安全问题。例如，在使用烙铁和焊锡丝时，需要注意防止________或________等问题；同时还需要保持操作场所________良好，以免铅烟等有害物质对身体造成伤害。

二、简答题

1. 电路板焊接中最常用的焊接方法是什么？

2. 焊接电路板需要哪些基本工具？

3. 在电路板焊接过程中，如何避免静电对元器件造成损害？

4. 电路板焊接的步骤是什么？

项目 8 电路板的功能检测评估

项目引入

本项目涉及电路板测试和评估，旨在确保隔离控制器电路板能够按照预期的方式运行，以满足其设计要求。通过对电路板进行功能检测和评估，可以识别可能存在的缺陷或问题，并采取适当的措施来纠正这些问题，确保电路板的准确性和稳定性。本项目将涉及使用各种测试方法和工具来验证电路板能否正确地执行其操作。这可能包括对电路板进行模拟测试、用外部信号模拟输入输出、使用自动测试设备进行测试等。最终目标是确定电路板是否符合规格，并且能够在实际应用中可靠地工作。

学习目标

知识目标

理解隔离控制器电路板的基本结构和原理；

掌握电路板测试和评估的常用方法和工具；

了解电路板测试的相关标准和规范。

技能目标

能够独立进行隔离控制器电路板的功能检测和评估；

能够使用各种测试方法和工具来验证电路板的性能；

能够分析测试结果并提出改进意见。

素养目标

树立创新精神，不断探索新的测试方法和技术；

培养责任心和质量意识，确保测试过程和结果的准确性和可靠性；

强化自我学习和持续学习的能力，不断提高专业素养。

任务1 电路电气检查

任务描述

电路在设计完毕后就要进行功能验证，首先要进行的就是电路的电气特性检查。电路部分的检测，通常在电路板加工制作过程中就开展了，甚至在电路设计时就要考虑后期的电路检查规划。电路电气检查后还会安排配合固件程序的功能测试，但这些涉及程序的测试往往要以电路稳定工作为前提，要在程序功能测试之前就进行电路检查。但在进入程序测试时，有时也会出现电路问题，如通信部分的功能，既涉及电路电气，又涉及程序编写。我们必须尽可能在功能程序测试之前验证电路的可靠性，这样可以有效地减轻后期测试的压力。

本任务主要完成隔离控制器电路板电气功能检查，检查项目包括电路设计部分和电路加工部分，确保电气功能达到设计要求。

知识储备

在检查电路时，通常需要合理使用工具来完成，一般使用较多的是四种设备：电源、万用表、示波器、信号发生器。这里，我们可以利用电源输出合理的供电电压来测量隔离控制器的供电部分；利用万用表可以检查电路中的通断、电压、电流、阻抗等参数；示波器可以用来观测电路中信号的变化，如幅度、频率等；信号发生器可以提供一定范围和频率的激励信号，用于测试电路对变化信号的响应。

电路检查可以在焊接加工时就开始进行，避免所有电路焊接完毕后再进行测试。测试时往往会依据电路功能划分，分区域测试，从供电部分开始进行测试，这样可以尽量减少由于电路错误造成的损失。电路测试要在断电情况下进行，完成断电情况的测试后再对电路进行上电测试。有规划地进行电路测试，可以有效减小故障排查的困难。

一、制定测试规划

首先要制定合理的测试规划，确定好测试的内容，最好能以表格形式确立规范。其次要准备好测试工具，依据电路功能的不同，可能需要不同的工具，如电路用于某些传感器的接入测量，就应当在常用测试工具之外准备实际使用的传感器，或者使用合适的信号发生器代替。最后还要制定好详细的测试步骤，尤其是一些功能较为复杂的电路，要依据电路功能划分，分区、分功能依次测试。

二、空板测试

首先要对加工完成的类似图 8-1 所示的 PCB 空板进行目视检查，当然也可以借助放大镜、显微镜等工具来完成这项工作。这里主要是看过孔、焊盘是否合乎要求；对于部分元件封装要检查是否利于组装加工；对于丝印的排版，观察其是否位置合适，有无交叠和错印；一般在 PCB 样板加工时就会由加工方检测由于加工工艺造成的短路或断路情况。

其次要用检测设备对空板做更为详细的检查，这里主要借助万用表，一般会检查电路中是否有设计原因或加工原因造成的短路、断路。这里要重点针对电源和地信号，依据电路原理图，用万用表的二极管挡测试电源供电的各个节点有无短路到地。在没有焊接元件之前进行短路测试是非常有利的，当元件焊接好后，由于空间有限，部分测量可

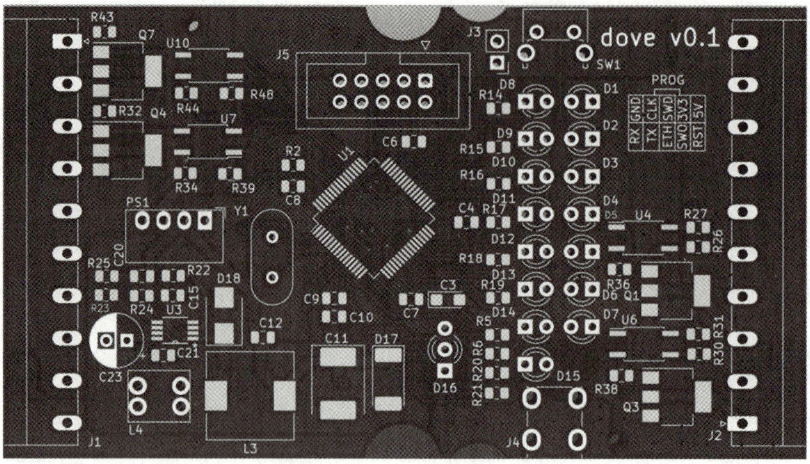

图 8-1　PCB 空板

能较困难。在电路设计时，如果能有意设计各个空焊盘作为检测点，将有助于后期电路的维护检查。

知识补充

对 PCB 进行检验是有严格标准的。国际标准有 IPC（国际电子工业联接协会）制定的一系列标准，包括 IPC-A-600（印制板的可接受性）、IPC-6012（刚性印制板鉴定与性能规范）等。国家标准有一系列的 GB/T（中华人民共和国国家标准）和 SJ/T（中华人民共和国电子行业标准），包括 GB/T 4588.3—2002（印制板的设计和使用）、SJ/T 11364—2014（电子电气产品有害物质限制使用标识要求）等。除了国际标准和国家标准之外，还有一些行业标准、企业标准、客户标准等，这些都是针对特定的领域或需求而制定的。

三、焊接测试

焊接测试是指在将电路的元件焊接完毕后，进行电路的测试。但这里的焊接并不意味着完成整个电路板的焊接，通常会按功能划分电路区域，分区域进行焊接测试。在操作之前就制定一个较为合理的计划步骤会有效提高测试效率，并减小测试复杂度。

1. 电源电路测试

电源电路是首先要进行测试的部分。在电源电路焊接完毕后，首先要测试其输入输出电压是否正常，电源的纹波是否满足要求。可以适当加上负载测试供电效果，仔细查看负载变化时供电电压的情况。另外，也要注意测试输入电压在设计范围内变化时输出电压的变化，确认其符合设计要求。如图 8-2 所示，可以用万用表分别测量 V_{CC} 和 V_{SS} 之间的电压、V_{DD} 和 GNDD 之间的电压，查看是否符合设计要求。

2. 控制核心电路测试

控制核心电路测试可以在确认电源供电正常的情况下开展。测试时首先要确认控制

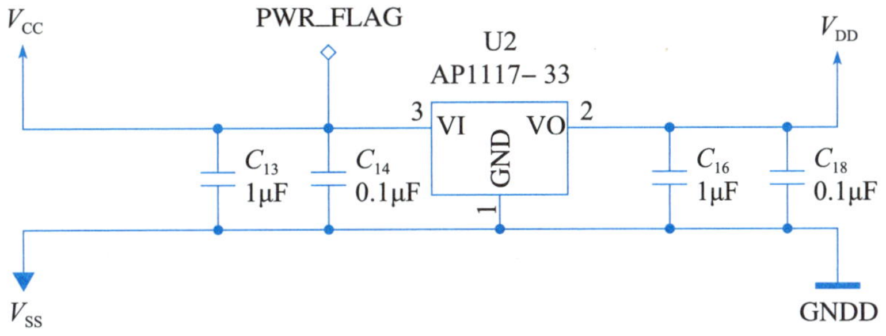

图 8-2　电源电路

电路中核心芯片的供电电压正常，然后可以测试其时钟部分是否正常，最后可以通过特定接口测试程序写入。通常，可以尝试写入一段特定功能的测试程序，让某一管脚输出固定的电平序列信号来测验控制核心电路能否正确工作。

以隔离控制器电路为例，其核心 MCU 的工作需要 3.3V 的供电电压，因此我们首先要用万用表测试供电是否满足要求。这里不宜直接用表笔测量芯片管脚电压，较粗的表笔容易引起 MCU 管脚间的短路，可以尝试测量芯片供电引脚周围的滤波电容的两端电压。

正确的供电未必能保证隔离控制器正常工作，核心 MCU 工作需要有稳定的晶振信号，隔离控制器采用外接 8MHz 的晶振，可以用示波器来测量其是否按设计要求工作。晶振波形一般是正弦波或方波，当输出波形是方波时，一般上升沿比较陡，且包含较多的高频信号，测试方波时带宽最好能是被测信号频率的 10 倍。用 200M 示波器可以测试出隔离控制器工作时晶振的波形，测试时将探头挡位调为×10 挡，注意探头就近接地，以保证信号的保真度。

为了验证程序烧写电路，可以设计一个较为简单的测试程序，如让一个管脚驱动 LED 的定时闪烁，将该程序通过烧写接口写入 MCU。程序的成功烧写，可以验证串行调试接口（SWD）电路是否正确，但未必能保证核心控制电路可靠工作，通过观察 LED 的闪烁，可以判断核心电路能否按设计稳定运行。所以通常在设计电路时，工程师会特意设计一个指示系统稳定工作的 LED 指示灯，如果电路中没有这样的设计，则需要通过示波器等设备来验证程序的运行。如图 8-3 所示，是一个可供测试使用的 LED 电路。

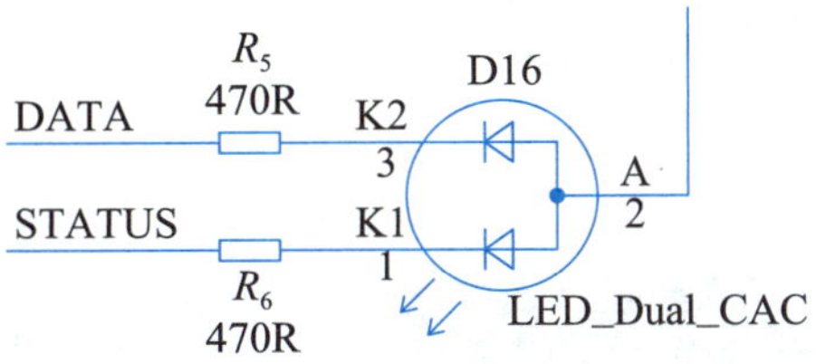

图 8-3　可供核心电路测试的闪烁 LED

3. 外围输入输出电路测试

电路板上除供电部分和核心控制部分外，会有一些依据应用要求设计的外围设备电路，这些电路各有不同的功能。例如，通信电路主要用于信号传输与处理，而输入输出接口则进行数据、信号交换以及控制等，这些功能电路要依据其功能分别测试。隔离控制器的功能较为简单，外围电路部分主要是用于通信的 RS－485 转换电路和输入输出隔离接口电路。

隔离控制器中的 RS－485 转换电路如图 8－4 所示，主要用于通信，其完备的功能测试要配合带通信功能的固件程序来完成，在电路检测时只能简单测试下转换芯片的供电电压和对外通信管脚的对地电压。

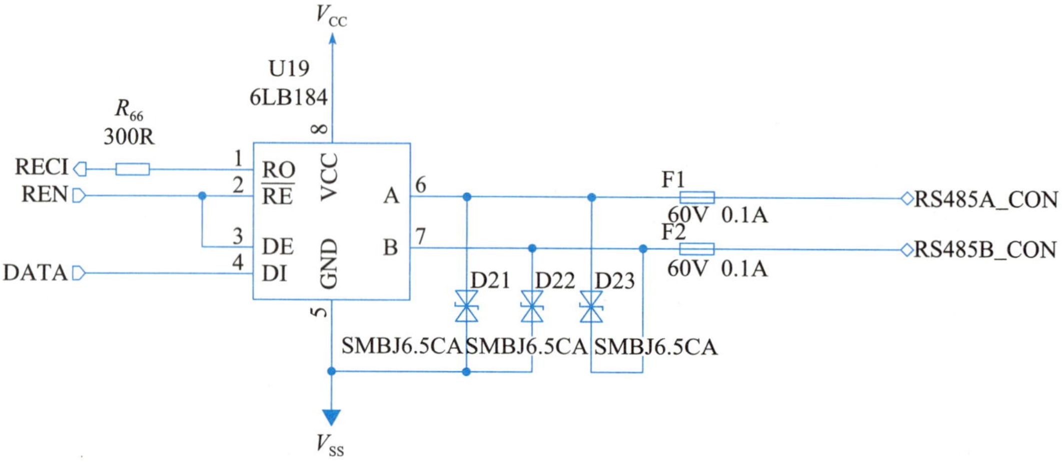

图 8－4　测试 RS－485 电路的通信引脚对地电压

隔离控制器中的输入输出的隔离接口电路使用了光耦来隔离外部接口和系统信号，在测试时应分别测试输入接口和输出接口。检查输入接口时，可以测试在外部信号电平下光耦接入系统的信号电压，检查外部信号在整个设计范围内能够产生有效的系统输入信号。检查输出接口时，同样也要测试整个设计范围内是否都能输出有效信号。隔离控制器中隔离输出部分电路如图 8－5 所示。

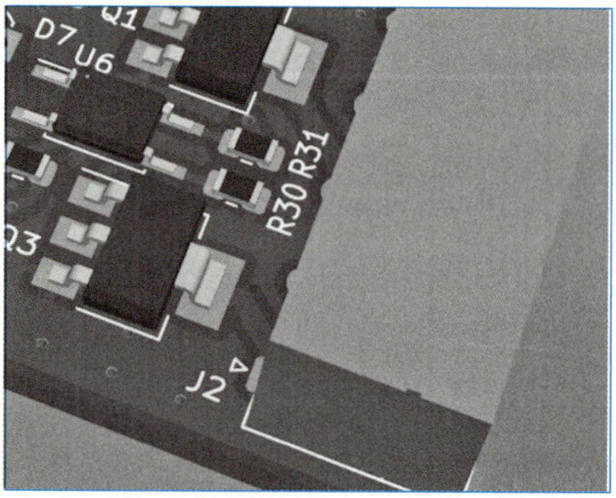

图 8－5　输出接口部分

知识补充

严格的电路检测通常还要包括电磁兼容（EMC）测试，指的是对电子产品在电磁场方面干扰大小（EMI）和抗干扰能力（EMS）的综合评定，帮助产品设计者评估其产品的电磁兼容性，并满足相关的国际标准和行业标准。测试通常需要由专业的实验室或机构进行，这些机构会根据不同的国家和地区的标准要求来进行测试，例如欧盟制定了 CE 认证标准，美国则有 FCC 标准等。在进行 EMC 测试前，产品设计者应该做好充分的准备工作，包括预先测试、修改设计、选择合适的材料和组件等，以确保最终产品能够通过测试并获得认证。

任务2 测试用例设计与实施

任务描述

隔离控制器在完成电路焊接制作并进行电路检测后，需要进行后续的功能测试。功能测试是以最终设备功能的稳定运行为目标。功能测试需要配合固件程序，测试要有步骤地进行，从简单到复杂，设计多个测试用例，逐步完成整个隔离控制器的功能验证。本任务通过多个测试固件的烧写运行，验证隔离控制器的功能完备性和运行稳定性。

知识储备

测试用例（Test Case）的设计从简单到复杂，逐步验证电路设备的各项功能，一些简单的用例在电路测试期间就需要开始检测，用以验证基础电路的稳定运行，较为复杂的通信功能验证就需要设计复杂的测试用例。用例的设计要考虑到检测操作方便开展，还要考虑到检测能覆盖隔离控制器的所有功能。检测结果可以用表格的形式详细记录，以便事后展开分析，帮助系统的后续改进。下面以隔离控制器的功能验证为例，给出用例设计和实施的具体案例。

电路板测试用例

一、用例设计

1. 系统固件烧写和运行

最简单的用例莫过于闪烁一盏 LED 灯，这一用例用于验证隔离控制器的编程接口能顺利工作，验证隔离控制器主控部分能稳定工作。

使用隔离控制器的编程接口，将设计好的测试程序写入控制器，断开编程器的连接，将 12V 电源接入隔离控制器的 V+和 V−接口端子，实现隔离控制器的上电运行，实现主芯片 PA0 管脚上连接的双色 LED 灯红色引脚每隔 500ms 切换电平状态，使得红色指示灯每秒闪烁一次。

> **课堂思考**
>
> 如果指示灯未能按预期闪烁，那么如何排查故障？

2. 系统指示灯测试

隔离控制器中针对 7 路输入和 8 路输出分别设计了 15 路独立的指示灯，可以设计一个用例来测试该 15 路指示灯能否准确工作，这样有利于利用这些指示灯为后面测试输入输出端口服务。

将隔离控制器主芯片所接入的 15 路指示灯依次点亮熄灭，形成流水灯的效果，为便于观察，将这些指示灯按输入端口和输出端口的序号排列闪烁。输入端口为 PA12、PC8、PB15、PB12、PB10、PA6、PA1，输出端口为 PA8、PC7、PB14、PB11、PB0、PA5、PC3、PC2。这里应当注意到，指示灯的顺序并非依照芯片端口序号排列，测试该用例时应当按照 PCB 布板时 LED 的排列顺序来测试。具体电路设计如图 8－6 所示。

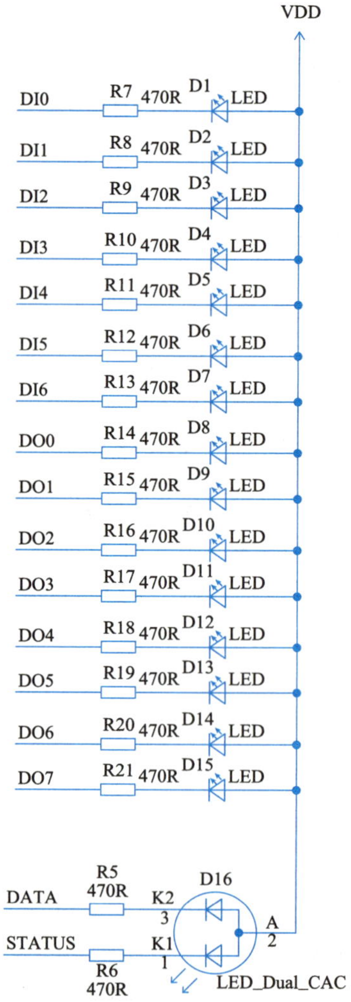

图 8－6　指示灯电路

3. 输入接口测试

隔离控制器有 7 路输入接口，需要设计合适的用例用于测试 7 路输入接口能否满足功能需求。

将隔离控制器的 7 路输入接口端子分别和 GNDS 端子短接，当主控芯片检测到输入接口的电平变化时，对应指示灯亮起或熄灭。

隔离控制器上的对外接口如图 8 - 7 所示，其中 7 路输入接口分别是 DI0_CON 到 DI6_CON。

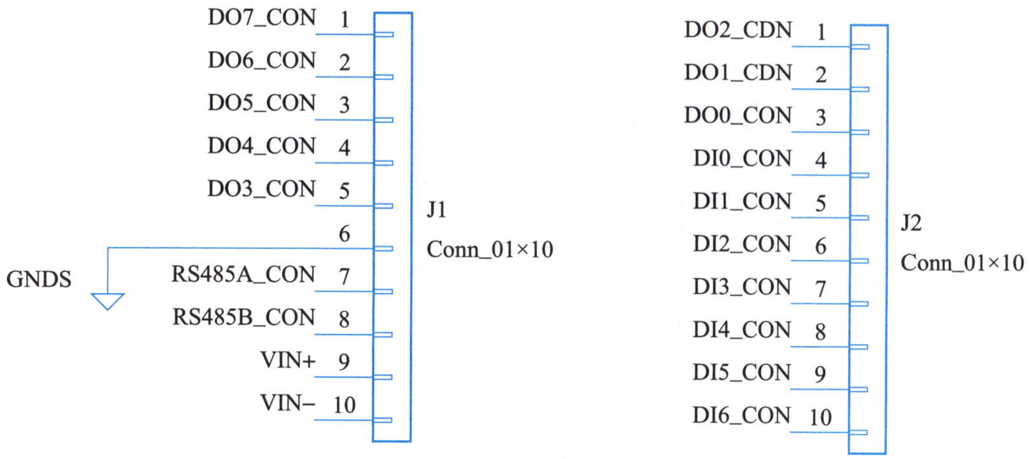

图 8 - 7 隔离控制器对外接口

4. 输出接口测试

隔离控制器有 8 路输出接口，需要设计合适的用例用于测试 8 路输出接口能否满足功能需求。在图 8 - 7 中，DO0_CON 到 DO7_CON 为 8 路输出接口。

设计合适的固件程序，实现 8 路输出端子依次输出有效信号，各路输出间隔 1 秒，循环往复，每路输出有效电平时，对应指示灯点亮，利用万用表二极管挡测试各路输出与 GND 信号的短路情况。

5. RS - 485 通信测试

隔离控制器对外通信接口采用 RS - 485，测试该接口能否有效通信，需要有配合的收发设备，通常开发用计算机不会带有 RS - 485 的接口，因此需要 USB 转 RS - 485 的转换器来配合测试。隔离控制器的对外接口中，如图 8 - 7 所示，标识为 RS485A_CON 和 RS485B_CON 的接口为 RS - 485 通信的 AB 信号线。

设计合适的固件程序，实现隔离控制器 RS - 485 接口的回显测试，测试时首先将测试程序烧写进隔离控制器，随后在测试计算机上插入 USB 转 RS - 485 的转换器。测试计算机利用串口调试助手等工具进行 RS - 485 接口测试，串口调试软件有很多种，不同操作系统下都有类似功能的工具，如图 8 - 8 所示为开源的 CuteCom 软件。

此类串口调试软件均类似，部分软件提供较为丰富的功能，这里只用到其基础功能：串口发送和接收。在使用这类软件进行通信测试时，一般需要先设定好工作参数。

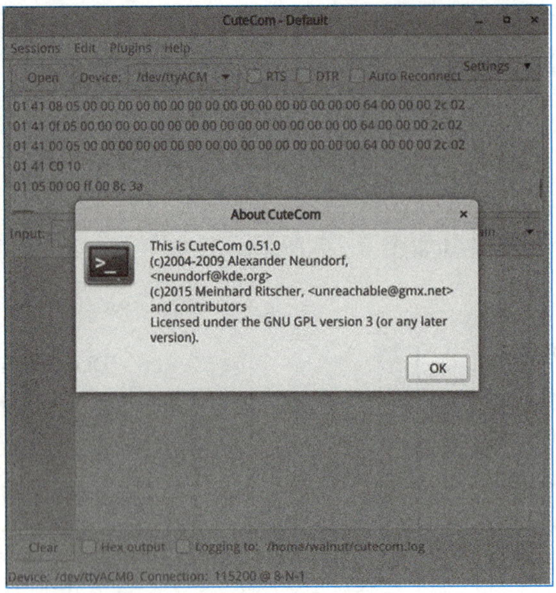

图 8－8　串口调试软件

常用参数有串口设备名称、波特率、数据位、停止位、奇偶校验、流控等，这些参数可以根据测试用的固件来设定，大致的参数设置如图 8－9 所示。

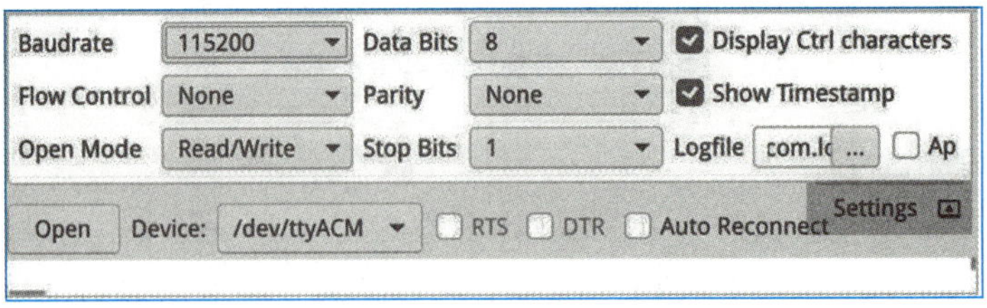

图 8－9　串口调试参数

测试时可依据需要设定好发送和接收数据的格式，选择字符形式或 HEX 形式。在这里设计的测试用例中，通过串口调试助手将字符数据发送给隔离控制器，控制器在收到数据后，会将数据回送出来，此时将会在串口调试助手的接收窗口中显示送回来的数据，其和之前发送的数据是一致的。RS－485 接口的数据回显测试能验证隔离控制器通信电路是否正常工作。

课堂思考

若通信测试时没有返回任何信息，则需要考虑哪些可能的问题？如果返回内容和预期不符，则需要考虑哪些问题？

6. 协议命令测试

隔离控制器在使用时对外通信接口使用 RS－485，通信协议部分借鉴 modbus rtu 形式，利用设计好的通信协议可以控制读取隔离控制器的各路输入端口状态和设置各路输出端口状态。

这里给出的测试固件参考了 ADAM4150 的操作指令，RS－485 接口工作在 9600 波特率、8 位数据位、1 位停止位、无奇偶校验、无流控，协议和常用的标准 MODBUS 有细微的差异，具体可参考如下的指令说明。

MODBUS
指令测试

（1）控制指令（继电器控制：功能码为 05）。

开启：01 05 00 13 FF 00 7D FF。具体字节格式见表 8－1：

表 8－1　开启指令

设备码	功能码	地址高位	地址低位	输出开		CRC 低位	CRC 高位
01	05	00	13	FF	00	7D	FF

关闭：01 05 00 13 00 00 3C 0F。具体字节格式见表 8－2：

表 8－2　关闭指令

设备码	功能码	地址高位	地址低位	输出关		CRC 低位	CRC 高位
01	05	00	13	00	00	3C	0F

设备码是隔离控制器在 RS－485 总线上的设备编号。RS－485 总线要求所有接入总线的设备都有唯一的编号，这里使用 01 作为设备编号，在实际使用中可以根据需要修改固件来设定不同的编号，当然也可以在固件中加入相关功能实现用户设置自定义编号。

功能码 05 在 MODBUS 协议中表示写单个线圈，这里单个线圈就对应一路输出端口。

地址就是输出端口的编号，如地址为 0x0010 对应隔离控制器的 DO0，0x0011 对应隔离控制器的 DO1，以此类推。

输出开 0xFF00 表示在输出端口输出“闭合”信号，隔离控制器中该输出端口会实现和信号地的短接；输出关 0x0000 表示在输出端口输出“断开”信号，隔离控制器中该输出端口会实现和信号地的断路。

CRC 校验码用于对控制指令前面字节的校验，读者可自行使用第三方的 CRC16 校验工具来计算其值，也可使用如下的在线工具进行计算。如下网址的页面提供了多种 CRC 校验的服务：

https://www.lammertbies.nl/comm/info/crc－calculation

有关 CRC 校验的相关知识读者可自行查找相关资料，这里进行校验的多项式为 CRC16_MODBUS：$x^{16}+x^{15}+x^{2}+1$（0x8005），初始值为 0xFFFF，低位在前，高位在后，结果与 0x0000 异或。

端口开启指令和端口关闭指令被隔离控制器接收后，隔离控制器会返回应答指令，如果控制指令被成功执行，应答指令将原样返回所接收到的控制指令。

（2）获取状态指令（获取设备状态值：功能码为 01）。

发送获取状态指令请求的具体字节格式见表 8-3。

表 8-3　获取状态指令

设备码	功能码	地址高位	地址低位	读取数量		CRC 低位	CRC 高位
01	01	00	00	00	07	7D	C8

这里设备码是隔离控制器在 RS-485 总线上的设备编号；功能码 01 在协议中表示读取输入端口状态；指令中的地址指的是第一个待读输入端口的地址；读取数量指待读取输入端口的数量；CRC 校验码用于对指令中前面字节的校验。

隔离控制器在收到该请求指令时，会将对应输入端口的状态返回给查询方。

响应获取状态指令请求的具体字节格式见表 8-4。

表 8-4　响应获取状态指令

设备码	功能码	位数	端口二进制表达（高位补 0）	CRC 低位	CRC 高位
01	01	01	0C	51	8D

响应指令中的位数指的是端口状态需要多少字节的二进制表达。例如，如果需要读取 7 路输入端口，则需要一个字节的空间，最高的第 8 位补 0；如果需要读取 9 路输入端口，则需要两个字节来存放状态信息，同时高位需要补 7 个 0。隔离控制器中有 7 路输入，实际使用一个字节就够了。对于 7 路输入端口，二进制表达的比特位表示某一端口的状态，1 表示端口开启，0 表示端口关闭。

二、用例实施

1. 固件烧写和运行

烧写固件

固件烧写需要配合一定的工具，可以使用 SWD 接口完成程序固件的下载运行。隔离控制器的烧写接口是如图 8-10 所示的牛角座。

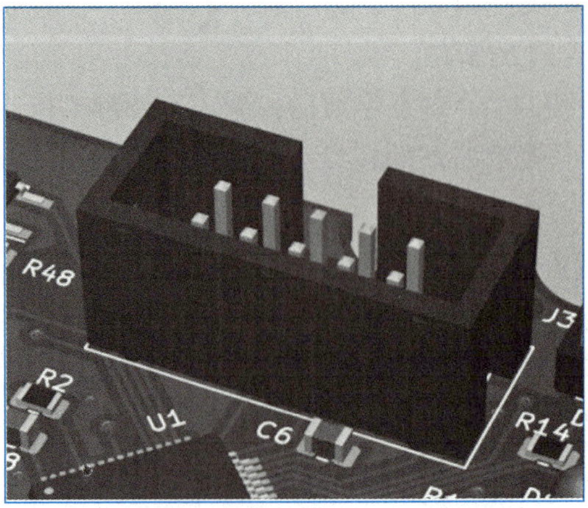

图 8-10　固件编程接口

接口中除了编程用的 SWD 信号线外，还包括串口通信线，接口的信号排序如图 8－11 所示。

RX	GND
TX	CLK
ETH	SWD
SWO	3V3
RST	5V

图 8－11　固件编程接口信号标识

在利用接口下载固件程序时，按照 SWD 的信号规范，实际只需要使用 SWD、CLK、GND 三根信号线就可以。市场上能购买到与此接口匹配的下载调试器，该下载调试器的数据接口与此处的 10 针接口完全匹配，因此直接使用 10P 的排线会更加方便，如图 8－12 所示。

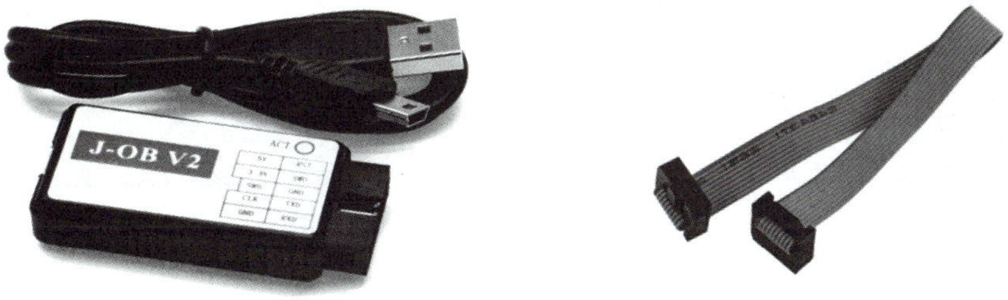

图 8－12　下载调试器（左）和排线（右）

下载的软件工具可以采用 J-Link 编程工具，可在其官方主页下载，其网址为：

https://www.segger.com/downloads/jlink/

页面如图 8－13 所示。

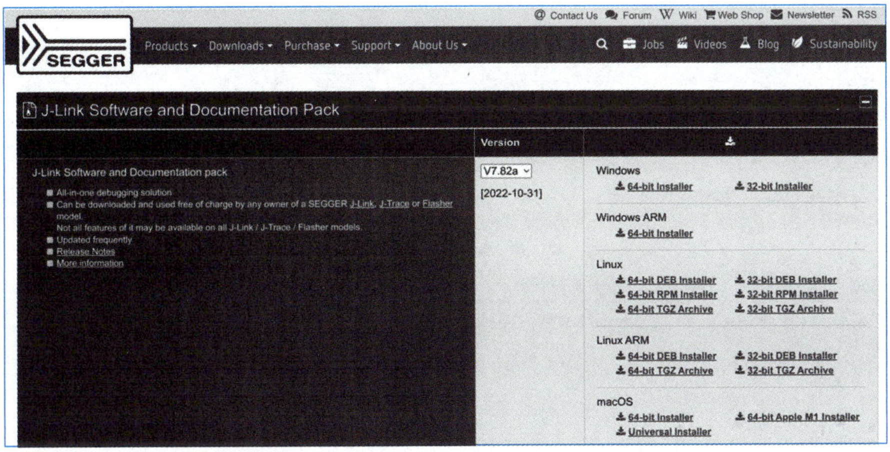

图 8－13　J－Link 软件下载页面

在安装好 J-Link 软件后，可以使用其组件中的 J-Flash Lite 来进行固件下载，其启动时的说明对话框如图 8－14 所示。

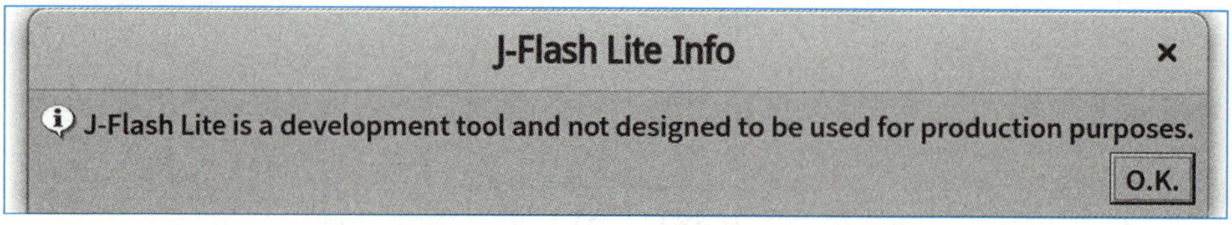

图 8－14　J-Flash Lite 说明框

J-Flash Lite 可以用于固件文件的下载，固件文件可以是以 bin 为后缀的二进制映像文件，也可以是以 hex 为后缀的二进制文件，区别在于 hex 文件中多了地址信息。如果使用 bin 文件，则需要额外说明下载的目标地址，这里给读者提供测试用的 hex 文件。

J-Flash Lite 运行时需要先指定目标芯片的型号，这里可以选择隔离控制器的主控芯片 STM32F103RB，接口选择 SWD，如图 8－15 所示。

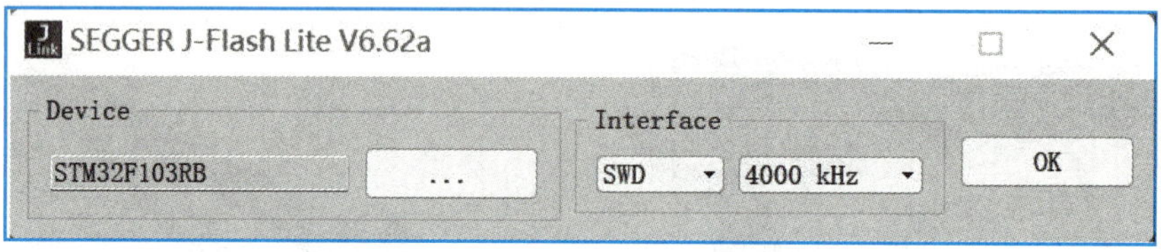

图 8－15　J-Flash Lite 芯片和接口设定

设定好参数后，点击“OK”按钮可以进入工作界面，在此界面中选择待烧写的 hex 文件，点击“Erase Chip”按钮可以擦除芯片程序，擦除现有程序后点击“Program Device”按钮可以将准备好的 hex 文件写入芯片，完成后在 Log 窗口部分会显示相应的提示信息。其工作界面如图 8－16 所示。

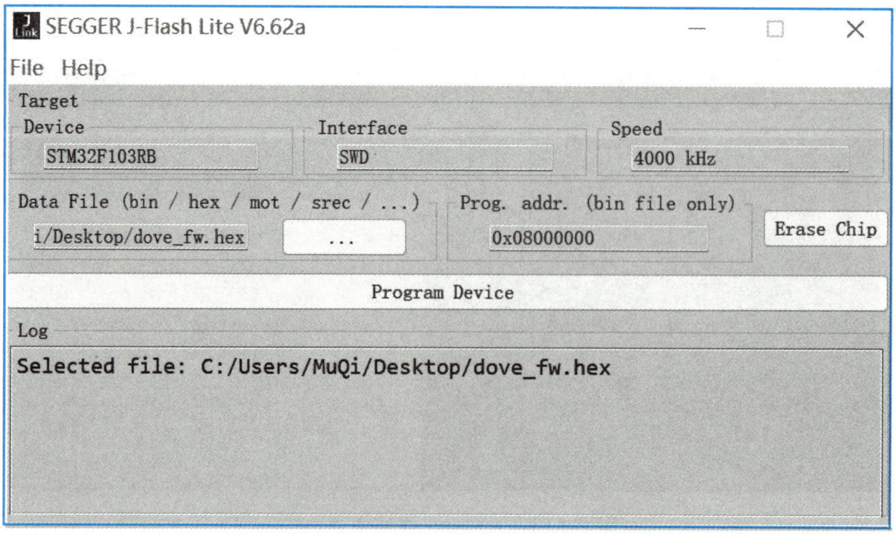

图 8－16　J-Flash Lite 工作界面

在将测试用 hex 文件写入芯片后，可以将隔离控制器复位或重新上电。如此完成后，可以通过观察隔离控制器的工作状态判断是否符合设计与制作要求。

市场上有很多支持 SWD 接口的编程设备，大多都可以很好地完成固件下载工作，但在选购和使用时要注意其接口线序；STM32 芯片也支持串口 IAP 编程，但需要操作芯片部分功能管脚的电平信号配合，这里还是推荐使用 SWD 接口完成隔离控制器的固件下载测试。

2. 结果记录和分析

依据前文所设计的测试用例开展功能测试，测试结果需要有必要的记录。可以设计相应的表格来记录结果，当出现功能与预期不吻合的情况时，需要依据原理图、PCB 图进行测量分析。在实际工作中，有可能是电路设计的原因，也有可能是电路加工的原因，此外，也有很大的可能是固件程序设计的原因。

在隔离控制器的设计与制作案例中，由于固件程序已经经过检验，因此基本可以排除固件程序的错误，电路设计的参考电路也是经过验证的；电路原理图绘制、PCB 布线时的错误需要仔细排查，焊接加工也有可能出现虚焊或短路，也需要利用相关仪器仔细检查；电路板的裸板加工由于工艺较为成熟，不大可能出现加工失误；如果最后不能确定问题，则要考虑元件的质量问题。

3. 问题的解决

首次动手进行电路的设计与制作，不可避免地会出现很多疏漏的地方。在测试过程中要仔细排查问题出现的原因，在可能的情况下要尽力进行错误的补救。电路的修改措施有很多，如割断部分短路的导线、使用细短的电线完成断路部分的电路连接、利用焊线将部分器件从原有电路中分离出来“挂接”等。在测试中要善于分析和解决问题，尽量利用现有的电路板完成功能验证，然后重新修改电路设计和 PCB 布线，再次发外加工和焊接测试。

对测试结果的有效记录可以在后续的电路改版中起很大的作用，可以避免遗漏需要整改的项目。要避免在发现部分设计错误时立刻着手整改电路并发外加工，这样无序的整改，只会无谓延长项目工期。

课堂思考

对于测试后出现问题的 PCB，最后必然会重新发外加工。多次加工的 PCB 放在一起，如何做到有效识别？对于开发中形成的多个版本的 PCB 如何有效管理？

项目小结

本项目完成了基于 STM32 的隔离控制器电路板的功能检测评估。通过隔离控制器电路板，可以实现对不同类型外部设备的数据采集和控制，并能够确保与主系统的电气隔离。在整个隔离控制器案例中，我们首先进行了电路板的设计和制作，包括原理图设计、PCB 布局和焊接。然后，我们完成了电路板的固件功能测试，包括对输入输出端口、通信接口和外部设备的测试。经过测试评估，该电路板能够准确地采集和控制外部设备，并且符合电气隔离的要求。同时，制作完成的隔离控制器还具有较高的可靠性和稳定性，适用于一些特殊场景下的工业自动化应用。

课后习题

一、填空题

在进行电路板生产后，需要对成品电路板进行测试以确保其质量和性能。常用的电路板测试方法包括________________、电学参数测量、信号采集与分析等。其中，电学参数测量可以通过________________、________________等工具进行，用于测量元件阻值、电压、电流等数据；信号采集与分析则可以通过逻辑分析仪、频谱分析仪等工具进行，用于检验元件之间的信号传输是否正常。

二、简答题

1. 什么是隔离控制器系统测试？
2. 为什么要进行电路板空板测试？
3. 在电路板焊接测试中，如何检查焊点质量？
4. 为什么需要进行供电测试？
5. 固件输入输出接口测试中需要检测哪方面？
6. RS-485 通信测试中需要检测哪方面？

参考文献

［1］陈强，苏公雨．PCB 设计流程、规范和技巧：用 KiCad 设计 DDS 信号发生器［M］．北京：清华大学出版社，2021.

［2］邢迎春，葛廷友．电工基础［M］．5 版．北京：北京航空航天大学出版社，2021.

［3］Graham Keeth，Jon Evans，Glenn Peterson. KICAD 入门［EB/OL］．https://docs. kicad. org/7. 0/zh/getting_started_in_kicad/getting_started_in_kicad. html.

［4］刘青正，庞晓明．串行通信隔离方法应用［J］．中国科技信息，2018(20)：77－78.

［5］周阳．小规模配电网监控平台设计［J］．中国科技信息，2018(23)：44－45.

［6］王晓鹏．面包板电子制作 130 例［M］．北京：化学工业出版社，2015.

［7］罗姆半导体（上海）有限公司．电子小百科［EB/OL］．https://www. rohm. com. cn/electronics-basics.

附录

隔离控制器电路原理图

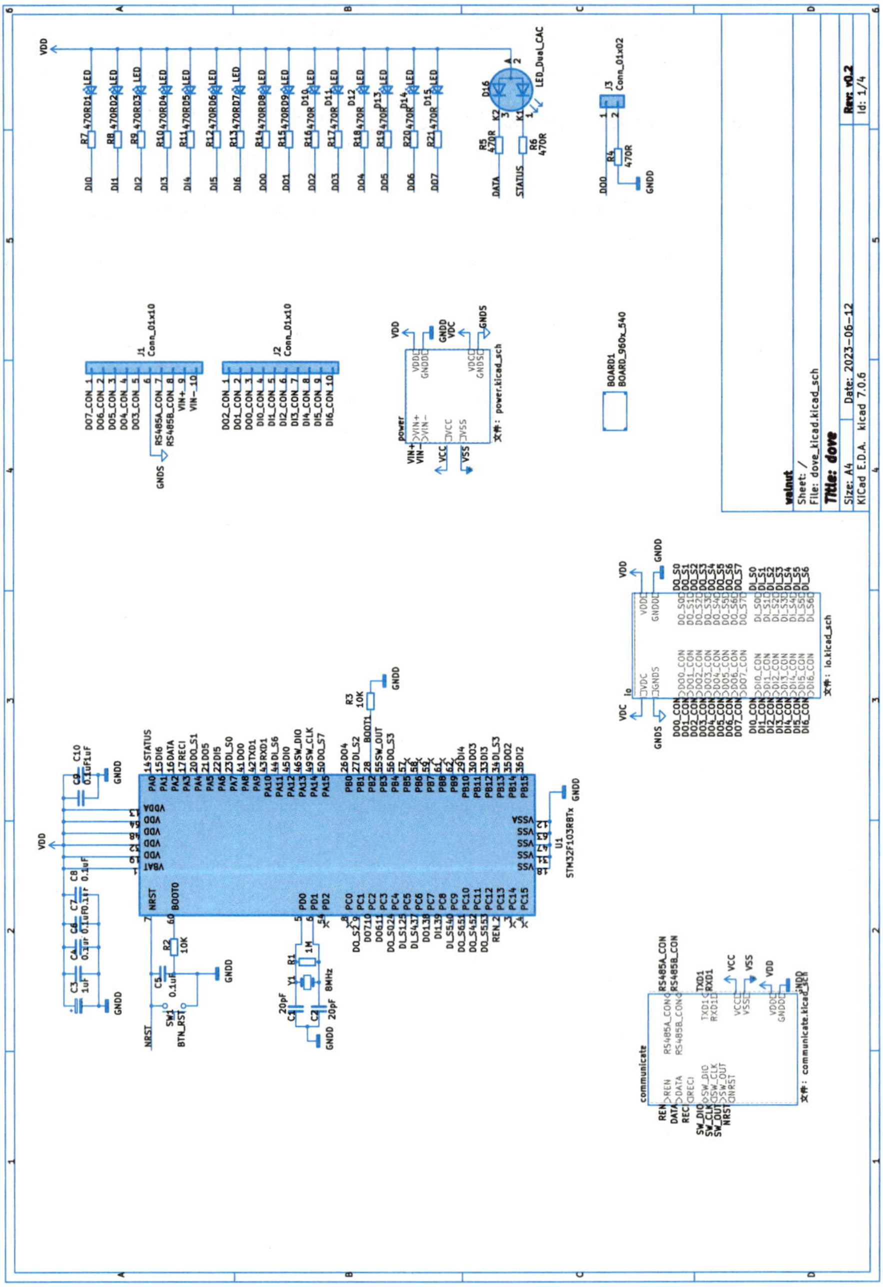

图1 隔离控制器核心控制器部分电路

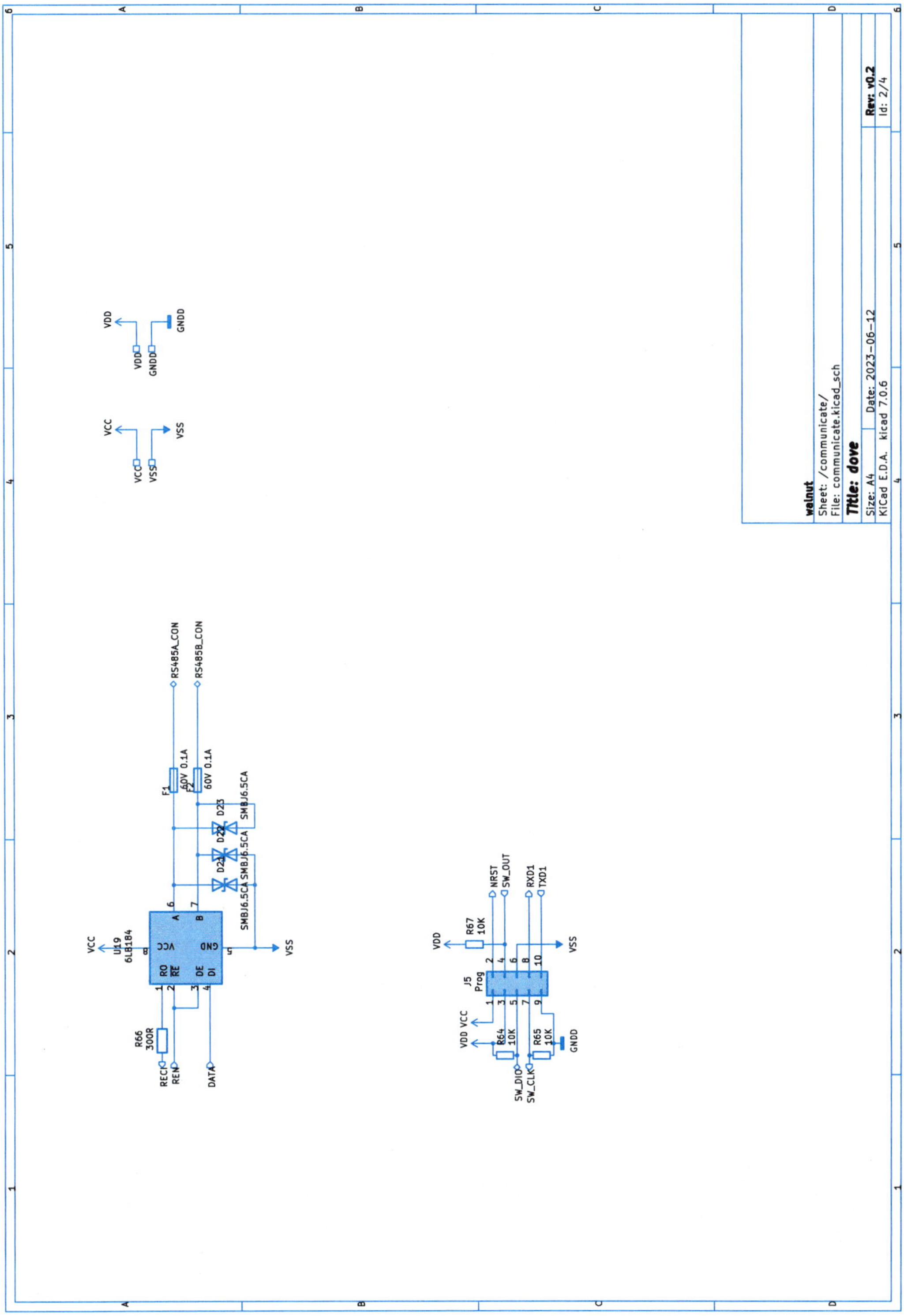

图2 隔离控制器供电部分电路

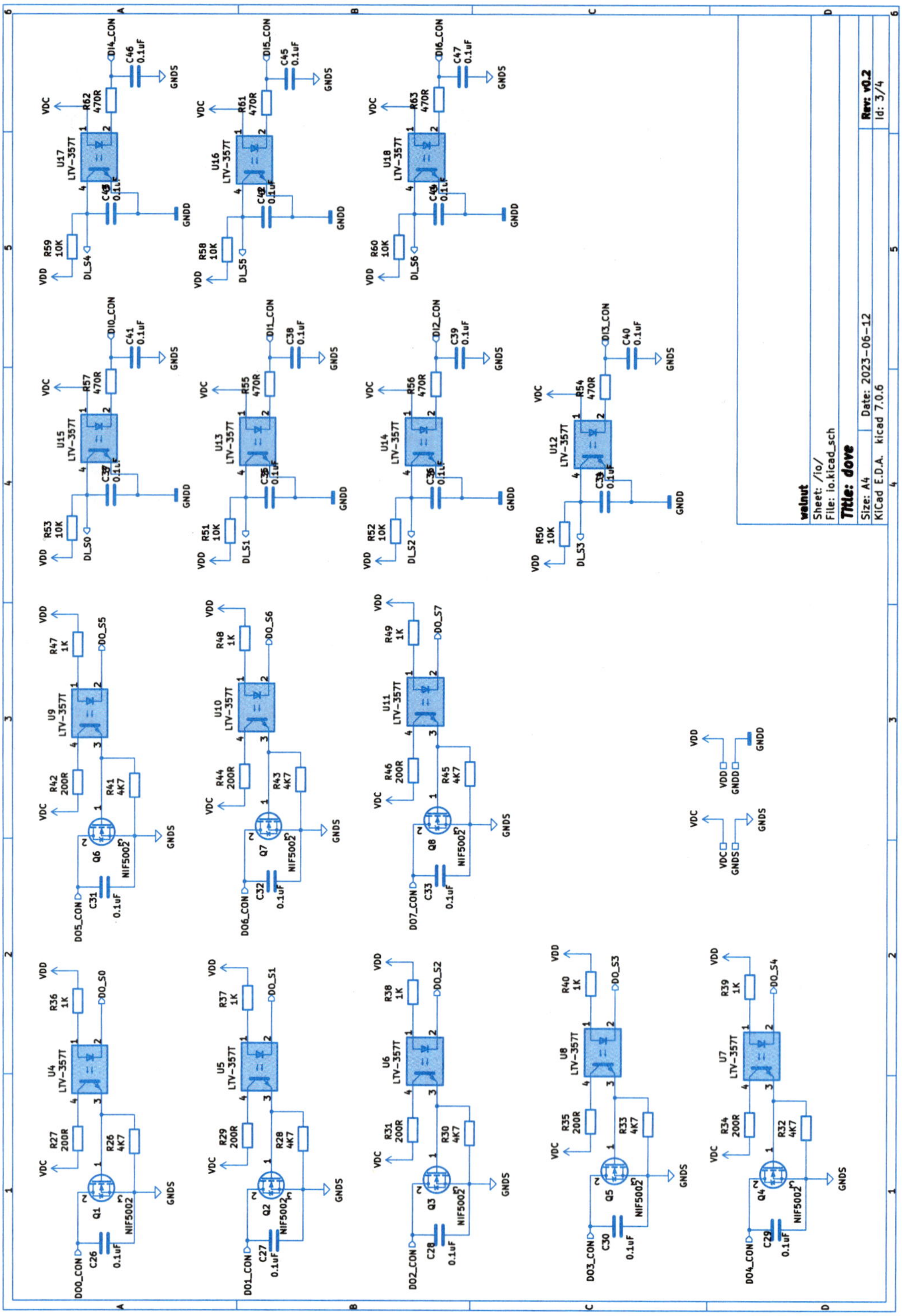

图3 隔离控制器输入输出接口部分电路

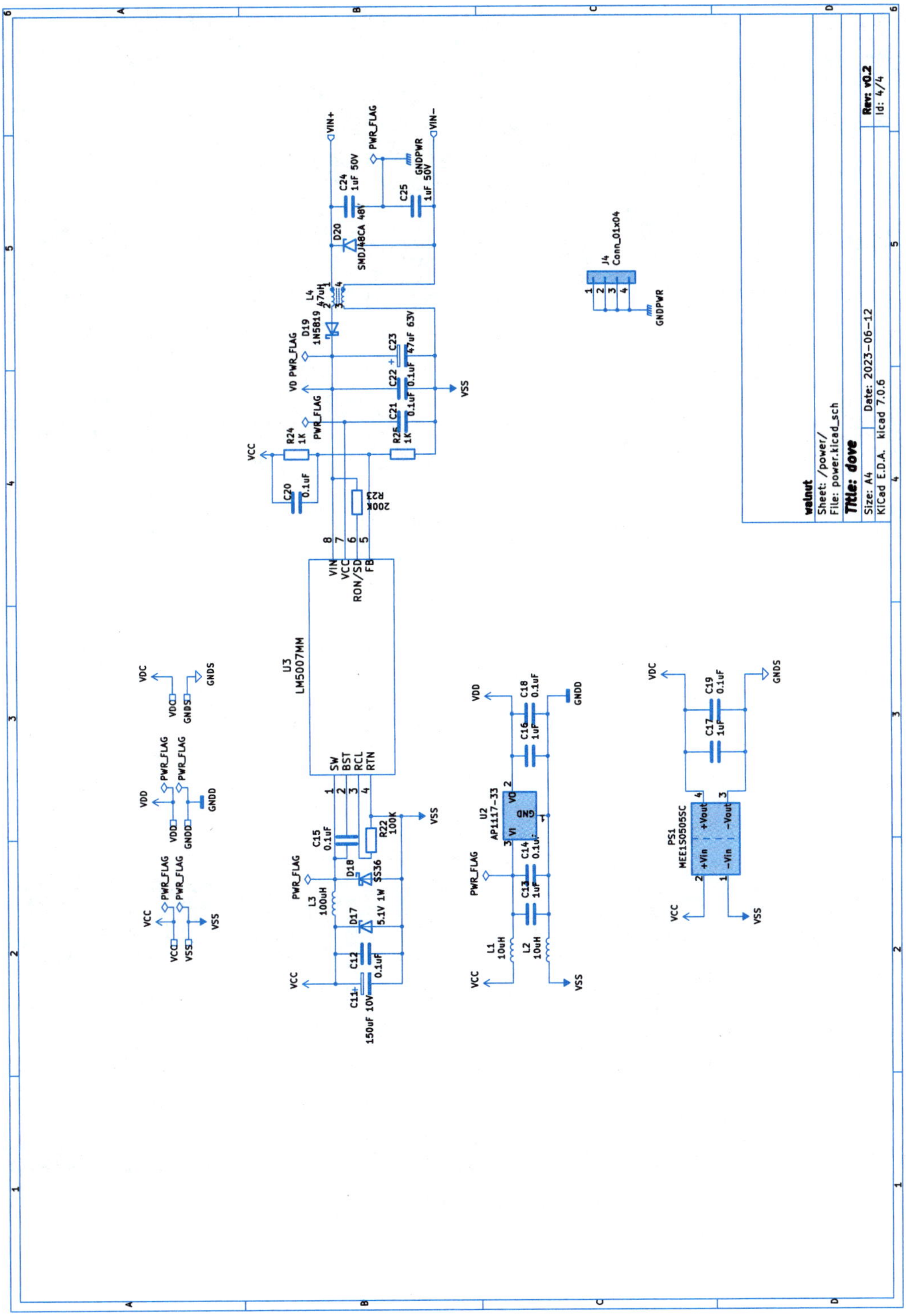

图4 隔离控制器通信接口部分电路

隔离控制器 PCB 图

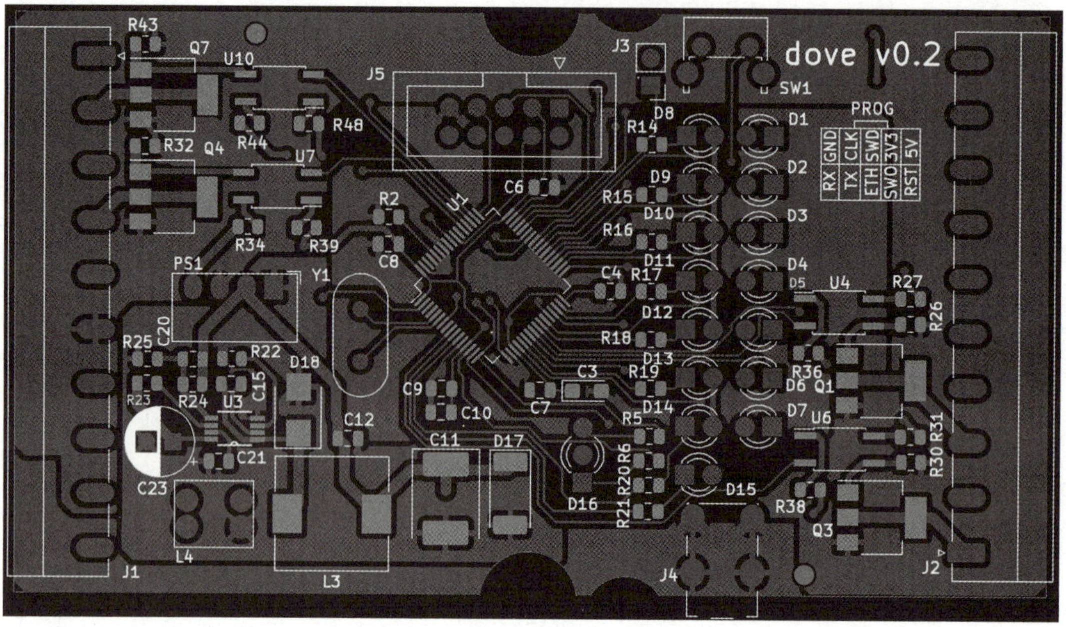

图 5　隔离控制器 PCB 顶层

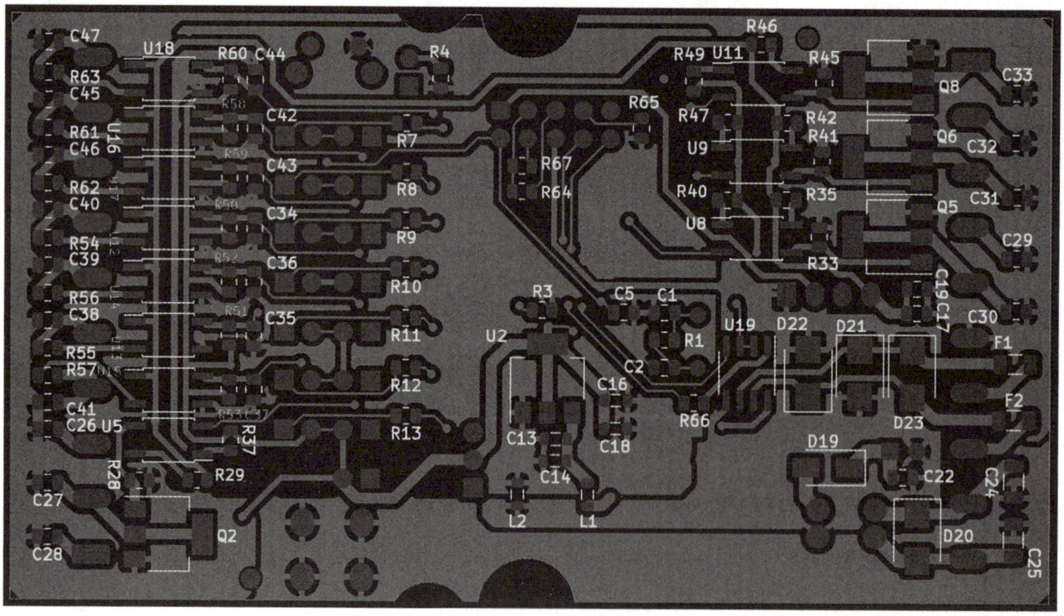

图 6　隔离控制器 PCB 底层